JN279146

電気計算法シリーズ

電気のための基礎数学

浅川 毅 監修／熊谷文宏 著

$$E_d = \frac{1}{\pi}\int_a^\pi \sqrt{2}E\sin\theta\,d\theta$$

TDU 東京電機大学出版局

序　文

　電気・電子の学習を進める上で，計算力の養成は必要不可欠なものである．多くの例題や問題を解くことにより，計算力を上げることが電気・電子に関する知識習得の早道であると考える．

　本電気計算法シリーズは，初めて電気系科目を学ぶ読者を対象とし，特別な知識がなくとも読み進められるように，平易かつていねいな解説に努め，企画・編集したものである．「基礎数学」，「電気理論」，「電気回路」，「ディジタル回路」の各分野より基本重要事項を厳選し，例題・問題を解きながら理解を深められるように構成した．具体的には，各項目を4ページ単位とし，解説（1ページ），例題（2ページ），練習問題（1ページ）の構成として，各章末には理解度を確認するための章末問題を用意した．また，本シリーズのねらいより，略解は用いずに解を導く手順を明らかにする詳しい解説を全問に付したので，計算手順の理解においても役立つであろう．

　著者陣は，教育現場や企業における実践指導に尽力を注いできた実績とノウハウを有するベテラン達であり，「かゆいところに手が届く本」を目指して執筆して頂いた．電気，電子，情報系の学生のみならず，電気の入門書として，他学科の学生，電験などの資格取得を目指す方などに幅広く活用されることを待望するしだいである．

　最後に，本企画を実現するにあたり，度重なる打ち合わせと多大なるご尽力を頂いた東京電機大学出版局 植村八潮氏，石沢岳彦氏に深く感謝申し上げる．

2003年1月

浅川毅

はじめに

　電気の学習において，上達がなかなか進まないのは計算力が弱い，これが大きな理由の一つです．これを裏返して言えば，計算力があれば電気の知識向上には大いに役立つことになります．

　本書は計算力向上のために数学の基礎から学び直したい方，電気計算に自信を付けたい方，国家試験をめざしたい方たちを対象に数学の基礎から学べるように編修したものです．

　本書の構成は，「第1章 式の計算」，「第2章 方程式とグラフ」，「第3章 三角関数と正弦波交流」，「第4章 複素数と交流計算」，「第5章 微分・積分の基礎」の5つの章からなります．これらの章立てからもわかるように電気数学を学ぶ上で基本となる分野はほとんど含まれています．

　章を構成する各節は，4ページでまとめてあります．各節の初めのページで，この節で学習する内容を解説し，定理や公式の数学的意味，計算手順などを説明しました．2〜3ページでは多くの例題を設けて計算の仕方を学べるようにしました．最後のページでは練習問題を設けて実力がはかれるよう配慮しました．また，各章の最後には章末問題を設けてさらに学習の習得がはかれるように配慮しました．

　本書を活用して電気数学の力が付き，電気の計算問題に自信が持てるようになることを期待します．

　終わりに，本書を出版するにあたり，多大なご尽力をいただいた監修者浅川毅氏および東京電機大学出版局植村八潮氏，石沢岳彦氏に深く感謝申し上げます．

　2003年10月

著者しるす

目 次

第1章　式の計算 …………………………………… 1
- 1.1　公約数・公倍数の計算 ……………………………… 2
- 1.2　分数式の計算 ………………………………………… 6
- 1.3　整式の四則計算 ……………………………………… 10
- 1.4　無理数と平方根 ……………………………………… 14
- 1.5　指数法則と電気計算 ………………………………… 18
- 1.6　最大・最小定理と近似式 …………………………… 22
- 　　　章末問題 …………………………………………… 26

第2章　方程式とグラフ ………………………… 27
- 2.1　一次方程式の解き方 ………………………………… 28
- 2.2　連立方程式の解き方 ………………………………… 32
- 2.3　行列式の計算 ………………………………………… 36
- 2.4　二次方程式の解法 …………………………………… 40
- 2.5　比例と反比例 ………………………………………… 44
- 2.6　一次関数のグラフ …………………………………… 48
- 2.7　二次関数のグラフと不等式 ………………………… 52
- 　　　章末問題 …………………………………………… 56

第3章　三角関数と正弦波交流 ……………… 57
- 3.1　三角関数とは ………………………………………… 58
- 3.2　三角比の関係とベクトルの表し方 ………………… 62
- 3.3　弧度法（ラジアン） ………………………………… 66
- 3.4　正弦定理・余弦定理 ………………………………… 70
- 3.5　加法定理 ……………………………………………… 74
- 3.6　加法定理から導かれる公式 ………………………… 78

 3.7 三角関数のグラフと角周波数 …………………………82
 3.8 三角関数のグラフと位相差 …………………………86
 3.9 正弦波交流の平均値・実効値 ………………………90
 3.10 逆三角関数 ……………………………………………94
   章末問題 …………………………………………………98

第4章　複素数と交流計算 …………………………99
 4.1 複素数の表し方と四則演算 …………………………100
 4.2 複素数の指数関数表示 ………………………………104
 4.3 複素数のベクトル表示 ………………………………108
 4.4 乗算・除算のベクトル表示 …………………………112
 4.5 インピーダンスの複素数計算 ………………………116
 4.6 RLC 直列回路の複素数計算 …………………………120
 4.7 RLC 並列回路の複素数計算 …………………………124
 4.8 交流電力の複素数表示 ………………………………128
 4.9 対数と利得計算 ………………………………………132
   章末問題 …………………………………………………136

第5章　微分・積分の基礎 …………………………137
 5.1 微分係数と導関数 ……………………………………138
 5.2 いろいろな関数の導関数 ……………………………142
 5.3 三角関数・対数関数の導関数 ………………………146
 5.4 微分の応用 ……………………………………………150
 5.5 不定積分の計算 ………………………………………154
 5.6 定積分とその応用 ……………………………………158
   章末問題 …………………………………………………162

練習問題・章末問題の解答 …………………………………163

索　引 ……………………………………………………………206

第1章

式の計算

電気の計算問題には，分数計算や四則計算を用いて解くことが多い．これらの計算を間違いなく行うには，左辺と右辺が等しいという等号の考え方をしっかりと身につけ，等式の移項や通分を行うことが大切である．

ここでは，数学の基礎として，分数計算，四則計算，指数計算などについて学習する．

キーワード 最大公約数，最小公倍数，等式の移項，通分，繁分数，指数法則，最大定理，最小定理，二項定理，近似式

1.1 公約数・公倍数の計算

(a) 整数とは

ものの個数を数えたり,順位を付けるとき,1,2,3,… の数値を用いるが,これらの数を**自然数**または**正の整数**という.自然数に負の符号を付けた数 -1, -2, -3, … を**負の整数**という.正の整数と負の整数に 0 を合わせたものを**整数**という.

(b) 有理数とは

2つの整数 a, b を用いて,分数 b/a の形に表される数を**有理数**という.整数 b は分数の $b/1$ と表せるから整数も有理数である.次の分数を小数で表すと,

$$\frac{5}{20} = 0.25 \quad \cdots\cdots\cdots ①$$

$$\frac{8}{33} = 0.242424\cdots \quad \cdots\cdots\cdots ②$$

式①は**有限小数**で,式②は**循環小数**である.

$$\text{有理数}\begin{cases}\text{整数}\begin{cases}\text{自 然 数} & 1,2,3\cdots\cdots \\ \text{ゼ ロ} & 0 \\ \text{負 の 整 数} & -1,-2,-3\cdots\cdots\end{cases}\\ \text{分 数}\atop\text{(小 数)}\begin{cases}\text{有 限 小 数} & 1/4=0.25\cdots\cdots \\ \text{循 環 小 数} & 1/3=0.333\cdots\cdots\end{cases}\end{cases}$$

図 1・1 有理数の分類

(c) 分数とは

ある値を1として,これを a 等分する.そのうちの b 個を集めた値を b/a で表したものが**分数**で,次式のようになる.

$$\frac{b}{a} = \frac{1}{a} \times b = b \div a$$

(d) 約数と倍数

整数 a, b があって,b は a で割り切れるとき,

$$b = a \times c \quad (c:\text{整数})$$

であれば,a は b の**約数**,b は a の**倍数**という.例えば,$24 = 8 \times 3$ の場合,8 は 24 の約数,24 は 8 の倍数となる.

(e) 最大公約数

2つ以上の整数に共通な約数を，それぞれの**公約数**という．公約数の中で最大のものが**最大公約数**である．16と24の公約数を例示する．

　　16の約数の集合は，{1, 2, 4, 8, 16}

　　24の約数の集合は，{1, 2, 3, 4, 6, 8, 12, 24}

16と24の公約数は，2つに共通な集合の要素 {1, 2, 4, 8} である．

ゆえに，最大公約数は $4 \times 2 = 8$ である．図1・2に最大公約数の求め方を示す．

```
公約数 → 4 ) 16   24
         2 )  4    6    ← 共通の割り切れる数がない
              2    3
```
この数を掛け合わせたものが最大公約数

図1・2　最大公約数の求め方

(f) 最小公倍数

2つ以上の整数に共通な倍数を，それぞれの**公倍数**といい，公倍数の中で最小のものが**最小公倍数**である．12と18の公倍数を例示する．

　　12の倍数の集合は，{12, 24, 36, 48, 60, 72 ……}

　　18の倍数の集合は，{18, 36, 54, 72, 90, ……}

12と18の公倍数は，2つに共通な集合の要素 {36, 72 ……} である．

ゆえに，12と18の最小公倍数は，$3 \times 2 \times 2 \times 3 = 36$ である．図1・3に最小公倍数の求め方を示す．

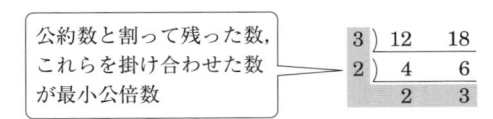

```
3 ) 12   18
2 )  4    6
     2    3
```
公約数と割って残った数，これらを掛け合わせた数が最小公倍数

図1・3　最小公倍数の求め方

例題 1.1　次の分数を小数で示せ（循環小数部は $0.\dot{0}0\dot{0}$ のように，数字の上の〔・〕ドットで範囲を示す）．

(1) $\dfrac{2}{5}$　　(2) $\dfrac{7}{12}$　　(3) $\dfrac{50}{11}$　　(4) $\dfrac{38}{7}$

解　(1) $\dfrac{2}{5} = 0.4$　　　　　　(2) $\dfrac{7}{12} = 0.58333 = 0.58\dot{3}$

　　(3) $\dfrac{50}{11} = 4.54545 = 4.\dot{5}\dot{4}$　　(4) $\dfrac{38}{7} = 5.4285714285 = 5.\dot{4}2857\dot{1}$

例題 1.2　3つの整数 12，18，24 の最大公約数と最小公倍数を求めよ．

1.1 公約数・公倍数の計算

解

```
3 ) 12   18   24        3 ) 12   18   24
  2 )  4    6    8        2 )  4    6    8
        2    3    4        2 )  2    3    4
                                 1    3    2
```

割り切れない数は、そのまま下に下ろす。

答　最大公約数は $3 \times 2 = 6$，最小公倍数は $3 \times 2 \times 2 \times 1 \times 3 \times 2 = 72$

例題 1.3　次の分数を通分（共通の分母）するため，分母の最小公倍数を求めよ．

(1) $\dfrac{1}{6} + \dfrac{1}{8} + \dfrac{1}{4}$　　(2) $\dfrac{1}{9x} + \dfrac{1}{12xy}$

解

```
(1)  2 ) 6   8   4       (2)  x ) 9x   12xy
       2 ) 3   4   2            3 ) 9    12y
             3   2   1                 3    4y
```

最小公倍数 $2 \times 2 \times 3 \times 2 \times 1 = 24$，最小公倍数 $x \times 3 \times 3 \times 4y = 36xy$

答　(1) 24　　(2) $36xy$

例題 1.4　次の小数を分数に直せ．

(1) 1.2　　(2) 0.45

解

(1) $1.2 = \dfrac{1.2}{1} = \dfrac{1.2 \times 10}{1 \times 10} = \dfrac{12 \div 2}{10 \div 2} = \dfrac{6}{5}$　　（12 と 10 の最大公約数は 2）

(2) $0.45 = \dfrac{0.45 \times 100}{1 \times 100} = \dfrac{45 \div 5}{100 \div 5} = \dfrac{9}{20}$　　（45 と 100 の最大公約数は 5）

例題 1.5　ある抵抗に電圧 80V を加えたとき，流れる電流が 0.2A であった．抵抗 R〔Ω〕を求めよ．

解　オームの法則 $V = RI$ より，$R = \dfrac{V}{I} = \dfrac{80}{0.2} = 400$　　答　400Ω

第 1 章 式の計算

練 習 問 題

1.1 次の分数の値を求めよ．

(1) $\dfrac{6}{8}$ (2) $\dfrac{14}{30}$ (3) $\dfrac{20}{7}$ (4) $3\dfrac{1}{6}$

1.2 次の各組の最大公約数と最小公倍数を求めよ．

(1) 48   36 (2) 9   12   30
(3) $6ab^2$ $9a^2b^3$ (4) $x^2(x-3)$ $x(x+1)(x-3)$

1.3 次の小数を分数に直せ．

(1) 0.3 (2) 0.25 (3) 16.5 (4) −2.48

1.4 次の分数を通分（共通の分母）するため，分母の最小公倍数を求めよ．

(1) $\dfrac{2}{7}-\dfrac{5}{12}$ (2) $\dfrac{1}{3}+\dfrac{1}{4}-\dfrac{1}{8}$ (3) $\dfrac{x}{12}+\dfrac{5}{2x}$ (4) $\dfrac{2}{x}+\dfrac{3}{x(x-1)}-\dfrac{1}{3x}$

1.5 図のように抵抗が直列接続された回路がある．抵抗 R_1 に生じる電圧が 50V であるとき，回路を流れる電流 I〔A〕を求めよ．また電源電圧 E〔V〕を求めよ．
ヒント オームの法則より電流 $I=V_1/R_1$ で計算する．電源電圧は $E=I(R_1+R_2)$ より求める．

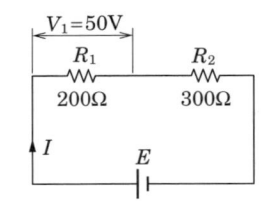

1.6 図の回路において，電源電圧 V が 200V，回路を流れる電流が 4A である．抵抗 $R_1=40\Omega$ のとき，R_2 に生じる電圧 V_2 を求めよ．
ヒント R_1 に生じる電圧を V_1 とすると，$V_1=IR_1$ より求める．

R_2 に生じる電圧 V_2 は，$V-V_1$ より求める．

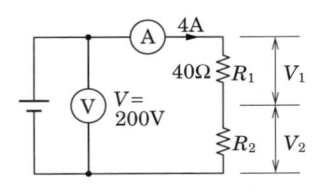

1.2 分数式の計算

分数計算は，通分と約分によって整理し，その値を分数，または小数で表す．分数が文字式で表されるものを**分数式**という．

(a) 分数の性質

分子 b，分母 a に同じ数 c を掛けても，また同じ数で割ってもその値は変わらない（この性質を用いて通分や約分ができる）．

$$\frac{b}{a} = \frac{b \times c}{a \times c}, \quad \frac{b}{a} = \frac{b \div c}{a \div c}$$

(b) 分数の加減算

分数どうしの計算では，分母が異なる場合には通分し，分母を同じにしてから計算する．なお，分子と分母に約数がある場合は約分する．

① **通分**とは，分母と分子に適当な数を掛けて，各分数の分母を同じ値にすることである．

例 $\frac{1}{2}$ と $\frac{2}{3}$ の通分は，$\frac{1 \times 3}{2 \times 3} = \frac{3}{6}$ と $\frac{2 \times 2}{3 \times 2} = \frac{4}{6}$

② **約数**とは，分子，分母の共通に割り切れる数のこと．

例 分数 4/10 の約数は 2

③ **約分**とは，約数で分子，分母を割ること．例 4/10 = 2/5

(c) 帯分数の計算

帯分数は整数 c と分数 b/a を加えた値で示し，次のように表す．

$$c\,\frac{b}{a}\left(= c + \frac{b}{a}\right) \qquad 例 \quad \frac{11}{3} = 3\frac{2}{3}$$

計算式の中の帯分数は，通常の分数の形に直して計算する．

(d) 繁分数の計算

分数の分子，分母の一方または両方がさらに分数の形になった分数を**繁分数**(はんぶんすう)という．繁分数の分子，分母の中に加減算が入っている場合には，通分を行い，そのあと分子の分数式に分母の分数式を逆にして掛け算する．

繁分数の例 $\dfrac{3}{\frac{5}{6}}$（分母が分数），$\dfrac{\frac{1}{3}}{7}$（分子が分数），$\dfrac{\frac{3}{2}}{\frac{1}{5}}$（分子・分母が分数）

第 1 章 式の計算

例題 1.6 次の分数(1)の分子，分母に 2 を掛けた場合と，分数(2)の分子，分母を 2 で割った場合の値を計算せよ．

(1) $\dfrac{3}{5}$ (2) $\dfrac{6}{10}$

解 (1) $\dfrac{3}{5} = \dfrac{3 \times 2}{5 \times 2} = \dfrac{6}{10}$ (2) $\dfrac{6}{10} = \dfrac{6 \div 2}{10 \div 2} = \dfrac{3}{5}$

例題 1.7 次の分数を求めよ（答は帯分数にしない）．

(1) $3\dfrac{1}{2}$ (2) $\dfrac{10}{3} - 2\dfrac{2}{5}$

解 (1) $3\dfrac{1}{2} = 3 + \dfrac{1}{2} = \dfrac{3 \times 2}{2} + \dfrac{1}{2} = \dfrac{7}{2}$

(2) $\dfrac{10}{3} - \left(2 + \dfrac{2}{5}\right) = \dfrac{10}{3} - \dfrac{2 \times 5 + 2}{5} = \dfrac{10 \times 5}{3 \times 5} - \dfrac{12 \times 3}{5 \times 3} = \dfrac{50 - 36}{15} = \dfrac{14}{15}$

例題 1.8 次の繁分数を求めよ（答は帯分数にしない）．

(1) $\dfrac{\dfrac{3}{4}}{\dfrac{1}{2} + \dfrac{3}{5}}$ (2) $\dfrac{\dfrac{5}{6} - \dfrac{2}{5}}{\dfrac{2}{3} + \dfrac{1}{4}}$ (3) $\dfrac{\dfrac{1}{6} - \dfrac{3}{4}}{4 + \dfrac{6}{5}}$ (4) $\dfrac{3 + \dfrac{7}{3}}{\dfrac{3}{4} - \dfrac{1}{6}}$

解 (1) $\dfrac{\dfrac{3}{4}}{\dfrac{1 \times 5}{2 \times 5} + \dfrac{3 \times 2}{5 \times 2}} = \dfrac{\dfrac{3}{4}}{\dfrac{5 + 6}{10}} = \dfrac{\dfrac{3}{4}}{\dfrac{11}{10}} = \dfrac{3}{4} \times \dfrac{10}{11} = \dfrac{15}{22}$

(2) $\dfrac{\dfrac{5}{6} - \dfrac{2}{5}}{\dfrac{2}{3} + \dfrac{1}{4}} = \dfrac{\dfrac{25 - 12}{30}}{\dfrac{8 + 3}{12}} = \dfrac{\dfrac{13}{30}}{\dfrac{11}{12}} = \dfrac{13}{30} \times \dfrac{12}{11} = \dfrac{26}{55}$

(3) $\dfrac{\dfrac{1}{6} - \dfrac{3}{4}}{4 + \dfrac{6}{5}} = \dfrac{\dfrac{2 - 9}{12}}{\dfrac{20 + 6}{5}} = \dfrac{-7}{12} \times \dfrac{5}{26} = -\dfrac{35}{312}$

(4) $\dfrac{3 + \dfrac{7}{3}}{\dfrac{3}{4} - \dfrac{1}{6}} = \dfrac{\dfrac{9 + 7}{3}}{\dfrac{9 - 2}{12}} = \dfrac{16}{3} \times \dfrac{12}{7} = \dfrac{64}{7}$

1.2 分数式の計算

例題 1.9 次の回路の ab 間の合成静電容量 C_0 〔µF〕はいくらか．

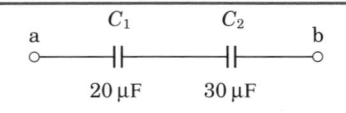

ヒント 静電容量が直列接続されている場合の合成静電容量 C_0 は次式で求まる．

$$C_0 = \cfrac{1}{\cfrac{1}{C_1} + \cfrac{1}{C_2}}$$

上式に数値をあてはめて計算する．なお C_1, C_2 とも単位が〔µF〕であるから，C_0 の単位も〔µF〕とし，$C_1=20$, $C_2=30$ として計算する．

解

$$C_0 = \cfrac{1}{\cfrac{1}{20} + \cfrac{1}{30}} = \cfrac{1}{\cfrac{1 \times 3}{20 \times 3} + \cfrac{1 \times 2}{30 \times 2}} = \cfrac{1}{\cfrac{3+2}{60}} = \frac{60}{5} = 12$$

答 $12\,\mu F$

例題 1.10 図の回路で，抵抗 R_1〔Ω〕に流れる電流 I〔A〕を求めよ．

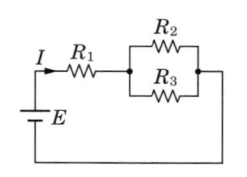

ヒント 回路の合成抵抗を R_0〔Ω〕とすると，回路全体に流れる電流 I〔A〕はオームの法則により，次式で求まる．

$$I = \frac{E}{R_0}$$

合成抵抗 R_0〔Ω〕は，

$$R_0 = R_1 + \frac{R_2 R_3}{R_2 + R_3}$$

（並列接続の合成抵抗 $= \dfrac{積}{和}$ で求まる）

解

$$I = \frac{E}{R_0} = \cfrac{E}{R_1 + \cfrac{R_2 R_3}{R_2 + R_3}} = \cfrac{E}{\cfrac{R_1(R_2 + R_3) + R_2 R_3}{R_2 + R_3}} = \frac{E(R_2 + R_3)}{R_1 R_2 + R_2 R_3 + R_3 R_1}$$

答 $I = \dfrac{E(R_2 + R_3)}{R_1 R_2 + R_2 R_3 + R_3 R_1}$ 〔A〕

第1章 式の計算

練 習 問 題

1.7 次の分数を計算せよ．

(1) $\dfrac{3}{8}+\dfrac{7}{12}$ (2) $\dfrac{5}{6}-\dfrac{11}{8}$ (3) $\dfrac{15}{7}\div\dfrac{5}{6}$ (4) $\dfrac{9}{4}\times\dfrac{5}{6}$

1.8 次の分数式を計算せよ．

(1) $\dfrac{1}{a}+\dfrac{1}{b}$ (2) $\dfrac{c}{a}-\dfrac{a-c}{c}$

1.9 次の繁分数の計算をせよ．

(1) $\dfrac{1}{\dfrac{3}{4}+\dfrac{2}{3}}$ (2) $\dfrac{1}{2+\dfrac{2}{5}}$ (3) $\dfrac{\dfrac{d}{c}}{\dfrac{1}{a}+\dfrac{1}{b}}$ (4) $\dfrac{1}{\dfrac{1}{R_1}+\dfrac{1}{R_2}+\dfrac{1}{R_3}}$

1.10 図の回路の $R_1=20\Omega$，$R_2=30\Omega$ のときの並列合成抵抗 $R_0\,[\Omega]$ を求めよ．

ヒント 並列合成抵抗 $R_0\,[\Omega]$ は次式で求まる．

$$R_0=\dfrac{1}{\dfrac{1}{R_1}+\dfrac{1}{R_2}}$$

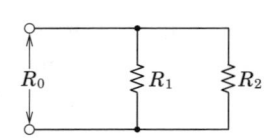

1.11 図の回路の $C_1=2\mu\mathrm{F}$，$C_2=3\mu\mathrm{F}$，$C_3=2\mu\mathrm{F}$ のときの合成静電容量 $C_0\,[\mu\mathrm{F}]$ を求めよ．

ヒント 合成静電容量 $C_0\,[\mu\mathrm{F}]$ は次式で求まる．

$$C_0=\dfrac{1}{\dfrac{1}{C_1}+\dfrac{1}{C_2+C_3}}$$

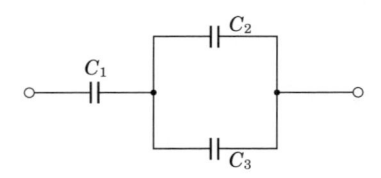

1.3 整式の四則計算

文字式を含む整式の四則計算が正しくできるようにする．

(a) 単項式と整式

数量や文字を含む文字式について（例えば，$6x^2$，$-3xy$，$2xy^2$），これらは数と文字の積で表されており，これを**単項式**という．掛け合わされている文字の個数を単項式の**次数**，数を**係数**という（例えば，$2xy^2$ の次数は文字 xyy の数で三次，係数の数は2）．

また，単項式と単項式の和や差として表される式が**多項式**である．このように単項式と多項式を合わせて**整式**という．

(b) 数式の整理

① 1つの整式に含まれる項のうち文字の部分が同じものを**同類項**という．例えば，$2a-5b+3b+6a=8a-2b$ のように同数項はまとめて計算する．

② 整式を整理するには，次数の高い項から順に並べる．これを**降べきの順**という．

(c) 四則計算の順序

数や文字の足し算（加法），引き算（減法），掛け算（乗法），割り算（除法）の4つの計算をまとめて**四則計算**という．

四則計算の順序は，次のように決められている．

---
① 加減だけ，乗除だけの式は，左から順に計算する．

② 加減と乗除が混じっている式は，乗除を先に計算する．

③ かっこのある式は，かっこの中を先に計算する．

(d) 等式の計算法則

整式で表される等式（28ページ参照）は，次の法則が成り立つ．

交換法則	$a+b=b+a$，$ab=ba$	(1·1)
結合法則	$(a+b)+c=a+(b+c)$，$(ab)c=a(bc)$	(1·2)
分配法則	$n(a+b)=na+nb$	(1·3)

（e）乗法の公式による式の展開

整式の積を展開するには，次の公式が用いられる．

乗法の公式

$$(1)\quad (a \pm b)^2 = a^2 \pm 2ab + b^2 \tag{1·4}$$

$$(2)\quad (a+b)(a-b) = a^2 - b^2 \tag{1·5}$$

$$(3)\quad (x+a)(x+b) = x^2 + (a+b)x + ab \tag{1·6}$$

$$(4)\quad (ax+b)(cx+d) = acx^2 + (ad+bc)x + bd \tag{1·7}$$

$$(5)\quad (a+b)^3 = a^3 + 3a^2b + 3ab^2 + b^3, \quad (a-b)^3 = a^3 - 3a^2b + 3ab^2 - b^3 \tag{1·8}$$

$$(6)\quad (a+b)(a^2-ab+b^2) = a^3+b^3, \quad (a-b)(a^2+ab+b^2) = a^3-b^3 \tag{1·9}$$

〈学習のアドバイス〉

乗法の公式はたくさんあるが，基本公式は $(x+a)(x+b) = x^2+(a+b)x+ab$．この式を分配の法則に基づいて展開してみる．

$$(x+a)(x+b) \xrightarrow{式の展開} x^2 + bx + ax + ab = x^2 + (a+b)x + ab$$

展開の仕方を正しく行えば，すべての公式はこのように誘導できるので忘れてしまっても心配はいらない．しかし，これらの乗法公式はよく使われるので，いちいち式を展開して導くのではなく公式を覚えておこう．また，乗法の公式を逆から導いたものが，2.4 節「二次方程式の解法」で学ぶ因数分解の公式である．そのことからも乗法の公式は大切である．

例題 1.11 次の整式の同類項をまとめ，式を整理せよ．

(1) $4a + 2a^2 - 3 + a$ (2) $\dfrac{1}{2}x^2 - \dfrac{3}{2}x + 1 + \dfrac{5}{6}x$

解 (1) $4a + 2a^2 - 3 + a = 2a^2 + (4+1)a - 3 = 2a^2 + 5a - 3$

(2) $\dfrac{1}{2}x^2 - \dfrac{3}{2}x + 1 + \dfrac{5}{6}x = \dfrac{1}{2}x^2 + \left(\dfrac{5}{6} - \dfrac{3}{2}\right)x + 1$

1.3 整式の四則計算

$$= \frac{1}{2}x^2 + \left(\frac{5}{6} - \frac{3 \times 3}{2 \times 3}\right)x + 1 = \frac{1}{2}x^2 - \frac{\cancel{4}^2}{\cancel{6}_3}x + 1 = \frac{1}{2}x^2 - \frac{2}{3}x + 1$$

例題 1.12 次の各組の前の式からあとの式を引き算せよ．

(1) $3b + 2a - 6, \quad -a + 4b - 3$ (2) $2x^2 - 5 - 4x, \quad 4x^3 - 7x - 2$

解 (1) $3b + 2a - 6 - (-a + 4b - 3) = 3b + 2a - 6 + a - 4b + 3$
$= (2 + 1)a + (3 - 4)b + 3 - 6 = 3a - b - 3$

(2) $2x^2 - 5 - 4x - (4x^3 - 7x - 2) = 2x^2 - 5 - 4x - 4x^3 + 7x + 2$
$= -4x^3 + 2x^2 + (-4 + 7)x - 5 + 2 = -4x^3 + 2x^2 + 3x - 3$

例題 1.13 次の式を展開せよ．

(1) $(6 - 2y)(y^2 - 4y)$ (2) $-2(2a - 3b)^2$

(3) $(a + b + 3)(a + b - 3)$ (4) $\dfrac{4x(x + 2)(x - 7)^2}{2x}$

解 (1) $(6 - 2y)(y^2 - 4y) = 6y^2 - 24y - 2y^3 + 8y^2 = -2y^3 + (6 + 8)y^2 - 24y$
$= -2y^3 + 14y^2 - 24y$

(2) $-2(2a - 3b)(2a - 3b) = -2(4a^2 - 6ab - 6ab + 9b^2)$
$= -8a^2 + 12ab + 12ab - 18b^2$
$= -8a^2 + 24ab - 18b^2$

(3) $(a + b + 3)(a + b - 3) = (A + 3)(A - 3)$ ($A = a + b$ とおく)
$= A^2 - 3^2 = (a + b)^2 - 9 = a^2 + 2ab + b^2 - 9$

(4) $\dfrac{4x(x + 2)(x - 7)^2}{2x} = \dfrac{\cancel{4}^2 x(x + 2)(x^2 - 14x + 49)}{\cancel{2x}_1}$
$= 2(x^3 - 14x^2 + 49x + 2x^2 - 28x + 98)$
$= 2(x^3 - 12x^2 + 21x + 98)$
$= 2x^3 - 24x^2 + 42x + 196$

第 1 章 式の計算

練 習 問 題

1.12 次の式のかっこをはずして簡単にせよ．

(1) $5a - (3b - 6) - 2\{2a + 5(-b + 1)\}$

(2) $5x^2 - (6x - 2)\{x(x - 3) + 2\}$

(3) $(2x^2 + 2xy - 3y^2) + (x^2 - 2xy + y^2)$

(4) $\dfrac{2}{3}x^2 + \dfrac{1}{2}xy - \left(x^2 - \dfrac{3}{4}xy - \dfrac{1}{3}y^2\right)$

1.13 次の式を展開せよ．

(1) $(2x - 3)^2$ (2) $(x^2 - x + 1)(x^2 + x + 1)$

(3) $(3x - 2)(-x^2 + 6x + 4)$

(4) $\left(-\dfrac{3}{2}y^2 + \dfrac{1}{3}y\right)\left(\dfrac{2}{3}y - \dfrac{1}{4}y^2 - \dfrac{9}{2}y^3\right)$

1.14 次の式を展開せよ．

(1) $(2x - y)(-2x + y)$ (2) $(a - 3b)^3$

(3) $(3x + 1)(9x^2 - 3x + 1)$ (4) $(4a - 5b)(16a^2 + 20ab + 25b^2)$

1.15 図のような自己インダクタンス L_1 および L_2，相互インダクタンス M をもつ 2 つのコイルがある．b と c を接続したときの ad 間の合成インダクタンスが 50mH であり，b と d を接続したときの ac 間の合成インダクタンスが 18mH である．相互インダクタンス M〔mH〕の値を求めよ．

ヒント ad 間の合成インダクタンスを L_{ad}，ac 間の合成インダクタンスを L_{ac} とする．b と c を接続したときの L_{ad} は和動接続（同一方向に巻かれたコイルの接続）であるから，

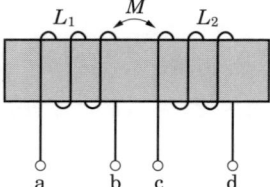

$$L_{ad} = L_1 + L_2 + 2M \quad \cdots\cdots ①$$

L_{ac} は差動接続（逆方向に巻かれたコイルの接続）であるから，

$$L_{ac} = L_1 + L_2 - 2M \quad \cdots\cdots ②$$

となる．相互インダクタンス M は，式① − 式②より求める．

1.4 無理数と平方根

平方根や立方根,対数や三角関数などは無理数に分類される.ここでは平方根を含む式の計算方法について学ぶ.

(a) 数の分類

数は数量や個数を表すのに用いられ,計算に都合のよい文字記号と組み合わせて表すもので,図1·4のように分類される.有理数はすでに学んだように,整数と分数(小数)で表せる数である.実数は有理数とこれから学ぶ無理数を含む数である.なお,複素数は4章で学習する.

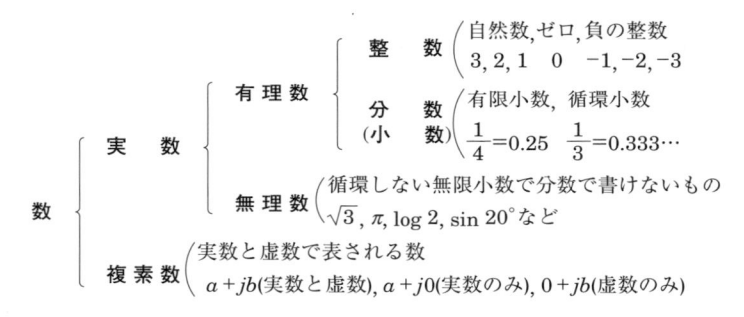

$$
\text{数}\begin{cases}\text{実 数}\begin{cases}\text{有理数}\begin{cases}\text{整 数}\begin{pmatrix}\text{自然数,ゼロ,負の整数}\\ 3,2,1\quad 0\quad -1,-2,-3\end{pmatrix}\\ \text{分 数}\begin{pmatrix}\text{有限小数,循環小数}\\ \dfrac{1}{4}=0.25\quad \dfrac{1}{3}=0.333\cdots\end{pmatrix}\end{cases}\\ \text{無理数}\begin{pmatrix}\text{循環しない無限小数で分数で書けないもの}\\ \sqrt{3},\pi,\log 2,\sin 20°\text{など}\end{pmatrix}\end{cases}\\ \text{複素数}\begin{pmatrix}\text{実数と虚数で表される数}\\ a+jb(\text{実数と虚数}),a+j0(\text{実数のみ}),0+jb(\text{虚数のみ})\end{pmatrix}\end{cases}
$$

図1·4 数の分類

(b) 無理数とは

無理数を一般的に定義すると,図1·4で説明されているように「**循環しない無限小数で分数で表せない数**」のことである.ここでは無理数のうち電気計算によく出てくる平方根および立方根の計算について取り上げる(対数や三角関数は後で学ぶ).

(c) 平方根

ある数xを二乗するとaになる数のことを「aの**平方根**」という.これを等式で表すと,

$$x^2 = a \qquad (1.10)$$

式(1.10)は二次方程式であるから,xは2つの根を持つ.xの正の根は$\sqrt{a}$,xの負の根は$-\sqrt{a}$である.

2つの根を合わせて$x = \pm\sqrt{a}$と表す.

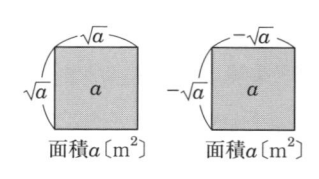

図1·5

この関係を図 1・5 を使って説明する．一辺の長さが $\sqrt{a}$ の面積は a [m^2] であり，また一辺の長さが $-\sqrt{a}$ [m] の面積は $(-\sqrt{a}) \times (-\sqrt{a}) = a$ [m^2] となる．ゆえに一辺の長さは，$x = \pm\sqrt{a}$ である．ただし，長さは方向をもたない量であるので，$-\sqrt{a}$ [m] については考えない．

(d) 平方根の計算

ここでは無理数の中の根号（ルート）を付けた数（平方根）についての計算を行う．平方根の積と商の計算では，$a > 0$, $b > 0$ のとき次式で表すことができる．

$$\sqrt{a}\sqrt{b} = \sqrt{ab} \tag{1・11}$$

$$\frac{\sqrt{b}}{\sqrt{a}} = \sqrt{\frac{b}{a}} \tag{1・12}$$

(e) 分母の有理化

分数式において，分母に根号が含まれる場合を考えると，例えば式 (1・13) の分母の値は $\sqrt{a}$ で，この分母に同じ $\sqrt{a}$ を掛けると，分母には根号を含まない式に変形することができる．このような式の変形のことを**有理化する**という．

$$\frac{\sqrt{b}}{\sqrt{a}} = \frac{\sqrt{b} \times \sqrt{a}}{\sqrt{a} \times \sqrt{a}} = \frac{\sqrt{ab}}{\sqrt{a^2}} = \frac{\sqrt{ab}}{a} \tag{1・13}$$

次の式 (1・14)，(1・15) のような，分母に根号を含む式の場合は，乗法の公式の $(a+b)(a-b) = a^2 - b^2$，すなわち $(\sqrt{a}+\sqrt{b})(\sqrt{a}-\sqrt{b}) = a - b$ を用いて分母の有理化をする．

$$\frac{1}{\sqrt{a}+\sqrt{b}} = \frac{\sqrt{a}-\sqrt{b}}{(\sqrt{a}+\sqrt{b})(\sqrt{a}-\sqrt{b})} = \frac{\sqrt{a}-\sqrt{b}}{a-b} \tag{1・14}$$

$$\frac{1}{\sqrt{a}-\sqrt{b}} = \frac{\sqrt{a}+\sqrt{b}}{(\sqrt{a}-\sqrt{b})(\sqrt{a}+\sqrt{b})} = \frac{\sqrt{a}+\sqrt{b}}{a-b} \tag{1・15}$$

例題 1.14 次の式を簡単にせよ（電卓を使わないで求める）．

(1) $\sqrt{18} + \sqrt{8}$ 　　(2) $\sqrt{50} - \sqrt{98}$ 　　(3) $(4+\sqrt{9})\sqrt{3}$

解 (1) $\sqrt{18} + \sqrt{8} = \sqrt{2 \times 9} + \sqrt{2 \times 4} = 3\sqrt{2} + 2\sqrt{2} = 5\sqrt{2}$

1.4 無理数と平方根

(2) $\sqrt{50} - \sqrt{98} = \sqrt{2 \times 25} - \sqrt{2 \times 49} = 5\sqrt{2} - 7\sqrt{2} = -2\sqrt{2}$

(3) $(4+\sqrt{9})\sqrt{3} = 4\sqrt{3} + \sqrt{9 \times 3} = 4\sqrt{3} + 3\sqrt{3} = 7\sqrt{3}$

例題 1.15 次の式を簡単にせよ．

(1) $\sqrt{8} - \dfrac{6}{\sqrt{2}}$　　(2) $\dfrac{\sqrt{54}+\sqrt{150}}{\sqrt{2}}$　　(3) $\dfrac{\sqrt{6}}{4-\sqrt{6}}$　　(4) $\dfrac{90}{\sqrt{6^2+3^2}}$

解

(1) $\sqrt{8} - \dfrac{6}{\sqrt{2}} = \sqrt{2 \times 4} - \dfrac{6\sqrt{2}}{\sqrt{2} \times \sqrt{2}} = 2\sqrt{2} - \dfrac{6\sqrt{2}}{2} = 2\sqrt{2} - 3\sqrt{2} = -\sqrt{2}$

(2) $\dfrac{\sqrt{54}+\sqrt{150}}{\sqrt{2}} = \sqrt{\dfrac{54}{2}} + \sqrt{\dfrac{150}{2}} = \sqrt{27} + \sqrt{75} = 3\sqrt{3} + 5\sqrt{3} = 8\sqrt{3}$

(3) $\dfrac{\sqrt{6}}{4-\sqrt{6}} = \dfrac{\sqrt{6}(4+\sqrt{6})}{(4-\sqrt{6})(4+\sqrt{6})} = \dfrac{(4\sqrt{6})+\sqrt{6^2}}{16-6} = \dfrac{4\sqrt{6}+6}{10} = \dfrac{2\sqrt{6}+3}{5}$

(4) $\dfrac{90}{\sqrt{6^2+3^2}} = \dfrac{90}{\sqrt{45}} = \dfrac{90}{\sqrt{3^2 \times 5}} = \dfrac{90}{3\sqrt{5}} = \dfrac{30\sqrt{5}}{5} = 6\sqrt{5}$

〈平方根を含む計算〉

計算結果が平方根になり，その値が例えば $\sqrt{25}$ だとする．ルート25を開くには，その数が5の2乗で表せるので $\sqrt{5^2}=5$ となる．$\sqrt{200}$ を開く場合は，$\sqrt{2 \times 10^2} = 10\sqrt{2}$ と計算する．数学の問題ならこの答でよいが，電気計算では $\sqrt{2}$ を開いて計算することが多い．電験などの試験では $\sqrt{\ }$ 機能付電卓が使えるので手計算によるルートを開く必要はないが，電気計算で頻繁に使われる $\sqrt{2}$ や $\sqrt{3}$ は，その値を覚えておかないと実際に困ることになる．次のような語呂合わせで覚えておこう．

$\sqrt{2} = 1.\overset{ヒト}{4}\overset{ヨ}{1}\overset{ヒト}{4}\overset{ヨニ}{2}$　………………………………………（人世人世に…）

$\sqrt{3} = 1.\overset{ヒト}{7}\overset{ナミ}{3}\overset{ニ}{2}$　…………………………………………………（人並みに…）

$\sqrt{5} = 2.\overset{フ}{2}\overset{ジ}{3}\overset{サンロク}{6}$　…………………………………………………（富士山麓…）

練習問題

1.16 次の式を簡単にせよ（電卓を使わないで求める）．

(1) $\sqrt{27}+\sqrt{48}$ (2) $(4-\sqrt{3})^2$

(3) $\dfrac{\sqrt{32}}{4}+\dfrac{\sqrt{100}}{\sqrt{2}}-2\sqrt{2}$ (4) $\sqrt{75}-\dfrac{6}{\sqrt{3}}$

1.17 次の式の分母を有理化せよ．

(1) $\dfrac{\sqrt{3}}{2+\sqrt{3}}$ (2) $\dfrac{\sqrt{3}+\sqrt{5}}{\sqrt{5}-\sqrt{3}}$

1.18 抵抗 $R=20\Omega$ にある電流を流したとき，抵抗が消費する電力が $P=4\mathrm{kW}$ であった．流れる電流 I 〔A〕はいくらか．なお，$\sqrt{2}=1.41$ として計算する．
ヒント 電力は $P=I^2R$ 〔W〕である．電流は $I=\sqrt{P/R}$ 〔A〕より求める．

1.19 真空中において，$d=2\mathrm{cm}$ の間隔で平行に張られた2本の長い電線に往復電流を流したとき，この2本の電線相互間に1m当たり $F=5\times10^{-3}$ 〔N〕の電磁力が働いた．この電線に流れている電流 I 〔A〕はいくらか．ただし，真空中の透磁率 $\mu_0=4\pi\times10^{-7}$ 〔H/m〕，$\sqrt{5}=2.24$ とする．
ヒント 平行導体間に働く電磁力 F 〔N〕の式は，

$$F=\dfrac{\mu_0 I^2}{2\pi d}\ \text{〔N/m〕より}\ I\ \text{を求めると，}$$

$$I=\sqrt{\dfrac{2\pi dF}{\mu_0}}$$

題意より，$F=5\times10^{-3}$ 〔N〕，$d=2\times10^{-2}$ 〔m〕とする．

1.20 図のように抵抗 R 〔Ω〕，リアクタンス X_L 〔Ω〕の直列回路に交流電源 E 〔V〕を加えたとき流れる電流 I 〔A〕は，

$$I=\dfrac{E}{\sqrt{R^2+X_L^2}}$$

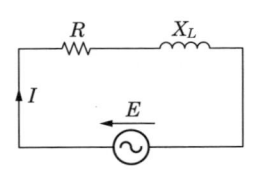

で与えられる．$E=100\mathrm{V}$，$R=50\Omega$，$X_L=50\Omega$ のとき I 〔A〕の値を求めよ．

1.5 指数法則と電気計算

(a) 指数とは

ある数の何乗かを示すために，その数の肩に付ける数のことを**指数**という．例えば10^3（10の3乗と読む）は指数が3で$10 \times 10 \times 10$の値を表す．

(b) 指数法則

ある数a（aはゼロではない）のa^1, a^2, $a^3 \cdots$を総称してaの**累乗**という．ここで，指数計算をする．

$$a^2 \times a^3 = (a \times a) \times (a \times a \times a) = a^{2+3} = a^5$$

$$(a^2)^4 = a^2 \times a^2 \times a^2 \times a^2 = a^{2 \times 4} = a^8$$

$$a^5 \div a^2 = \frac{a \times a \times a \times \cancel{a} \times \cancel{a}}{\cancel{a} \times \cancel{a}} = a^{5-2} = a^3$$

$$a \div a^3 = \frac{\cancel{a}}{a \times a \times \cancel{a}} = \frac{1}{a^{3-1}} = \frac{1}{a^2} = a^{-2}$$

m, nが正の整数とするとき，次の指数法則が成り立つ．

指数法則（$a \neq 0$）

$$\left.\begin{array}{ll} a^m \times a^n = a^{m+n} & (ab)^n = a^n b^n \\ (a^m)^n = a^{m \times n} & a^m \div a^n = a^{m-n} \end{array}\right\} \quad (1 \cdot 15)$$

なお，式(1・15)の$a^m \div a^n = a^m/a^n = a^{m-n}$において，$m = n$のときを考える．

$$a^{m-m} = a^0 = \frac{a^m}{a^m} = 1$$

このことよりa^0は1になることがわかる．なお，a^1をaと表す．

また，式(1・15)の$a^m \div a^n = a^m/a^n = a^{m-n}$において，$m = 0$のときを考える．

$$\frac{a^0}{a^n} = a^{0-n} = a^{-n}$$

このことより指数がマイナスのときは，累乗は分数で表される．

$$a^0 = 1 \qquad a^{-n} = \frac{1}{a^n} \qquad (1 \cdot 16)$$

(c) 累乗根

nが正の整数のとき，n乗するとaになる方程式は，

第1章 式の計算

$$x^n = a \qquad (a \text{ は実数}) \tag{1・17}$$

で表され，x の根 $\sqrt[n]{a}$ を a の n 乗根という．例えば $n=2$ であれば2乗根（平方根），$n=3$ であれば3乗根（立方根）という．

また，式(1・17)の根は次のように指数を分数で表す．

$$\sqrt[n]{a} = a^{\frac{1}{n}} \tag{1・18}$$

なお，$n=2$ のときは，$\sqrt[2]{a} = \sqrt{a}$ とルートの前の2を省略して書く．

(d) 電気計算で用いる接頭語の使い方

電気の単位である電圧・電流・抵抗の単位には，〔V〕，〔A〕，〔Ω〕が使われるが，その扱う値は $10^{12} \sim 10^{-12}$ というように範囲が広い．

このような大きい値や小さな値を取り扱うときには，単位の前に表1・1のような**接頭語**を付けてその値を表すようにしている．

例えば，2MΩ の抵抗値を抵抗の基本単位に直すと，2×10^6 Ω になる．電気計算をする場合は，接頭語を指数に直し基本単位にして計算するのが一般的である．

表1・1 接頭語

記号	読み方	大きさ	指数表示
T	テラ	1 000 000 000 000	10^{12}
G	ギガ	1 000 000 000	10^{9}
M	メガ	1 000 000	10^{6}
k	キロ	1 000	10^{3}
d	デシ	0.1	10^{-1}
c	センチ	0.01	10^{-2}
m	ミリ	0.001	10^{-3}
μ	マイクロ	0.000001	10^{-6}
n	ナノ	0.000000001	10^{-9}
p	ピコ	0.000000000001	10^{-12}

例題 1.16 次の計算をせよ．

(1) $(2x)^3 \times (2x)^2$ (2) $(-a)^2 \times (-a)^3$ (3) $\dfrac{4x^2 y^3}{x^{-2} y^2}$

解 (1) $(2x)^3 \times (2x)^2 = 2^3 x^3 \times 2^2 \times x^2 = 2^{3+2} \times x^{3+2} = 32 x^5$

(2) $(-a)^2 \times (-a)^3 = a^2 \times (-a^3) = -a^{2+3} = -a^5$

(3) $\dfrac{4x^2 y^3}{x^{-2} y^2} = 4 x^{2+2} \times y^{3-2} = 4 x^4 y$

1.5 指数法則と電気計算

例題 1.17 次の指数を分数の形で表せ．

(1) $(2^3)^{-2}$ (2) $(-6)^3 \div 6$ (3) $10^3 \times 10^0 \times 10^4$ (4) $\dfrac{3^{-6}}{3^{-4}}$

解

(1) $(2^3)^{-2} = 2^{3\times(-2)} = 2^{-6} = \dfrac{1}{2^6}$ (2) $(-6)^3 \div 6 = \dfrac{-6^3}{6^1} = -\dfrac{1}{6^{1-3}} = -\dfrac{1}{6^{-2}}$

(3) $10^3 \times 10^0 \times 10^4 = 10^{3+0+4} = 10^7 = \dfrac{1}{10^{-7}}$ (4) $\dfrac{3^{-6}}{3^{-4}} = \dfrac{1}{3^{-4+6}} = \dfrac{1}{3^2}$

例題 1.18 漏れ磁束のない空心環状ソレノイドがある．巻数 $N = 1\,000$ に電流 $I = 200\,\mathrm{mA}$ を流すとき，中心からソレノイドの平均半径 $r = 200\,\mathrm{mm}$ の円周上における磁束密度〔T〕を求めよ．ただし，$\mu_0 = 4\pi \times 10^{-7}$ とする．

ヒント 半径 r の円周上の磁束密度 B〔T〕の式は，

$$B = \dfrac{\mu_0 N I}{2\pi r}$$

解 上式に $N = 1\,000$，$I = 200\,\mathrm{mA} = 0.2\,\mathrm{A}$，$r = 200\,\mathrm{mm} = 0.2\,\mathrm{m}$ の値を代入する．

$$B = \dfrac{\mu_0 N I}{2\pi r} = \dfrac{4\pi \times 10^{-7} \times 1\,000 \times 0.2}{2\pi \times 0.2} = \dfrac{4 \times 1\,000 \times 0.2}{2 \times 0.2} \times 10^{-7}$$

$$= 2\,000 \times 10^{-7} = 2 \times 10^{3-7} = 2 \times 10^{-4} \quad \text{答} \quad 2 \times 10^{-4}\,\text{〔T〕}$$

例題 1.19 抵抗率 $\rho = 2.66 \times 10^{-8}$〔Ω·m〕のアルミ線がある．その線の半径 $r = 0.2\,\mathrm{mm}$，長さ $l = 40\,\mathrm{cm}$ の抵抗 R〔Ω〕はいくらか．

ヒント $R = \dfrac{\rho l}{\pi r^2}$

解 上式に $\rho = 2.66 \times 10^{-8}$，$r = 0.2\,\mathrm{mm} = 0.2 \times 10^{-3}\,\mathrm{m}$，$l = 40\,\mathrm{cm} = 0.4\,\mathrm{m}$ の値を代入する．

$$R = \dfrac{\rho l}{\pi r^2} = \dfrac{2.66 \times 10^{-8} \times 0.4}{3.14 \times (0.2 \times 10^{-3})^2} = \dfrac{2.66 \times 0.4 \times 10^{-8}}{3.14 \times 0.04 \times 10^{-6}}$$

$$= \dfrac{2.66 \times 0.4}{3.14 \times 0.04} \times 10^{-8+6} \fallingdotseq 8.47 \times 10^{-2} \quad \text{答} \quad 0.0847\,\Omega$$

第1章 式の計算

練習問題

1.21 次の (ア)〜(コ) に適当な指数を書き入れよ．

(1) $0.3 \,[\mathrm{M\Omega}] = 3 \times 10^{(\mathcal{T})} \,[\Omega] = 3 \times 10^{(\mathcal{A})} \,[\mathrm{k\Omega}]$

(2) $2 \,[\mathrm{mm}^2] = 2 \times 10^{(\mathcal{\dot{}})} \,[\mathrm{m}^2]$

(3) $400 \,[\mu\mathrm{C}] = 400 \times 10^{(\mathcal{\bot})} \,[\mathrm{C}] = 4 \times 10^{(\mathcal{\dot{}})} \,[\mathrm{C}]$

(4) $1\,000 \,[\mathrm{pF}] = 10^{(\mathcal{\jmath})} \times 10^{-12} \,[\mathrm{F}] = 10^{(\mathcal{\dagger})} \,[\mathrm{F}]$

(5) $0.05 \,[\mathrm{kW}] = 5 \times 10^{(\mathcal{\jmath})} \,[\mathrm{W}] = 5 \times 10^{(\mathcal{\dagger})} \,[\mathrm{mW}]$

(6) $20 \,[\mathrm{cm}^3] = 2 \times 10^{(\mathcal{\Box})} \,[\mathrm{m}^3]$

1.22 次の (ア)〜(ケ) に適当な指数を書き入れよ．

(1) $16^{\frac{1}{3}} = (2^{(\mathcal{T})})^{\frac{1}{3}} = 2^{(\mathcal{A})}$

(2) $\sqrt{125} = (5^{(\mathcal{\dot{}})})^{(\mathcal{\bot})} = 5^{(\mathcal{\dot{}})}$

(3) $64^{-\frac{1}{3}} = \dfrac{1}{64^{(\mathcal{\jmath})}} = \dfrac{1}{2^{(\mathcal{\dagger})}}$

(4) $\dfrac{10^3 \times 10^{\frac{1}{3}}}{10^{-\frac{2}{3}}} = 10^3 \times 10^{\frac{1}{3}} \times 10^{(\mathcal{\jmath})} = 10^{(\mathcal{\dagger})}$

1.23 真空中に $m_1 = 0.5\mathrm{mWb}$ と $m_2 = -3\mathrm{mWb}$ の点磁極を $r = 5\mathrm{cm}$ 離しておいたとき，磁極間に生じる磁気力 $F \,[\mathrm{N}]$ はいくらか．ただし，真空中の透磁率 μ_0 は $4\pi \times 10^{-7}$ とする．

ヒント　磁気力 $F \,[\mathrm{N}]$ は次式で求められる．

$$F = \frac{m_1 m_2}{4\pi \mu_0 r^2}$$

1.24 電極の面積 $A = 20\,\mathrm{cm}^2$ の極板間に，厚さ $d = 0.5\mathrm{mm}$，比誘電率 $\varepsilon_s = 10$ の誘電体を挿入した平行板コンデンサ $C \,[\mathrm{pF}]$ を求めよ．ただし，真空中の誘電率 ε_0 は 8.854×10^{-12} である．

ヒント

$$C = \frac{\varepsilon_0 \varepsilon_s A}{d} = 8.854 \times 10^{-12} \frac{\varepsilon_s A}{d} \,[\mathrm{F}]$$

1.6 最大・最小定理と近似式

　最大・最小の条件を求める問題は，一般には微分を利用して求めるが，ここでは代数法によって解ける問題を取り上げる．また，二項定理を利用した近似式を用いて近似値の計算を行う．

(a) 最大定理とは

　2つの正の整数 x,y があり，この2つの数の和が $x+y=k$（一定）の条件にあるときは，この2数の積 xy の値は，$x=y=k/2$ のとき最大になり，これを**最大定理**という．

[証明]　$x+y=k$ より，$y=k-x$ となり，積 xy を求めると，

$$xy = x(k-x) = -(x^2 - kx) = -\left\{x^2 - kx + \left(-\frac{k}{2}\right)^2\right\} + \left(-\frac{k}{2}\right)^2$$

$$\therefore \quad xy = -\left(x - \frac{k}{2}\right)^2 + \frac{k^2}{4} \tag{1.19}$$

　式 (1.19) の $(x-k/2)=0$ とすれば，$x=k/2$ で xy は最大になる．なお，$x=k/2$ のとき，y は $y=k/2$ となる．すなわち $x=y$ のとき x,y の積は最大になる．

> **〈最大になる条件〉**
> 　2つの正の整数があって，その2数の和が一定である場合には，2数の積はその2数が等しいときに最大になる．

(b) 最小定理とは

　x,y の2つの正の整数の積が $xy=k$（一定）の条件にあるときは，この2数の和 $x+y$ の値は，$x=y=\sqrt{k}$ のとき最小になり，これを**最小定理**という．

[証明]　$xy=k$ より，$y=k/x$ となるので $x+y$ は，

$$x+y = x + \frac{k}{x} = \left(\sqrt{x} - \frac{\sqrt{k}}{\sqrt{x}}\right)^2 + 2\sqrt{k}$$

$$\therefore \quad x+y = \left(\sqrt{x} - \frac{\sqrt{k}}{\sqrt{x}}\right)^2 + 2\sqrt{k} \tag{1.20}$$

　式 (1.20) の $\{\sqrt{x} - (\sqrt{k}/\sqrt{x})\}=0$ とすれば，$x=\sqrt{k}$ で，$x+y$ は最小になる．なお，$x=\sqrt{k}$ のとき，$y=\sqrt{k}$ となる．

すなわち $x=y=\sqrt{k}$ のとき $x+y$ の値は最小になる．

> **〈最小になる条件〉**
> 2つの正の整数があって，その2数の積が一定である場合には，2数の和は，その2数が等しいときに最小になる．

(c) 二項定理

すでに学んだ乗法の公式を一般形にして，n が自然数のとき，$(a+b)^n$ の展開を与える公式を**二項定理**という．

$$(a+b)^n = a^n + na^{n-1}b + \frac{n(n-1)}{1\times 2}a^{n-2}b^2 + \cdots\cdots + b^n \qquad (1\cdot 21)$$

（乗法の公式は2乗の場合 $(a+b)^2 = a^2 + 2ab + b^2$，3乗の場合 $(a+b)^3 = a^3 + 3a^2b + 3ab^2 + b^3$ であり，二項定理から導びかれる）

(d) 近似式

$(1+x)^n$ において，二項定理を用いて式を展開した x の2乗より大きい高次の項は $|x| \ll 1$ の場合，1に比べて非常に小さい値となるので無視することができる．そこで，次の近似式が得られる．

$$(1+x)^n = 1 + nx + \frac{n(n-1)}{1\times 2}x^2 + \cdots\cdots + x^n \fallingdotseq 1 + nx \quad (|x| \ll 1) \qquad (1\cdot 22)$$

式 (1·22) は，**近似値**を求めるときに用いられる．

例題 1.20 全長20mのひもがある．このひもで囲める長方形の面積が最大となる辺の長さ〔m〕はいくらか．

ヒント 最大定理を用いて解く．一辺の縦の長さを x〔m〕とすると，横の長さは $(20/2-x)$〔m〕，長方形の面積は $x\times(20/2-x)$ で求まる．

解 二辺の長さの和は，$x+(10-x)=10$ となり定数である．この長方形の面積は最大定理より二辺の長さが等しいとき最大になる．すなわち，

$$x = 10-x \quad\rightarrow\quad 2x = 10$$

∴ $x = 10/2 = 5$〔m〕のとき最大になり，これは正方形である． **答** 5m

1.6 最大・最小定理と近似式

例題 1.21 $xy=9$ のとき，$x+y$ が最小になる条件と，そのときの $x+y$ の値を求めよ．

解 $y=\dfrac{9}{x} \rightarrow x+y=x+\dfrac{9}{x}=\left(\sqrt{x}-\dfrac{3}{\sqrt{x}}\right)^2+2\times 3$ ……………………①

式①が最小になる条件は $\left(\sqrt{x}-\dfrac{3}{\sqrt{x}}\right)=0$ のときである．

∴ $x=y=3$

よって，$x+y=2\times 3=6$ 　　　　　　　　**答** $x=y=3$ のとき，$x+y=6$

例題 1.22 電熱器の電熱線が使用により新品時に比べ，直径が2％減少した．電熱器の消費電力は，新品時のおよそ何倍になるか．

ヒント 電熱線の長さ l 〔m〕，線の直径 d 〔m〕，抵抗率 ρ 〔Ω·m〕，電圧 V 〔V〕とすると，抵抗 R 〔Ω〕と消費電力 P 〔W〕は次式で表せる．

$$R=\dfrac{\rho l}{\pi\left(\dfrac{d}{2}\right)^2}=\dfrac{4\rho l}{\pi d^2} \quad,\quad P=\dfrac{V^2}{R}$$

解 電熱線が新品のときの消費電力 P 〔W〕は，

$$P=\dfrac{V^2}{R}=\dfrac{\pi d^2 V^2}{4\rho l}$$

次に，電熱線の直径が2％減少したときの消費電力 P' 〔W〕は，

$$P'=\dfrac{V^2}{R'}=\dfrac{\pi d^2(1-0.02)^2 V^2}{4\rho l}=\dfrac{\pi d^2 V^2}{4\rho l}\times(1-0.02)^2$$

$$=P(1-0.02)^2 \text{ ……………………………………………………………①}$$

ここで，式①を近似式を用いて計算する．

$(1+x)^n \fallingdotseq 1+nx$ に $x=-0.02$，$n=2$ を代入する．

$$P=P(1-0.02)^2 \fallingdotseq P(1-2\times 0.02)=0.96P$$

　　答 電熱線が2％減少すると，消費電力は0.96倍になる(減少)．

第1章 式の計算

練 習 問 題

1.25 次の式が最大になるときの R の値と，そのときの式の値を求めよ．

$$\frac{R}{R^2+8R+16}$$

1.26 図において，電源電圧 $E=200\text{V}$，内部抵抗 $r=0.5\Omega$ の直流電源に可変負荷抵抗 $R\,(\Omega)$ を接続した．$R\,(\Omega)$ を変化させたときの負荷抵抗の消費電力の最大値 (kW) を求めよ．

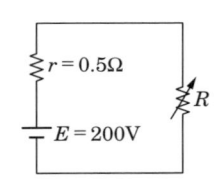

ヒント 抵抗 R を流れる電流 $I\,(\text{A})$ は，

$$I = \frac{E}{r+R}$$

負荷の消費電力 $P\,(\text{W})$ は，

$$P = RI^2 = \frac{RE^2}{(r+R)^2} = \frac{RE^2}{R^2+2rR+r^2} \quad \cdots\cdots ①$$

1.27 タングステン電球の光束は，供給電圧の3.6乗に比例する．電圧が100Vから105Vに増加したとき，光束はおよそ何倍になるか．

ヒント 100Vのときの光束を $F_1\,(\text{lm})$（ルーメン），105Vのときの光束を $F_2\,(\text{lm})$ として，比例定数を k とすれば，光束の比は次式で表せる．

$$F_1 = k100^{3.6} \qquad F_2 = k105^{3.6}$$

よって，

$$\frac{F_2}{F_1} = \frac{k105^{3.6}}{k100^{3.6}} = \left(\frac{105}{100}\right)^{3.6} = 1.05^{3.6} \quad \cdots\cdots ①$$

1.28 600Wのニクロム線の長さを4％切って短くして使用した．この場合の消費電力 (W) はおよそいくらか．

ヒント ニクロム線の長さ $l\,(\text{m})$，線の面積 $S\,(\text{m}^2)$，抵抗率 $\rho\,(\Omega\cdot\text{m})$ とすると，抵抗 $R\,(\Omega)$ は次式で表せる．

$$R = \frac{\rho l}{S}$$

第1章 章末問題

●1. 次の各組の最大公約数と最小公倍数を求めよ．
 (1) 36，72，96　　(2) 24，18，12

●2. 次の繁分数を計算せよ．

 (1) $\dfrac{\dfrac{1}{4x} - \dfrac{1}{3xy}}{\dfrac{1}{2xy} + \dfrac{1}{4x}}$　　(2) $\dfrac{\dfrac{b}{a} + \dfrac{c}{b} + \dfrac{a}{c}}{\dfrac{a}{bc} + \dfrac{b}{ac} + \dfrac{c}{ab}}$

●3. 次の式を簡単にせよ

 (1) $\dfrac{4}{3+\sqrt{5}}$　　(2) $\dfrac{\sqrt{3}+\sqrt{2}}{\sqrt{3}-\sqrt{2}}$　　(3) $\dfrac{1}{a-\sqrt{a^2-1}}$

●4. 次の回路のab間の合成抵抗を求めよ．

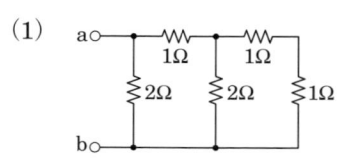

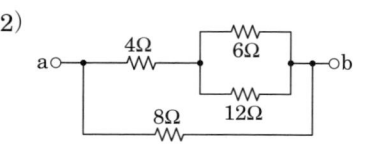

 (1) (2)

●5. 図において，抵抗 10Ω，容量リアクタンス 20Ω の直列回路に交流電圧 $100V$ を加えた．流れる電流を求めよ．
ヒント　回路を流れる電流は次式で求める．

$$I = \dfrac{E}{\sqrt{R^2 + X_c^2}}$$

●6. 次の回路の合成静電容量を求めよ．

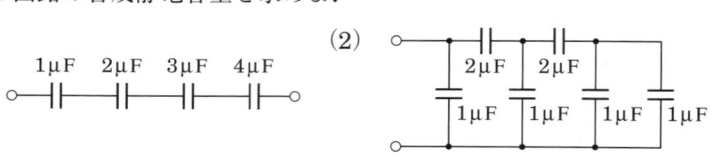

 (1) (2)

第2章

方程式とグラフ

電気現象は数学を用いた式によって表すことができる．例えば，オームの法則は一次方程式を，電流と電力の関係は二次方程式を用いて表す．

ここでは，方程式のうち，一次方程式，二次方程式，連立方程式などを取り上げて方程式の解の求め方，およびグラフの表し方について学ぶ．

キーワード 一次方程式，二次方程式，連立一次方程式，比例，反比例，因数分解，根の公式，不等式，一次関数のグラフ，二次関数のグラフ

2.1 一次方程式の解き方

未知数を1つ含む一次方程式の立て方と，解の求め方について学ぶ．

(a) 方程式とは

2つの式を等号の符号 (=) で結びつけたものを**等式**，その等式のうち未知数である文字をもつものを**方程式**という．未知数である文字の値を求めることを**方程式を解く**といい，その値を**根**という．方程式は未知数である文字の種類が n 個あれば n 元といい，未知数の文字の最大の次数が m であれば m 次で，このような方程式を，「***n*元*m*次方程式**」という．

例えば $y = x^3 - 2x + 5$ の方程式は，未知数の文字 x，y（二元），その最大の次数は x^3（三次）なので，「二元三次方程式」という．

(b) 等式の性質

等式には次のような性質がある．これらを用いると式の整理が簡単になる．

(1) 両辺に同じ数を加えても，引いても等式は成り立つ．

　　　例　$a = b$ のとき，$a + c = b + c$，$a - c = b - c$

(2) 両辺に同じ数を掛けても，割っても等式は成り立つ．

　　　例　$a = b$ のとき，$a \times c = b \times c$，$a/c = b/c$

(3) 移項：等式の中にある項を，プラス・マイナスの符号を逆にして他の辺に移すことを**移項**という．

> 例　$3x - 8 = 2x + 5$
> 　　　↓　（-8 の移項）
> $3x = 2x + 5 + 8$
> 　　　↓　（$2x$ の移項）
> $3x - 2x = 5 + 8$

(c) 一次方程式を解く手順

① かっこがあればかっこをはずす

② 文字を含む項を左辺に，数値の項を右辺に集める（移項）

③ 未知数を x とすると，$ax = b$ の形にする

④ 両辺を係数 a で割る

例題 2.1

次の方程式を解け.

(1) $2x - 4 = 0$

(2) $2 - 3x = 5 + 6x$

(3) $\dfrac{x}{3} - \dfrac{3}{2} = \dfrac{3}{4}x + \dfrac{1}{3}$

(4) $\dfrac{2x-3}{2} + \dfrac{5-2x}{3} = 0$

解

(1) $2x - 4 = 0$

両辺に 4 を加える

$2x - 4 + 4 = 0 + 4$

(-4 を移項することと同じ)

$2x = 4$

両辺を 2 で割る

答 $x = \dfrac{4}{2} = 2$

(2) $2 - 3x = 5 + 6x$

両辺より 2 を引く(-2 を加える)

$2 - 2 - 3x = 5 + 6x - 2$

$-3x = 6x + 3$

両辺より $6x$ を引く($6x$ の移項)

$-3x - 6x = 6x - 6x + 3$

$-9x = 3$

両辺を -9 で割る

答 $x = -\dfrac{3}{9} = -\dfrac{1}{3}$

(3) $\dfrac{x}{3} - \dfrac{3}{2} = \dfrac{3}{4}x + \dfrac{1}{3}$

$-\dfrac{3}{2}$ と $\dfrac{3}{4}x$ を移項する

$\dfrac{x}{3} - \dfrac{3}{4}x = \dfrac{1}{3} + \dfrac{3}{2}$

左右の分母を揃える

$\dfrac{4x}{3 \times 4} - \dfrac{3 \times 3x}{4 \times 3} = \dfrac{2}{3 \times 2} + \dfrac{3 \times 3}{2 \times 3}$

$\dfrac{4 - 9}{12}x = \dfrac{2 + 9}{6}$

両辺に $-\dfrac{12}{5}$ を掛ける

$-\dfrac{12}{5} \times \dfrac{4-9}{12}x = \dfrac{11}{6} \times \left(\dfrac{-12}{5}\right)$

答 $x = \dfrac{-11 \times 2}{5} = -\dfrac{22}{5}$

(4) $\dfrac{2x-3}{2} + \dfrac{5-2x}{3} = 0$

左辺の各項の分子に 3×2 を掛ける

$\dfrac{3 \times 2(2x-3)}{2} + \dfrac{3 \times 2(5-2x)}{3} = 0$

各項を約分する(分母は1)

$3(2x - 3) + 2(5 - 2x) = 0$

かっこをはずす

$6x - 9 + 10 - 4x = 0$

$10 - 9$ を移項する

$(6 - 4)x = -1$

答 $x = -\dfrac{1}{2}$

2.1 一次方程式の解き方

例題 2.2 図の回路において，$R=10\Omega$ のときは $I=5\mathrm{A}$，$R=8\Omega$ にすると $I=6\mathrm{A}$ となった．この電源電圧 E〔V〕の値を求めよ．

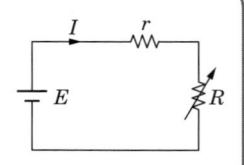

ヒント オームの法則より，$E=I(r+R)$ の関係が成立する．したがって，次式より r〔Ω〕を求めてから E〔V〕を計算する．

解
$$E = 5(r+10) = 6(r+8) \cdots\cdots\cdots ①$$
$$5r+50 = 6r+48 \quad 6r-5r = 50-48$$
$$\therefore \quad r = 2\Omega \quad E = 5(2+10) = 60$$

答 60V

例題 2.3 内部抵抗 0.21Ω，最大目盛 $2.5\mathrm{A}$ の電流計がある．分流器を用いて $10\mathrm{A}$ を測定するには，分流器の抵抗 R_s〔Ω〕をいくらにしたらよいか．

ヒント 分流器の抵抗 R_s〔Ω〕は内部抵抗 r を用いて次のように表せる．

$$R_s = \frac{r}{m-1}$$

上式の m は分流器の倍率で電流比であるから $m=\dfrac{I}{I_a}$ で表せる．（I_a は最大目盛）

解 分流器の倍率は $m = I/I_a = 10/2.5 = 4$ 倍

この値を R_s〔Ω〕の式に代入する．

$$R_s = \frac{r}{m-1} = \frac{0.21}{4-1} = 0.07$$

答 $R_s = 0.07\Omega$

〈単純計算を侮らない〉

電気計算では，一次方程式を立てて解く問題が非常に多い．問題文を読んで正しく式が立てられればあとは計算だけである．しかし，計算だからといって，ここで安心してはいけない．初学者は往々にして計算で躓くことがあるからである．一次方程式でいえば移項などでの単純ミスをしないよう注意しよう．

第2章 方程式とグラフ

練 習 問 題

2.1 金属導体の電気抵抗は温度が上昇すると大きくなる．$t=20$℃のとき100Ωの導線が$T=75$℃になったときの抵抗値R_Tが123.6Ωであった．導線の20℃のときの温度係数α_{20}〔℃$^{-1}$〕はいくらか．

ヒント 導線のt℃の温度係数をα_tとすると，次式が成り立つ．

$$R_T=R_t\{1+\alpha_t(T-t)\}$$（ここでは$t=20$として計算する）

2.2 図のようなブリッジ回路がある．100Ωのすべり抵抗器の摺動子Aを動かして検流計の針を0にしたとき（ブリッジの平衡）のすべり抵抗器の抵抗値は，r〔Ω〕と$100-r$〔Ω〕になった．抵抗r〔Ω〕を求めよ．

ヒント ブリッジが平衡したときは，対辺どうしの抵抗値を掛け合わせた値が等しくなる．

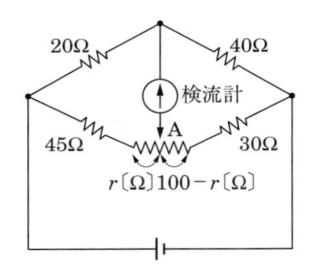

2.3 図の回路において，ab間に生じる電圧V〔V〕を求めよ．

ヒント 図のループ電流I〔A〕は次式で計算する．

$$ループ電流=\frac{ループ内の合成電圧}{ループ内の合成抵抗}$$

次に20Ωに生じる電圧降下V'〔V〕を求め，電圧$V=8-V'$〔V〕を計算する．
（上式のV'は8Vから流れ込む電流の向きを+とする電圧降下である．）

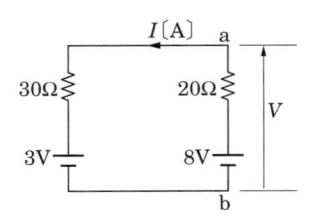

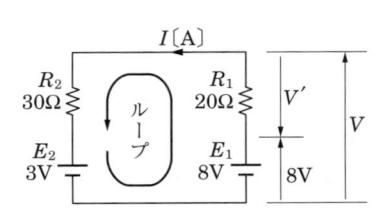

2.2 連立方程式の解き方

連立方程式の解き方には代入法，加減法，行列式などがあるが，ここでは代入法と加減法について学ぶ．

(a) 連立一次方程式

複雑な電気回路網の各枝路を流れる未知電流がある場合，求める未知電流の数だけの方程式を立てる．一般に2つ以上の方程式が1組をなすとき，これを**連立方程式**といい，例えば次式のようになる．

$$2I_1+I_2=4 \quad , \quad 6I_1+5I_2=10$$

上式の方程式は，未知数が2で次数が1であるから**二元一次方程式**という．

(b) 連立方程式の解き方（代入法）

連立方程式の解き方のうち，代入法について次の〔例〕でその解き方を解説する．

〔例〕次の連立方程式を解け．

$$2x-4y=12 \quad \cdots\cdots① $$
$$3x+2y=2 \quad \cdots\cdots② $$

代入法は1つの方程式から $x=$ または $y=$ で表す方程式をつくり，それを他の方程式に代入して解を求める方法である．式①で x を解くと，

$$x=\frac{12+4y}{2}=6+2y \quad \cdots\cdots③$$

式③の値を式②へ代入する．

$$3(6+2y)+2y=2$$
$$6y+2y=2-18 \quad \therefore \quad y=-\frac{16}{8}=-2 \quad \cdots\cdots④$$

式④の値を式①へ代入すると，

$$2x-4(-2)=12 \quad \therefore \quad x=\frac{12-8}{2}=2$$

したがって，$x=2$，$y=-2$ となる．

(c) 連立方程式の解き方（加減法）

連立方程式の解き方のうち，加減法について次の〔例〕でその解き方を解説する．

〔例〕次の連立方程式を解け

$$2x-4y=12 \quad \cdots\cdots① $$
$$3x+2y=2 \quad \cdots\cdots② $$

第2章 方程式とグラフ

加減法は，2つの未知数のどちらか一方の係数をそろえ，その連立方程式を加算か減算をして，その未知数を消去する方法である．〔例〕について，式①×3，式②×2とおいて減算する．

$$\begin{array}{r} 3\times 2x - 3\times 4y = 3\times 12 \\ -)\ 2\times 3x + 2\times 2y = 2\times 2 \\ \hline (-12-4)y = 36-4 \end{array} \qquad \therefore\ y = -\frac{32}{16} = -2$$

この値を式②に代入する（代入法と同じ）

$$3x + 2\times(-2) = 2 \qquad \therefore\ x = \frac{6}{3} = 2$$

したがって，$x=2,\ y=-2$ となる．

例題 2.4 次の連立方程式で表される電流 I_1〔A〕，I_2〔A〕を代入法で求めよ．
$$2I_1 + I_2 = 4 \cdots\cdots\cdots ① \qquad 6I_1 + 5I_2 = 10 \cdots\cdots\cdots ②$$

解 式①より I_2 を解くと，

$$I_2 = 4 - 2I_1 \cdots\cdots\cdots\cdots\cdots\cdots\cdots\cdots\cdots\cdots\cdots ③$$

式③を式②に代入すると，

$$6I_1 + 5(4 - 2I_1) = 10$$
$$6I_1 - 10I_1 = 10 - 20$$
$$-4I_1 = -10 \qquad \therefore\ I_1 = 2.5 \cdots\cdots\cdots\cdots\cdots ④$$

式④の値を式①に代入すると，

$$2\times 2.5 + I_2 = 4 \qquad \therefore\ I_2 = 4 - 5 = -1 \qquad \textbf{答}\ I_1 = 2.5\text{A},\ I_2 = -1\text{A}$$

例題 2.5 次の連立方程式を加減法で求めよ．
$$7x + 5y = 44 \cdots\cdots ① \qquad 5x + 7y = 52 \cdots\cdots\cdots ②$$

解 式①×5，式②×7とおいて減算を行う．

$$\begin{array}{r} 5\times 7x + 5\times 5y = 5\times 44 \\ -)\ 7\times 5x + 7\times 7y = 7\times 52 \\ \hline (25-49)y = 220 - 364 \end{array} \qquad \therefore\ y = \frac{-144}{-24} = 6$$

2.2 連立方程式の解き方

この値を式①に代入して，

$$7x + 5 \times 6 = 44 \qquad \therefore \quad x = \frac{44-30}{7} = 2$$

答 $x=2, \ y=6$

例題 2.6 次の連立方程式を代入法で求めよ．

$$0.4x + 0.3y = 1.1 \cdots\cdots\cdots ① \qquad 0.2x - 0.7y = -0.3 \cdots\cdots\cdots ②$$

解 計算を楽にするため，式①，②の両辺を10倍する．

$$4x + 3y = 11 \cdots\cdots\cdots ①'$$
$$2x - 7y = -3 \cdots\cdots\cdots ②'$$

式②′より x を解くと，

$$2x = -3 + 7y$$
$$x = \frac{7}{2}y - \frac{3}{2} = 3.5y - 1.5 \cdots\cdots\cdots ③$$

式③の値を式①′へ代入すると，

$$4(3.5y - 1.5) + 3y = 11$$
$$14y - 6 + 3y = 11$$
$$17y = 11 + 6 = 17$$
$$\therefore \quad y = 1 \cdots\cdots\cdots ④$$

式④の値を式①′へ代入

$$4x + 3 = 11$$
$$4x = 11 - 3$$
$$\therefore \quad x = 2$$

答 $x=2, \ y=1$

第2章 方程式とグラフ

練 習 問 題

2.4 次の連立方程式を解け.

(1) $\begin{cases} 2x + 3y = 2 \\ 3x - 2y = 16 \end{cases}$ (2) $\begin{cases} -7x + 2y = -1 \\ 5x + 3y = 14 \end{cases}$

(3) $\begin{cases} 3I_1 + 2I_2 = 16 \\ I_1 + 8I_2 = 20 \end{cases}$ (4) $\begin{cases} 4I_1 + 2I_2 = 16 \\ 5I_1 - 4I_2 = 7 \end{cases}$

2.5 図の回路で 4Ω の抵抗に流れる電流 $I-I_1$〔A〕をキルヒホッフの第2法則を用いて求めよ.

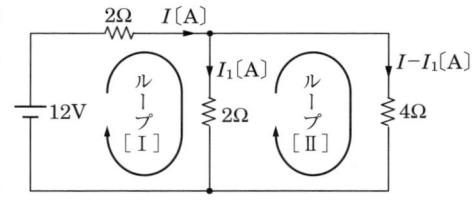

ヒント キルヒホッフの第2法則とは,「閉回路中の起電力の和は電圧降下の和に等しい」

ループ[Ⅰ]についての方程式を立てる
$$12 = 2I + 2I_1 \quad \cdots\cdots\cdots ①$$
ループ[Ⅱ]についての方程式を立てる
$$0 = 4(I - I_1) - 2I_1 \quad \cdots\cdots\cdots ②$$

2.6 図の回路網の各抵抗を流れる電流 I_1, I_2, I_1+I_2〔A〕を求めよ.なお,回路のループ[Ⅰ]および[Ⅱ]は,キルヒホッフの第2法則を適用して方程式を立てること.

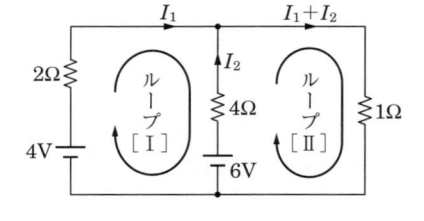

ヒント ループ[Ⅰ]についての方程式を立てる
$$4 - 6 = 2I_1 - 4I_2 \quad \cdots\cdots\cdots ①$$
ループ[Ⅱ]についての方程式を立てる
$$6 = 4I_2 + 1(I_1 + I_2) \quad \cdots\cdots\cdots ②$$

2.3 行列式の計算

連立方程式の解き方のうち，ここでは行列式を用いる方法について学ぶ．

(a) 行列式とは

次の連立方程式では x の係数は 2 と 3，y の係数は 3 と -2 である．これらの係数を図 2・1 のように 2 列 2 行で表して，それを縦線で囲む．このように表す式のことを二次の**行列式**という．

$$\left.\begin{array}{l} 2x + 3y = 2 \\ 3x - 2y = 16 \end{array}\right\}$$

$$\begin{vmatrix} 2 & 3 \\ 3 & -2 \end{vmatrix}$$

図 2・1 二次の行列式

(b) 二次の行列式の計算

式 (2・1) の方程式の係数列及び定数列は図 2・2 のように表せる．式 (2・2) は係数列を行列式で表したものである．行列式の計算は，右さがりの掛け算は +（プラス），左さがりの掛け算は −（マイナス）をつけて掛け算する．式 (2・2) の場合は $a_1 b_2 - a_2 b_1$ となる．このような計算式を**行列式の展開式**という．

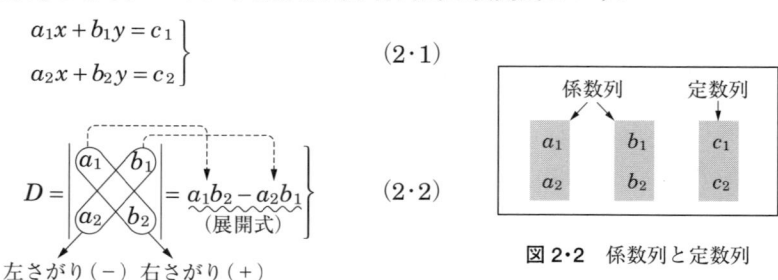

$$\left.\begin{array}{l} a_1 x + b_1 y = c_1 \\ a_2 x + b_2 y = c_2 \end{array}\right\} \quad (2\cdot 1)$$

$$D = \begin{vmatrix} a_1 & b_1 \\ a_2 & b_2 \end{vmatrix} = \underbrace{a_1 b_2 - a_2 b_1}_{\text{(展開式)}} \quad (2\cdot 2)$$

左さがり(−) 右さがり(+)

図 2・2 係数列と定数列

なお，係数列を展開した式を D で表す．

式 (2・1) の解は行列式を用いて以下のように解くことができる．

未知数 x を求めるには，係数行列の行列式 D を分母に，分子は x の係数列の値を定数列の値に置き換えて計算する．未知数 y を求めるには，係数行列の行列式 D を分母に，分子は y 係数列の値を定数列の値に置き換えて計算する．式 (2・3) はその解である．

$$\left. x = \frac{\begin{vmatrix} c_1 & b_1 \\ c_2 & b_2 \end{vmatrix}}{D} = \frac{b_2 c_1 - b_1 c_2}{a_1 b_2 - a_2 b_1} \qquad y = \frac{\begin{vmatrix} a_1 & c_1 \\ a_2 & c_2 \end{vmatrix}}{D} = \frac{a_1 c_2 - a_2 c_1}{a_1 b_2 - a_2 b_1} \right\} \quad (2\cdot 3)$$

(c) 三次の行列式の計算

未知数 x, y, z の三元一次方程式 (2·4) を行列式を用いて解く．

$$\left.\begin{array}{l} a_1x + b_1y + c_1z = d_1 \\ a_2x + b_2y + c_2z = d_2 \\ a_3x + b_3y + c_3z = d_3 \end{array}\right\} \qquad (2·4)$$

係数列の行列式 D は式 (2·5) のように表せる．

$$\left. D = \begin{vmatrix} a_1 & b_1 & c_1 \\ a_2 & b_2 & c_2 \\ a_3 & b_3 & c_3 \end{vmatrix} = \begin{array}{l} a_1b_2c_3 + a_2b_3c_1 + a_3b_1c_2 \\ - a_1b_3c_2 - a_2b_1c_3 - a_3b_2c_1 \end{array} \right\} \qquad (2·5)$$

三次の行列式の展開は，二次の行列式と同じように右さがりの掛け算は+（プラス），左さがりの掛け算は−（マイナス）をつけて掛け算し，展開式を求める．

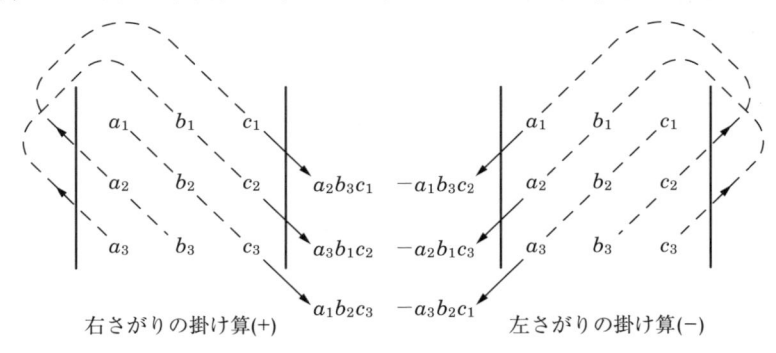

右さがりの掛け算(+)　　　　　左さがりの掛け算(−)

未知数 x, y, z を求めるには，二次の行列式の解き方と同様に係数行列式 D を分母に，分子はその未知数の係数列の値を定数列の値に置き換えた行列式で計算する．式 (2·6) は三次の未知数を求める行列式である．

$$x = \frac{1}{D} \times \begin{vmatrix} d_1 & b_1 & c_1 \\ d_2 & b_2 & c_2 \\ d_3 & b_3 & c_3 \end{vmatrix} \quad y = \frac{1}{D} \times \begin{vmatrix} a_1 & d_1 & c_1 \\ a_2 & d_2 & c_2 \\ a_3 & d_3 & c_3 \end{vmatrix} \quad z = \frac{1}{D} \times \begin{vmatrix} a_1 & b_1 & d_1 \\ a_2 & b_2 & d_2 \\ a_3 & b_3 & d_3 \end{vmatrix} \qquad (2·6)$$

2.3 行列式の計算

例題 2.7 図の回路の各抵抗を流れる電流 I_1, I_2, I_3 [A] を次の連立方程式で求めよ．なお，方程式の解法は行列式によって計算する．

$$\left.\begin{array}{r} I_1 + I_2 - I_3 = 0 \\ I_1 + 4I_3 = 9 \\ 2I_2 + 4I_3 = 3 \end{array}\right\}$$

1	1	−1	0
1	0	4	9
0	2	4	3

係数列　　定数列

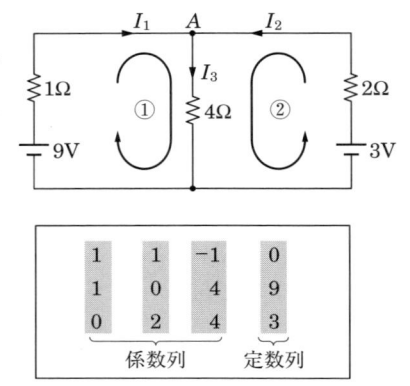

解 分母の係数列の行列式を D として求めてから電流 I_1, I_2, I_3 を求める．

$$D = \begin{vmatrix} 1 & 1 & -1 \\ 1 & 0 & 4 \\ 0 & 2 & 4 \end{vmatrix} = 1 \times 2 \times (-1) - 1 \times 2 \times 4 - 1 \times 1 \times 4 = -2 - 8 - 4 = -14$$

$$I_1 = \frac{1}{D} \times \begin{vmatrix} 0 & 1 & -1 \\ 9 & 0 & 4 \\ 3 & 2 & 4 \end{vmatrix} = \frac{1}{-14} \times \{9 \times 2 \times (-1) + 3 \times 1 \times 4 - 9 \times 1 \times 4\}$$

$$= \frac{-18 + 12 - 36}{-14} = 3 \text{A}$$

$$I_2 = \frac{1}{D} \times \begin{vmatrix} 1 & 0 & -1 \\ 1 & 9 & 4 \\ 0 & 3 & 4 \end{vmatrix} = \frac{1}{-14} \times \{1 \times 9 \times 4 + 1 \times 3 \times (-1) - 1 \times 3 \times (4)\}$$

$$= \frac{36 - 3 - 12}{-14} = -1.5 \text{A}$$

$$I_3 = \frac{1}{D} \times \begin{vmatrix} 1 & 1 & 0 \\ 1 & 0 & 9 \\ 0 & 2 & 3 \end{vmatrix} = \frac{1}{-14} \times \{-1 \times 2 \times 9 - 1 \times 1 \times 3\} = \frac{-18 - 3}{-14} = 1.5 \text{A}$$

答　$I_1 = 3$A，$I_2 = -1.5$A，$I_3 = 1.5$A

第2章 方程式とグラフ

練 習 問 題

2.7 次の連立方程式の未知数 x, y を行列式の解法で求めよ。
$$5x - 2y = 6 \quad -2x + y = 1$$

ヒント 上式の係数列及び定数列は図で表せる.

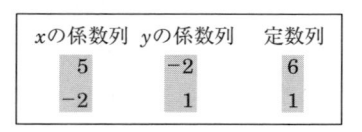

xの係数列	yの係数列	定数列
5	-2	6
-2	1	1

2.8 図の回路の各枝路電流 I_1, I_2, 及び I_1+I_2 〔A〕をキルヒホッフの法則を用いて行列式による計算で求めよ.

ヒント ループ［Ⅰ］について第2法則を用いる

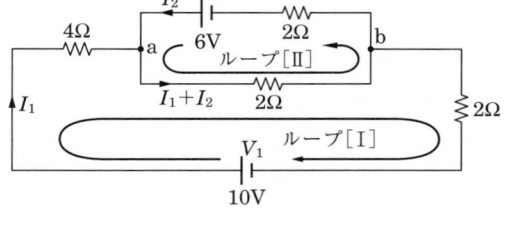

$$4I_1 + 2(I_1+I_2) + 2I_1 = 10 \quad \cdots\cdots\cdots ①$$

ループ［Ⅱ］について第2法則を用いる

$$2I_2 + 2(I_1+I_2) = 6 \quad \cdots\cdots\cdots ②$$

式①，②の係数列および定数列は図で表せる．

係数列		定数列
8	2	10
2	4	6

2.9 図の回路の各枝路電流 I_1, I_2, および I_3 〔A〕をキルヒホッフの法則を用いて行列式による計算で求めよ.

ヒント

$$I_1 + I_2 - I_3 = 0 \quad \cdots\cdots\cdots ①$$
$$0.2 I_1 - 0.8 I_2 = 4 - 6 \quad \cdots\cdots\cdots ②$$
$$0.8 I_2 + 0.2 I_3 = 6 + 10 \quad \cdots\cdots\cdots ③$$

式①，②，③の係数列および定数列は図で表せる．なお，抵抗の単位は〔kΩ〕であるから，電流の単位は〔mA〕となる．

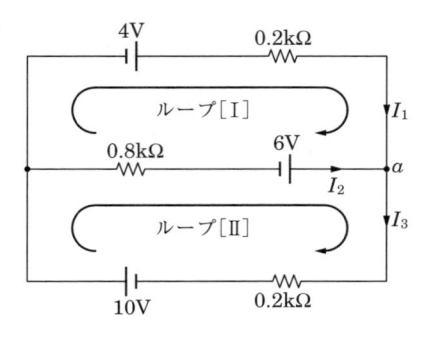

係数列			定数列
1	1	-1	0
0.2	-0.8	0	-2
0	0.8	0.2	16

2.4 二次方程式の解法

二次方程式の解を求める方法について学習する．

(a) 二次方程式とは
式(2·7)のように未知数(x)の2乗の項を含む方程式を**二次方程式**という．
$$ax^2+bx+c=0 \quad (a, b, c は定数で, a \neq 0) \tag{2·7}$$
二次方程式は未知数が1つの場合を**一元二次方程式**，未知数がn個の場合を**n元二次方程式**という．

(b) 二次方程式の解き方
方程式を満たす未知数の値を**解**または**根**といい，その方程式の解を求めることを，**方程式を解く**という．二次方程式の解法には，①**因数分解**によって解く方法と，②**根の公式**を用いて解く方法がある．①は方程式の因数分解が容易にできる場合に用いる．②は複雑な形をした方程式を解くのに用いる．

(c) 因数分解による解き方
式(1·5)の多項式について，乗法公式(1.3節の5参照)を逆に使うと次のように変形できる．
$$a^2-b^2=(a+b)(a-b) \tag{2·8}$$
式(2·8)のように，整式がいくつかの整式の積，例えば$(a+b)(a-b)$の形で表されるとき，式$(a+b)$，式$(a-b)$をもとの式の**因数**という．1つの整式をいくつかの因数の積で表すことを**因数分解をする**という．

因数分解は，整式の展開(乗法公式)の逆の計算であるから次の関係が成り立つ．
$$a^2 - b^2 \underset{\text{展開}}{\overset{\text{因数分解}}{\rightleftarrows}} (a+b)(a-b)$$

次式は因数分解の基本公式の例である．

$$
\begin{aligned}
&(1) \quad ma+mb = m(a+b) &\tag{2·9}\\
&(2) \quad a^2+2ab+b^2 = (a+b)(a+b) = (a+b)^2 &\tag{2·10}\\
&(3) \quad x^2+(a+b)x+ab = (x+a)(x+b) &\tag{2·11}\\
&(4) \quad acx^2+(ad+bc)x+bd = (ax+b)(cx+d) &\tag{2·12}\\
&(5) \quad a^3+b^3 = (a+b)(a^2-ab+b^2) &\tag{2·13}
\end{aligned}
$$

なお，次のように二次方程式を解くには，因数分解したあとに各因数=0 とおいて未知数を求める．

〔例〕 $x^2+3x+2=(x+2)(x+1)=0$　　**答**　$x+2=0 \to x=-2$，$x+1=0 \to x=-1$

(d) 根の公式による解法

一般形の二次方程式は次式で表される．

$$ax^2+bx+c=0 \quad (a \neq 0)$$

この式の解を求めるために，根の公式を誘導する．まず，定数項を移項して，両辺を a で割る．

$$x^2+\frac{b}{a}x=-\frac{c}{a}$$

両辺に $(b/2a)^2$ を加えて，左辺を平方の形に直す．

$$x^2+\frac{b}{a}x+\left(\frac{b}{2a}\right)^2=\left(\frac{b}{2a}\right)^2-\frac{c}{a}$$

$$\left(x+\frac{b}{2a}\right)^2=\frac{b^2-4ac}{4a^2}$$

$$x+\frac{b}{2a}=\pm\frac{\sqrt{b^2-4ac}}{2a}$$

$$\therefore \quad x=\frac{-b\pm\sqrt{b^2-4ac}}{2a} \tag{2・14}$$

式 (2・14) は，一般形の二次方程式の根を求める式で**根の公式**という．

例題 2.8　因数分解して，次の二次方程式を解け．

(1) $9x^2-16=0$　　(2) $x^2-4x+4=0$

(3) $x^2+10x+24=0$　　(4) $2x^2-7x+6=0$

2.4 二次方程式の解法

ヒント

(3) $x^2 + 24$ （和が$10x$，積が24）（因数）

$$\begin{array}{c} x \searrow\nearrow +6 \longrightarrow 6x \longrightarrow (x+6) \\ x \nearrow\searrow +4 \longrightarrow 4x \longrightarrow (x+4) \\ \hline +24(積) \quad +10x(和) \end{array}$$

(4) $2x^2 + 6$ （和が$-7x$，積が6）（因数）

$$\begin{array}{c} 2x \searrow\nearrow -3 \longrightarrow -3x \longrightarrow (2x-3) \\ x \nearrow\searrow -2 \longrightarrow -4x \longrightarrow (x-2) \\ \hline +6(積) \quad -7x(和) \end{array}$$

解

(1) $9x^2 - 16 = (3x)^2 - 4^2 = (3x+4)(3x-4) = 0$

  答 $3x + 4 = 0 \rightarrow x = -\dfrac{4}{3}$, $3x - 4 = 0 \rightarrow x = \dfrac{4}{3}$

(2) $x^2 - 4x + 4 = (x-2)^2 = 0$

  答 $x - 2 = 0 \rightarrow x = 2$

(3) $x^2 + 10x + 24 = (x+6)(x+4) = 0$

  答 $x + 6 = 0 \rightarrow x = -6$, $x + 4 = 0 \rightarrow x = -4$

(4) $2x^2 - 7x + 6 = (2x-3)(x-2) = 0$

  答 $2x - 3 = 0 \rightarrow x = \dfrac{3}{2}$, $x - 2 = 0 \rightarrow x = 2$

例題 2.9 根の公式を用いて，次の二次方程式を解け．

(1) $4x^2 - 4x - 15 = 0$ (2) $25x^2 - 30x + 9 = 0$

解

(1) $4x^2 - 4x - 15 = 0$

$$x = \frac{-b \pm \sqrt{b^2 - 4ac}}{2a} = \frac{4 \pm \sqrt{16 - 4 \times 4 \times (-15)}}{2 \times 4} = \frac{4 \pm \sqrt{256}}{8} = \frac{1 \pm 4}{2}$$

  答 $x = \dfrac{5}{2}$, $x = -\dfrac{3}{2}$

(2) $25x^2 - 30x + 9 = 0$

$$x = \frac{-b \pm \sqrt{b^2 - 4ac}}{2a} = \frac{30 \pm \sqrt{30^2 - 4 \times 25 \times 9}}{2 \times 25} = \frac{30 \pm \sqrt{0}}{50}$$

  答 $x = \dfrac{3}{5}$

第2章 方程式とグラフ

練習問題

2.10 次の二次方程式を解け.
(1) $4x^2 = 64$ (2) $(x-2)^2 = 9$ (3) $x^2 - 2x + 1 = 0$ (4) $(x-2)(x+2) = 0$

2.11 次の二次方程式を根の公式を用いて因数分解せよ.
(1) $x^2 - 2x - 1$ (2) $x^2 + x - 20$ (3) $2y^2 + y - 3$ (4) $x^2 - 14xy + 49y^2$

2.12 図の R-L 直列回路において,L のリアクタンス X_L が 40Ω で,回路の力率が $\cos\theta = 0.6$ であった.このときの抵抗 R〔Ω〕を求めよ.

ヒント　力率は次式で求められる.
$$\cos\theta = \frac{R}{\sqrt{R^2 + X_L^2}}$$

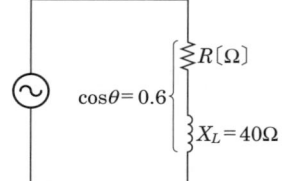

2.13 1Ω と R〔Ω〕の抵抗を図1のように並列接続した場合の消費電力 P_1〔W〕は,図2のように直列接続した場合の消費電力 P_2〔W〕の6倍になった.このときの R〔Ω〕の抵抗の値はいくらか.

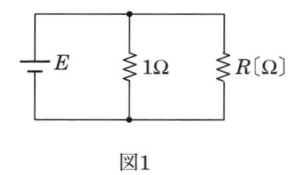

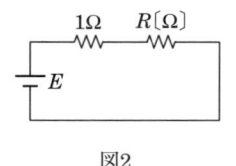

図1　　　　　　　　　　図2

ヒント　電力を求める式は,
$$P = EI = I^2 R_0 = \frac{E^2}{R_0}$$

（R_1, R_2 の合成抵抗を R_0 とする）

のように3つの式で表せるが,ここでは,$P = \dfrac{E^2}{R_0}$ を用いる.

並列の合成抵抗　$\dfrac{1}{R_0} = \dfrac{1}{R_1} + \dfrac{1}{R_2}$

直列の合成抵抗　$R_0 = R_1 + R_2$

2.5 比例と反比例

電気の計算問題には，比例の考え方や比例式を用いて解くものが多い．ここでは比例・反比例の計算ができるようにする．

(a) 比とは

ある数aが，他の数bの何倍であるかを表す関係をaのbに対する**比**といい，$a:b$（aたいbと読む）で表す．また，$a:b$をa/bと表す．

(b) 比例式

2つの比$a:b$と$c:d$の相等しいことを表すことを**比例式**という．

$$a : \underbrace{b = c}_{\text{内項}} : d \quad \text{または} \quad \frac{a}{b} = \frac{c}{d} \tag{2・15}$$

（外項）

比例式では，比例式の内項の積と外項の積に等しいという性質がある．式(2・15)は次式で表せる．

$$ad = bc \tag{2・16}$$

(c) 比例配分

1つの量Aを3つに分け，その3つの部分の比が，$a:b:c$になるようにすることを**比例配分**（按分比例）という．3つに分けた部分を$x:y:z$とすると，

$$x+y+z=A$$

xはa，yはb，zはcに比例するのであるから，

$$\frac{x}{a} = \frac{y}{b} = \frac{z}{c}$$

比例配分の関係から次式が成り立つ．

$$\frac{x}{a} = \frac{y}{b} = \frac{z}{c} = \frac{x+y+z}{a+b+c} = \frac{A}{a+b+c}$$

$$\therefore \quad x = \frac{aA}{a+b+c}, \quad y = \frac{bA}{a+b+c}, \quad z = \frac{cA}{a+b+c} \tag{2・17}$$

(d) 比例定数

一次方程式 $y=ax+b$ の場合，aをxの**比例定数**という．この方程式をグラフで表すと，aは直線の傾きを表す値である．

オームの法則は，「導体に流れる電流は，加えた電圧に比例する」である．

電圧をE〔V〕，電流をI〔A〕とすれば，

第2章 方程式とグラフ

$$E \propto I \quad (\propto は比例を表す記号)$$

という比例式で表すことができる．ここで比例定数をRとおけば，

$$E = RI$$

となり，上式はオームの法則の基本式で，比例定数Rは電気抵抗を指す．

(e) **反比例**

前に述べた$a:b$の比に対して，その逆の$a:b = b/a$を反比という．**反比例**とは，逆数に比例することで，次式のような関係になる．

（比例式）$a:b = a/b$ に対し，（反比例）$a:b = b/a$（逆数に比例）

例題 2.10 90Ωの抵抗線がある．この抵抗線を3つの部分に分けて，それぞれの抵抗値の比を5：2：8にしたい．各抵抗の値を求めよ．

解 3つに分けた抵抗をr_1, r_2, r_3とすると，

$$\frac{r_1}{5} = \frac{r_2}{2} = \frac{r_3}{8} = \frac{r_1+r_2+r_3}{5+2+8} = \frac{90}{15} = 6$$

答 $r_1 = 5 \times 6 = 30Ω$, $r_2 = 2 \times 6 = 12Ω$, $r_3 = 8 \times 6 = 48Ω$

例題 2.11 図の並列抵抗回路に，4Aの電流が流れている．各抵抗を流れる電流I_1, I_2を求めよ．ただし，$r_1 = 2Ω$, $r_2 = 3Ω$とする．

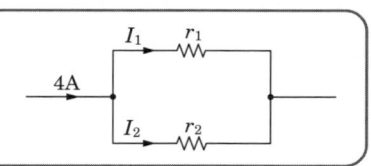

解 オームの法則により，加わる電圧が一定であると電流は抵抗値に反比例するから，

$$I_1 : I_2 = \frac{1}{2} : \frac{1}{3}$$

上式の内項の積は外項の積に等しいから，

$$\frac{I_1}{3} = \frac{I_2}{2} \quad \cdots\cdots ①$$

また各枝路を流れる電流の和は4Aであるから，

$$I_1 + I_2 = 4 \quad \cdots\cdots ②$$

式①と式②を連立方程式として解くと，式①より，

$$I_1 = 3/2 \times I_2 \quad \cdots\cdots ③$$

2.5 比例と反比例

式③を式②へ代入すると，
$$\frac{3}{2}I_2 + I_2 = 4$$
$$\left(\frac{3+2}{2}\right)I_2 = 4$$
$$\therefore \quad I_2 = 4 \times \frac{2}{5} = 1.6$$

式②より，$I_1 + 1.6 = 4$
$$\therefore \quad I_1 = 2.4$$

(**別解**) 電流は抵抗の逆数に比例するから，
$$I_1 : I_2 = \frac{1}{r_1} : \frac{1}{r_2} \quad \cdots\cdots ①$$
$$I_1 + I_2 = 4 \quad \cdots\cdots ②$$

式(2.17)より
$$\frac{I_1}{\frac{1}{r_1}} = \frac{I_2}{\frac{1}{r_2}} = \frac{4}{\frac{3+2}{2\times 3}} = \frac{24}{5}$$

$$\therefore \quad I_1 = \frac{24}{5} \times \frac{1}{2} = 2.4, \quad I_2 = \frac{24}{5} \times \frac{1}{3} = 1.6$$

答 $I_1 = 2.4\text{A}$, $I_2 = 1.6\text{A}$

例題 2.12 図のように3つの抵抗 R_1, R_2, R_3 を直列につなぎ，電圧 V を加えたとき，各抵抗に生じる電圧 V_1, V_2, V_3 を求めよ．ただし，$R_1 = 4\Omega$, $R_2 = 6\Omega$, $R_3 = 10\Omega$, $V = 50\text{V}$ とする．

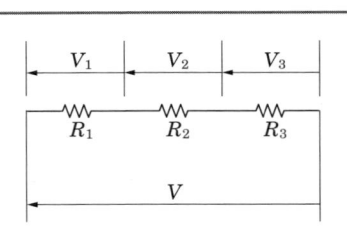

解 オームの法則より，流れる電流が一定であれば抵抗の電圧降下は抵抗値に比例するから，
$$V_1 : V_2 : V_3 = R_1 : R_2 : R_3 \quad \cdots\cdots\cdots ①$$
$$V_1 + V_2 + V_3 = V \quad \cdots\cdots\cdots ②$$

式 (2·17) により，
$$\frac{V_1}{R_1} = \frac{V_2}{R_2} = \frac{V_3}{R_3} = \frac{V_1 + V_2 + V_3}{R_1 + R_2 + R_3} = \frac{50}{4+6+10} = 2.5$$

$$\therefore \quad V_1 = R_1 \times 2.5 = 4 \times 2.5 = 10$$
$$\therefore \quad V_2 = R_2 \times 2.5 = 6 \times 2.5 = 15$$
$$\therefore \quad V_3 = R_3 \times 2.5 = 10 \times 2.5 = 25$$

答 $V_1 = 10\text{V}$, $V_2 = 15\text{V}$, $V_3 = 25\text{V}$

練 習 問 題

2.14 $x:y=5:6$, $y:z=4:3$ より, $x:y:z$を求めよ.

ヒント 2つの式に共通するyの値は6と4で,この値の最小公倍数を求めてから計算する.

2.15 次のx, yの関係を式で表せ.
 (1) yはxに正比例し, $x=-2$のとき$y=6$である.
 (2) yはxに反比例し, $x=3$のとき$y=-6$である.

ヒント
 (1) 比例定数をaとすると, $y=ax$ の式である.
 (2) 比例定数をaとすると, $y=a/x$ の式である.

2.16 図のように3つの抵抗が並列接続した回路に電流I〔A〕を流したときの各抵抗を流れる電流I_1, I_2, I_3を求めよ.ただし, $R_1=2\,\Omega$, $R_2=3\,\Omega$, $R_3=6\,\Omega$, $I=24\mathrm{A}$とする.

ヒント オームの法則より,電圧が一定のとき各抵抗に流れる電流は,抵抗値に反比例するから,

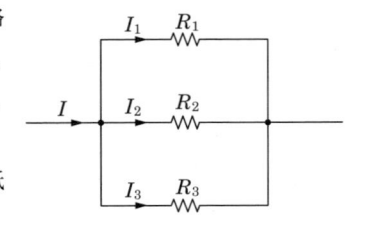

$$I_1:I_2:I_3 = \frac{1}{R_1}:\frac{1}{R_2}:\frac{1}{R_3} \quad \cdots\cdots ①$$

$$I_1+I_2+I_3 = I \quad \cdots\cdots ②$$

2.17 図のような回路の端子a, bに電圧20Vを加えたとき,電流が5A流れた.このとき抵抗r_1, r_2に流れる電流の比を1:2になるようにするには, r_1とr_2の値をいくらにすればよいか.

ヒント
端子ab間の回路の抵抗R_0は, $R_0=\dfrac{V}{I}=\dfrac{20}{5}=4\,\Omega$

r_1, r_2の合成抵抗は, $R'=\dfrac{r_1 r_2}{r_1+r_2}=R_0-2=2\,\Omega$

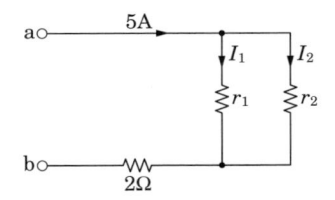

2.6 一次関数のグラフ

(a) 一次関数とは

一般に y が x の一次式で表されるとき，y は x の**一次関数**であるという．

$$y = ax + b \quad (a, b は定数, a \neq 0) \tag{2.18}$$

式 (2·18) の $b = 0$ のときは，$y = ax$ となり，これは**正比例**の関係である．

(b) 一次関数のグラフ

一次関数の式 (2·18) のグラフは図 2·3 のように**傾き a**，y 軸を切る y **切片 b** を通る直線となる．

図 2·4 の ①～④ は一次関数のグラフで，①，② のように傾き a が正のときは，**右上がりの直線**で，③ のように a が負のときは**右下がりの直線**となる．

また，① のように y 切片 b が 0 のときは原点を通る直線となる．

④ のように，傾き a が 0 で $y =$ 定数の形で示されるグラフは x 軸と平行のグラフである．

⑤ のように，$x =$ 定数の形で示されるグラフは，y 軸と平行のグラフである．

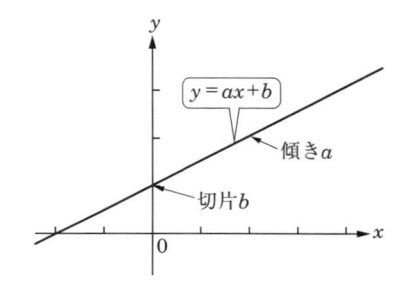

図 2·3 　$y = ax + b$ のグラフ

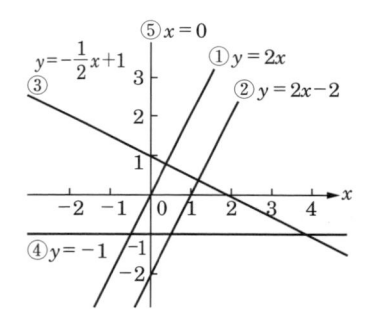

図 2·4 　一次関数のグラフ

(c) 反比例のグラフ

y が x の関数で，その関係が

$$y = \frac{a}{x} \quad (a \neq 0) \tag{2.19}$$

で表されるとき，y は x に**反比例**するといい，a を**比例定数**という．

式 (2·19) は，次式のように書き直すことができる．

$$xy = a \quad (a \neq 0) \tag{2.20}$$

反比例の関係とは，積 xy が常に一定の値を取る関係であるといえる．

図 2·5 (a) は比例定数 $a = 1$，図 2·5 (b) は比例定数 $a = -1$ のときのグラフで，このような曲線を**直角双曲線**という．

ここで，直角双曲線は，x の値を大きくしていくと限りなく直線 x 軸に近づいていく．また，x の値を 0 に近い値にすると直線 y 軸に近づいていく．このような直線を双曲線の**漸近線**という．図 2・5 の場合の漸近線は x 軸と y 軸である．

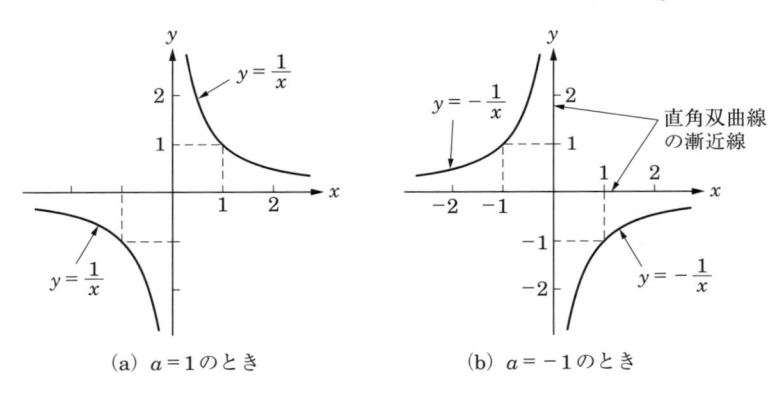

(a) $a = 1$ のとき (b) $a = -1$ のとき

図 2・5　反比例のグラフ（直角双曲線）

例題 2.13

次の条件を満たす一次式のグラフを描け．

① 傾き -0.5，切片 2 のグラフ
② $3x - 2y - 4 = 0$
③ $y = 1$
④ $x = 1.5$

解　①〜④のグラフは図のようになる．

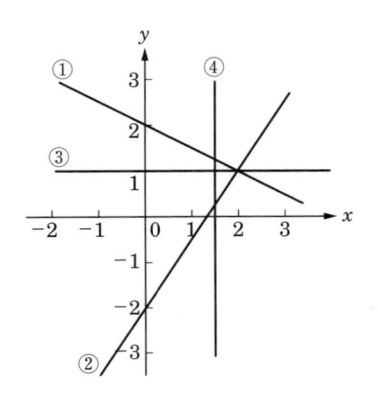

2.6 一次関数のグラフ

例題 2.14 点 $(3, -2)$ を通り,次の条件を満たす直線の方程式を求めよ.
(1) 傾きが 2 (2) 傾きが $-\dfrac{3}{2}$

ヒント 点 (x_1, y_1) を通り,傾きが m の直線の方程式は,
$$y - y_1 = m(x - x_1)$$

解 (1) $y + 2 = 2(x - 3)$ (2) $y + 2 = -(3/2)(x - 3)$
　　　　$y = 2x - 6 - 2$　　　　　　$y = -(3/2)x + 9/2 - 2$
　∴ $y = 2x - 8$　　　　∴ $y = -(3/2)x + 5/2$

例題 2.15 次の分数式のグラフを描け.ただし $x > 0$ の範囲とする.
(1) $y = \dfrac{2}{x}$ (2) $y = \dfrac{1}{x} + 2$

解 (1) $y = 2/x$ に次の x の値を代入する.

x	0.5	1	2	4
y	4	2	1	0.5

これらの値を座標点としてグラフを書くと,図1のようになる.

(2) $y = 1/x + 2$ に次の x の値を代入する.

x	0.5	1	2	4
y	4	3	2.5	2.25

これらの値を座標点としてグラフを書くと,図2のようになる.

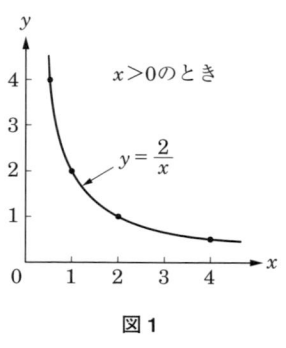

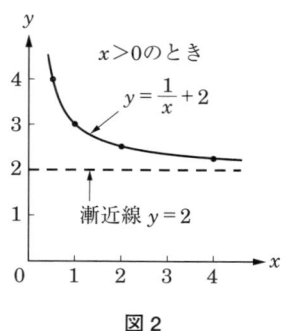

図1

図2

第2章 方程式とグラフ

練 習 問 題

2.18 図に示すグラフ①〜⑤の直線の方程式を示せ.

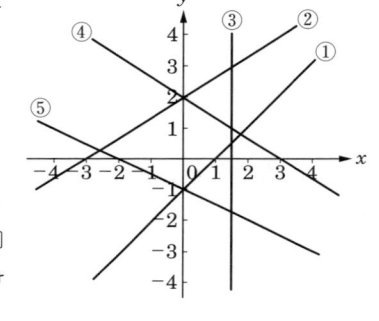

2.19 $t=0$℃のときの抵抗が$R_0=20\Omega$のアルミニウム線がある.$T=50$℃のときの抵抗値R_{50}〔Ω〕を求めよ.ただし,アルミニウム線の0℃における抵抗温度係数を$\alpha_0=0.0039$℃$^{-1}$とする.
ヒント $R_T=R_t\{1+\alpha_t(T-t)\}$,ここでは$t=0$として計算する.

2.20 1日の負荷持続曲線が下式で表される工場がある.この工場では自社の水力発電所の出力が1000kW一定で供給され,不足電力を電力会社から受電している.この場合,受電最大電力P_M〔kW〕および受電電力量W〔kWh〕はいくらか.

$$P=1700-50t$$

ただし,Pは負荷電力〔kW〕,tは時間〔h〕である.
ヒント 上式の時間tをx軸(0〜24h),負荷電力Pをy軸にグラフを描くと図のようになる.

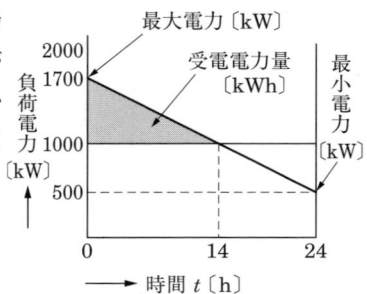

2.21 図のようなA,B2つのコイルがあり,コイル間の相互インダクタンスは$M=40$mHである.Bコイルに流れる電流を$\Delta t=5$msの間に$\Delta I_B=20$A変化させたとき,Aコイルに発生する起電力e_A〔V〕を求めよ.
ヒント Aコイルに誘導する起電力e〔V〕は次式で求められる. 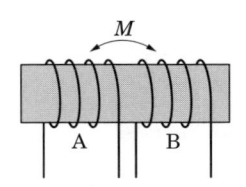

$$e_A = M\frac{\Delta I_B}{\Delta t}$$

2.7 二次関数のグラフと不等式

(a) 二次関数のグラフ

式(2·21)に示すように，yがxの二次式で表されるときは，yはxの**二次関数**であるという．

$$y = ax^2 + bx + c \quad (a, b, c は定数, a \neq 0) \tag{2·21}$$

式(2·21)において，$b=c=0$のとき，$y=ax^2$となり，図2·6に示すように二次関数のグラフは原点を通る放物線となる．図2·6の場合，$a>0$のときは放物線は下に凸のグラフになる．また，$a<0$のときは，放物線は上に凸のグラフになる．

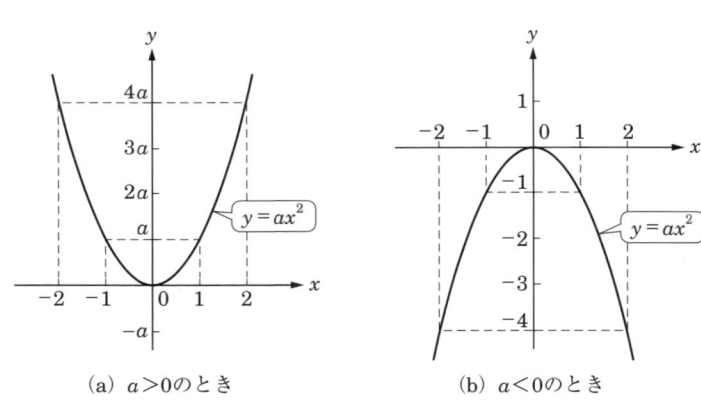

(a) $a>0$のとき

(b) $a<0$のとき

図2·6 $y=ax^2$のグラフ

(b) 一般的な二次関数のグラフ

式(2·21)を変形すると，次式のように表せる．

$$y = a\left(x + \frac{b}{2a}\right)^2 - \frac{b^2 - 4ac}{4a} \tag{2·22}$$

式(2·22)のグラフは，図2·7のように$y=ax^2$のグラフを

頂点の座標

$$\left(-\frac{b}{2a}, -\frac{b^2-4ac}{4a}\right)$$

に平行移動して得られる放物線である．

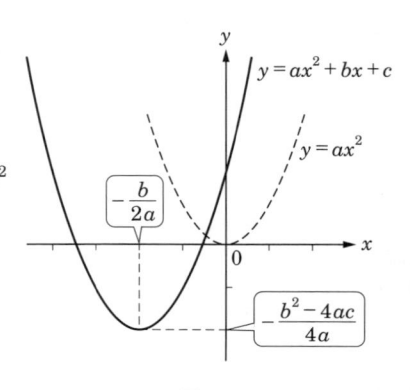

図2·7

(c) **不等式とは**

a が b より大きいことを $a > b$（a Greater Than b と読む）と表す．$a > b$ または $a = b$ であることを $a \geq b$ あるいは $b \leq a$ と表す．ここで記号 $>$，$\geq$，$<$，$\leq$ を**不等号**といい，不等号を含む式，例えば

$$4a > 3a, \quad 2x+1 \geq 0$$

などを**不等式**という．

(d) **不等式の性質**

不等式には次に示す性質がある．

① $a > b$, $b > c$ ならば $a > c$	(2・23)
② $a > b$ ならば $a \pm c > b \pm c$	(2・24)
③ $a > b$ のとき $c > 0$ ならば $ca > cb$, $a/c > b/c$	(2・25)
④ $a > b$ のとき $c < 0$ ならば $ca < cb$, $a/c < b/c$	(2・26)

※④において，c が負の数のときは符号が逆になることに注意する．

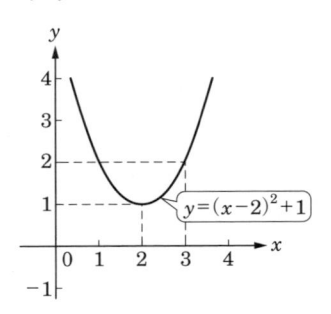

例題 2.16 次の二次関数のグラフを描け．
(1) $y = 2(x-1)^2$　　(2) $y = (x-2)^2 + 1$
(3) $y = -(x-2)^2 + 1$　　(4) $y = 3(x+1)^2 - 2$

解

(1) $y = 2x^2$ の放物線で頂点 $(1, 0)$ のグラフ

(2) $y = x^2$ の放物線で頂点 $(2, 1)$ のグラフ

2.7 二次関数のグラフと不等式

(3) $y=-x^2$ の放物線で頂点 $(2, 1)$ のグラフ

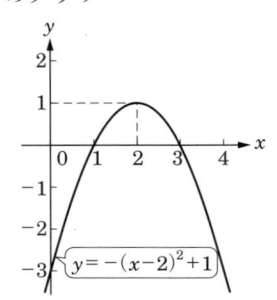

$y=-(x-2)^2+1$

(4) $y=3x^2$ の放物線で頂点 $(-1, -2)$ のグラフ

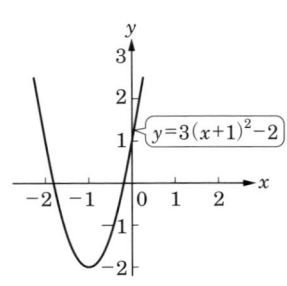

$y=3(x+1)^2-2$

例題 2.17 次の不等式を同時に満たす x の値の範囲を求め，x 軸上に範囲を示せ．

(1) $\begin{cases} 2x+1 > 3x-2 \\ 3x+1 > x-3 \end{cases}$

(2) $\begin{cases} 3x-1 < 4x+1 \\ 4x+1 \leqq 7x-2 \end{cases}$

解 (1) 式の移項をする

$1+2 > 3x-2x$　∴　$x < 3$ ……………………①

$3x-x > -3-1$　∴　$x > -2$ ……………………②

式①と式②を図で示すと下図のようになる．

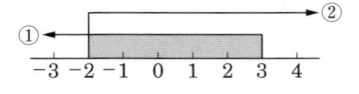

答　$-2 < x < 3$

(2) 式の移項をする

$-1-1 < 4x-3x$　∴　$x > -2$ ……………………①

$1+2 \leqq 7x-4x$　∴　$x \geqq 1$ ……………………②

式①と式②を図で示すと下図のようになる．

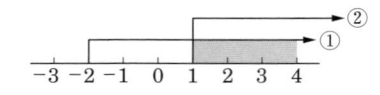

答　$x \geqq 1$

練習問題

2.22 次の不等式を解け．
(1) $x - 2 < 4$
(2) $3 - 4x \geq 7$
(3) $4x - 3 > 6x + 2$
(4) $7x - 2 \leq 9x - 5$

2.23 グラフを用いて，次の二次不等式を解け．
(1) $x^2 - x - 2 > 0$
(2) $x^2 - 3x - 10 \leq 0$

ヒント
(1) 上式を y の関数とすると，$y = (x-2)(x+1) > 0$ ……………①
(2) 上式を y の関数とすると，$y = (x-5)(x+2) \leq 0$ ……………②

① 式の放物線は下向きの凸のグラフで，x 軸は 2 と -1 を通る．② 式の放物線は下向きの凸のグラフで，x 軸は 5 と -2 を通る．

2.24 次の二次関数のグラフについて，軸の方程式と頂点の座標を求めよ．
① $y = x^2 + 4x + 3$
② $y = 3x^2 - 6x + 5$
③ $y = -2x^2 + 6x - 1$

ヒント $y = ax^2 + bx + c$ を次のように変形する
$$y = a\left(x + \frac{b}{2a}\right)^2 - \frac{b^2 - 4ac}{4a}$$

2.25 初速度 30 m/s で真上に投げられた物体が t 秒後に h [m] の高さになる t と h との関係は，次式で表される（空気抵抗を無視するものとする）．
$$h = 30t - 4.9t^2 \quad \cdots\cdots ①$$
t と h の関係を図のグラフ用紙に表せ．

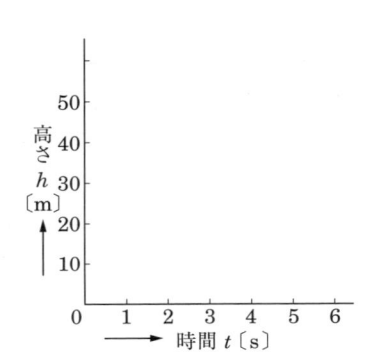

第2章　章末問題

●1. 内部抵抗 $r=100\text{k}\Omega$，最大目盛 100V の電圧計 V_v〔V〕がある．倍率器を用いて $V=500\text{V}$ の電圧を測定するには，倍率器の抵抗 R_m〔kΩ〕をいくらにすればよいか．

ヒント　倍率器の倍率 $m=V/V_v$，倍率器の抵抗 $R_m=r(m-1)$

●2. 図 2·8 の回路で，5Ω の抵抗に流れる電流を求めよ．
ヒント　5Ω に流れる電流を I_1+I_2，電源 44V 側の回路をループ〔Ⅰ〕，電源 52V 側の回路をループ〔Ⅱ〕として，キルヒホッフの第2法則で式を立てる．

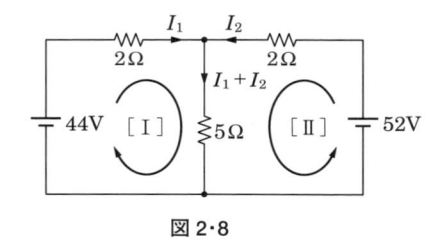

図 2·8

●3. 電線の抵抗は，導体の半径の2乗に反比例し，長さに比例する．この電線の半径を 1/2 倍，長さを2倍にすると，もとの抵抗の何倍になるか．

●4. ある電源電圧を内部抵抗 R_v〔Ω〕の電圧計で測定した値が V_1〔V〕であった．次に電圧計に抵抗 R〔Ω〕を直列接続して電源電圧を測定したところ，電圧計の指示は V_2〔V〕になった．この電圧計の内部抵抗 R_v〔Ω〕を求めよ．

●5. 200V の電源に抵抗を接続した回路がある．この回路に流れる電流を 5A 以下にするためには，何Ω 以上の抵抗を使用すればよいか．

第3章

三角関数と正弦波交流

三角関数は，三角形の辺の長さや角の大きさとの間の数量的関係と，振動や波のような周期性のあるものに広く応用される．電気工学では交流を扱うので，三角関数がきわめて大切な道具となる．

ここでは，三角比，弧度法，加法定理，ベクトルの表し方，三角関数のグラフや正弦波交流の瞬時値などについて学ぶ．

キーワード 正弦，余弦，正接，三角比，ベクトルの直交座標表示，加法定理，三平方の定理，弧度法，瞬時値，正弦波交流波形，実効値，平均値，逆三角関数

3.1 三角関数とは

直角三角形の三角比よりサイン，コサイン，タンジェントの三角関数計算の求め方を学ぶ．

(a) 鋭角の三角比

図3・1のように鋭角 $\angle YAX = \angle \theta$ が与えられたとき，その一辺AY上の点B，B_1 から他の辺AXに垂線BC，B_1C_1 を引くと，点B，B_1 がAYのどの点にあっても $\triangle ABC$，$\triangle AB_1C_1$ は相似であるから，

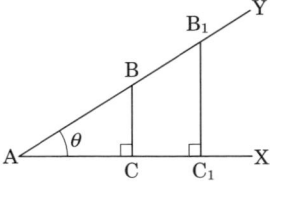

$$\frac{BC}{AB} = \frac{B_1C_1}{AB_1}$$

図3・1　鋭角の三角比

このように θ が一定の直角三角形ABCの2辺の比 BC / AB は一定である．

すなわち，比 BC / AB は直角三角形ABCの $\angle \theta$ の大きさで定まり，同じように比 AC / AB，BC / AC も $\angle \theta$ の大きさで定まる．このような比を**三角比**という．

三角比 BC / AB を $\angle \theta$ の**正弦**といい，$\sin \theta$（サイン・シータ）と表す．
三角比 AC / AB を $\angle \theta$ の**余弦**といい，$\cos \theta$（コサイン・シータ）と表す．
三角比 BC / AC を $\angle \theta$ の**正接**といい，$\tan \theta$（タンジェント・シータ）と表す．

(b) 三角関数

三角比は，$\angle \theta$ の値によって定まるので，$\angle \theta$ の関数であることから**三角関数**ともいう．図3・2より三角関数を表すと，

$$\left. \begin{aligned} \sin \theta &= \frac{a}{c} = \frac{対辺}{斜辺} \\ \cos \theta &= \frac{b}{c} = \frac{底辺}{斜辺} \\ \tan \theta &= \frac{a}{b} = \frac{対辺}{底辺} \end{aligned} \right\} \quad (3 \cdot 1)$$

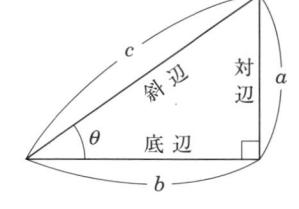

図3・2　直角三角形

$$\left. \begin{aligned} \operatorname{cosec} \theta &= \frac{斜辺}{対辺} = \frac{1}{\sin \theta} \quad (コセカント \theta) \\ \sec \theta &= \frac{斜辺}{底辺} = \frac{1}{\cos \theta} \quad (セカント \theta) \\ \cot \theta &= \frac{底辺}{対辺} = \frac{1}{\tan \theta} \quad (コタンジェント \theta) \end{aligned} \right\} \quad (3 \cdot 2)$$

(c) 三平方の定理

直角三角形の辺の長さを求めるには**三平方の定理**（別名を**ピタゴラスの定理**ともいう）を用いて計算する.

図3・2のような直角三角形において, 直角をはさむ二辺の長さをa, b, 斜辺の長さをcとすると,

$$a^2 + b^2 = c^2 \tag{3・3}$$
$$c = \sqrt{a^2 + b^2} \tag{3・4}$$

となり, 式(3・3)を三平方の定理という. 電気の交流回路では, 電圧, 電流, インピーダンスの大きさを求めるときにこの式を用いる.

〈三角関数の覚え方〉

サイン, コサイン, タンジェントに対する直角三角形の辺の比の関係を次のように表すと覚えやすい.

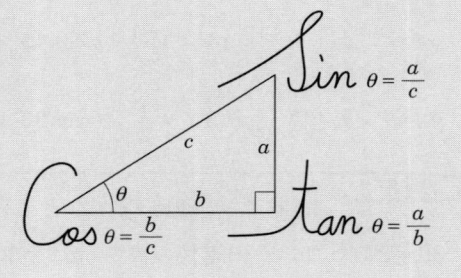

$\mathcal{Sin}\,\theta = \dfrac{a}{c}$

$\mathcal{Cos}\,\theta = \dfrac{b}{c}$

$\mathcal{tan}\,\theta = \dfrac{a}{b}$

例題 3.1 図の直角三角形がある. 斜辺の長さ〔cm〕を求めよ. また, $\sin\theta$, $\cos\theta$, $\tan\theta$を求めよ.

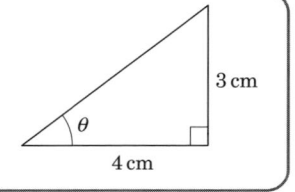

ヒント 三平方の定理と三角関数を用いる.

解 斜辺の長さ $c = \sqrt{a^2 + b^2} = \sqrt{3^2 + 4^2} = \sqrt{25} = 5\,\mathrm{cm}$

$$\sin\theta = \frac{対辺}{斜辺} = \frac{3}{5} = 0.6 \qquad \cos\theta = \frac{底辺}{斜辺} = \frac{4}{5} = 0.8$$

$$\tan\theta = \frac{対辺}{底辺} = \frac{3}{4} = 0.75$$

3.1 三角関数とは

例題 3.2 直角以外の2つの角の1つがそれぞれ60°, 45°, 30°の図の3つの直角三角形において, 各辺の長さが与えられているときの三角関数 $\sin\theta$, $\cos\theta$, $\tan\theta$ を求めよ.

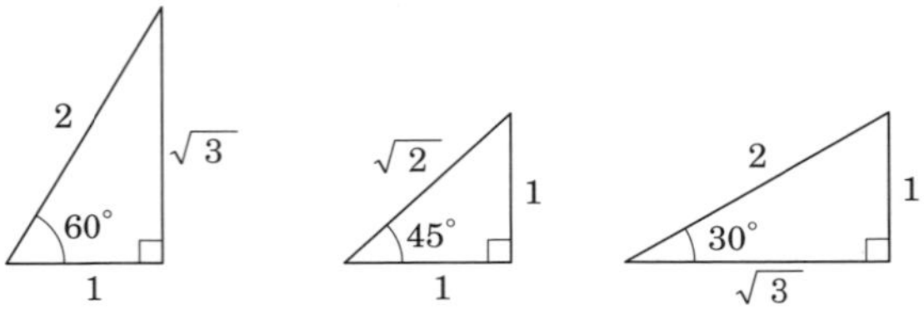

解

$\theta=60°$ のとき, $\sin 60°=\dfrac{\sqrt{3}}{2}$, $\cos 60°=\dfrac{1}{2}$, $\tan 60°=\dfrac{\sqrt{3}}{1}=\sqrt{3}$

$\theta=45°$ のとき, $\sin 45°=\dfrac{1}{\sqrt{2}}$, $\cos 45°=\dfrac{1}{\sqrt{2}}$, $\tan 45°=\dfrac{1}{1}=1$

$\theta=30°$ のとき, $\sin 30°=\dfrac{1}{2}$, $\cos 30°=\dfrac{\sqrt{3}}{2}$, $\tan 30°=\dfrac{1}{\sqrt{3}}$

例題 3.3 電柱より 12m 離れたところから, その上端を仰いだ仰角が 30°であった. この電柱の高さ〔m〕を求めよ. ただし, 地表面は水平とし, 観測者の目の高さは地表から 1.6m とする.

ヒント $\tan 30°=1/\sqrt{3}$, 直角三角形の図形を描くとわかりやすくなる.

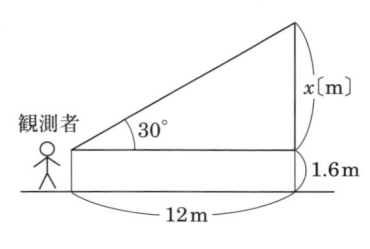

解 図形で表すと, 図のようになる.

$$\tan 30° = \dfrac{x}{12}$$

$$\therefore\ x = 12\tan 30° = 12 \times \dfrac{1}{\sqrt{3}} = 6.9$$

ゆえに電柱の高さは 6.9+1.6=8.5

答 8.5m

練習問題

3.1 ∠Cが直角の三角形△ABCについて，次の問に答えよ．
(1) ∠Aが鋭角で，$\cos A = 4/5$のとき，$\sin A$，$\tan A$を求めよ．
(2) ∠Bが鋭角で，$\sin B = 1/2$のとき，$\cos B$，$\tan B$を求めよ．

ヒント
(1) 題意の直角三角形を描く　　(2) 題意の直角三角形を描く

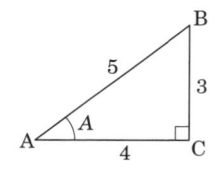

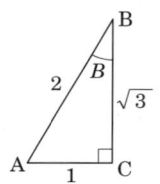

3.2 次の三角関数の角度θを電卓を使わないで求めよ．
(1) $\cos\theta = 0.5$　　(2) $\sin\theta = 0.87$　　(3) $\tan\theta = 1$　　(4) $\cos\theta = 0.7$

3.3 次の三角関数の値および角度θを電卓を用いて求めよ．
(1) $\sin 20°$　　(2) $\cos 70°$　　(3) $\tan\theta = 4$　　(4) $\sin\theta = 0.82$

ヒント　三角関数付電卓を用いて，次の順にキーを押す．
(1) DEG 20 sin　　(2) DEG 70 cos　　(3) DEG 4 $\tan^{-1}$　　(4) DEG 0.82 $\sin^{-1}$

3.4 交流回路の有効電力をP〔W〕，無効電力をQ〔var〕，皮相電力をS〔V·A〕とすれば，これらの大きさはSを斜辺とする直角三角形で表せる．
また，直角三角形について力率$\cos\theta$は，

$$\cos\theta = \frac{P}{S}$$

これらの関係において，力率0.6の回路で皮相電力120kV·Aのときの有効電力〔kW〕および無効電力〔kvar〕を求めよ．

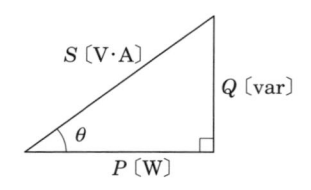

3.2 三角比の関係とベクトルの表し方

(a) 三角比と平方の関係

図3·3は原点を中心とする半径1の半円を描いたものである．半円AB上の点をP(a, b)とし，∠AOP=θとすると，

$$a = \cos\theta, \quad b = \sin\theta \qquad (3\cdot5)$$

となる．このaとbの間には三平方の定理より，$a^2+b^2=1$という関係があるから，次式が成り立つ．

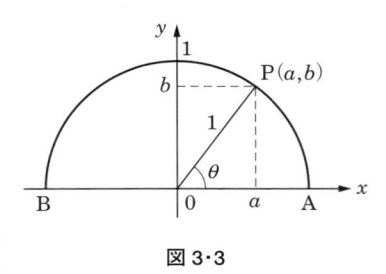

$$\sin^2\theta + \cos^2\theta = 1 \qquad (3\cdot6)$$

図3·3

図3·3において，$\tan\theta = b/a$ であるから，この関係に式(3·5)を代入すると，次式が成り立つ．

$$\tan\theta = \frac{\sin\theta}{\cos\theta} \qquad (3\cdot7)$$

次に，式(3·6)の両辺を$\cos^2\theta$で割れば，次式が得られる．

$$1 + \tan^2\theta = \frac{1}{\cos^2\theta} \qquad (3\cdot8)$$

(b) 鈍角の三角比の関係

① θと$180°-\theta$の関係

図3·4において，∠AOP=θとなるような点P(a, b)をとると，

$$\sin\theta = b, \quad \cos\theta = a$$

次に点Pのy軸についての対称点をP′(a', b')とし，∠AOP′=ϕとおくと，∠AOP′=$180°-\theta$となるから

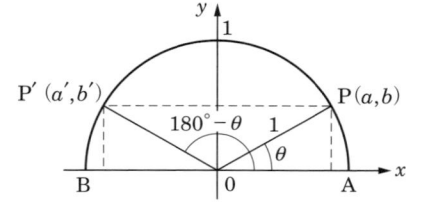

$$\sin(180°-\theta) = b' \quad \cos(180°-\theta) = a'$$

ここで，$b'=b$, $a'=-a$ であるから次式が成り立つ．

$$\left.\begin{array}{l}\sin(180°-\theta) = \sin\theta \\ \cos(180°-\theta) = -\cos\theta \\ \tan(180°-\theta) = -\tan\theta\end{array}\right\} \qquad (3\cdot9)$$

図3·4

上式のように$\theta+\phi=180°$の関係があるとき，θとϕは互いに**補角**であるという．

第3章 三角関数と正弦波交流

(c) ベクトルとは

速度や力などのように大きさと方向をもつ量を**ベクトル**という．また，長さや時間などの大きさだけをもつ量を**スカラ**という．

ベクトルは図3·5のように線分OAの長さでその大きさを表し，OからAへの向きで方向を表す．こ

図3·5　ベクトルの表し方

のときの点Oを始点，Aを終点という．大きさと方向が等しい2つのベクトルは平行に移動しても等しい量（図3·5）である．その関係は，次式で表せる．

$$\vec{a} = \vec{a}' \tag{3·10}$$

ベクトルを示す場合は，量記号の上に→（矢印），または〔・〕（ドット）を付けて表す．なお，ベクトルの大きさを示す場合は，絶対値｜｜で表すか，または量記号の上に〔・〕を付けないで表す．

(d) 直交座標で表すベクトル

ベクトル量を図示するには，図3·6のように直交座標の原点Oをベクトルの始点と定め，終点の座標(a, b)でベクトル$\dot{A}$を表す方法を**直交座標表示**という．この場合のaをx成分，bをy成分，θを**偏角**という．ベクトル$\dot{A}$は次式で表せる．

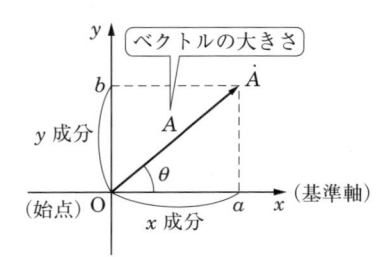

図3·6　直角座標表示

$$\left. \begin{array}{l} a = A\cos\theta, \quad b = A\sin\theta \\ A = \sqrt{a^2 + b^2}, \quad \theta = \tan^{-1}\dfrac{b}{a} \end{array} \right\} \tag{3·11}$$

例題 3.4

$\sin\theta = \sqrt{3}/2$のとき，$\cos\theta$，$\tan\theta$の値を求めよ．ただし，$90° < \theta < 180°$とする．

解　式(3·6)より

$$\cos^2\theta = 1 - \sin^2\theta = 1 - \left(\frac{\sqrt{3}}{2}\right)^2 = 1 - \frac{3}{4} = \frac{1}{4}$$

$$\cos\theta = \pm\sqrt{\frac{1}{4}} = \pm\frac{1}{2}$$

3.2 三角比の関係とベクトルの表し方

ここで，$90° < \theta < 180°$ であるから，$\cos\theta < 0$

$\therefore \quad \cos\theta = -\dfrac{1}{2}$

式 (3・7) より，

$$\tan\theta = \dfrac{\sin\theta}{\cos\theta} = \dfrac{\frac{\sqrt{3}}{2}}{-\frac{1}{2}} = -\sqrt{3}$$

答 $\cos\theta = -\dfrac{1}{2}$，$\tan\theta = -\sqrt{3}$

例題 3.5 次の問に答えよ．

（1）あるケーブルカーが傾斜角 30° の軌道を 10km/h の速度で進んでいるとき，水平方向の速度 v_x 〔km/h〕と鉛直方向の速度 v_y 〔km/h〕を求めよ．

（2）図のように電流 $\dot{I}_1$ と $\dot{I}_2$ の位相差が 60° のときの合成電流 $\dot{I}_o$ の大きさを求めよ．ただし，電流の大きさは，$I_1 = 4{\rm A}$，$I_2 = 3{\rm A}$ とする．

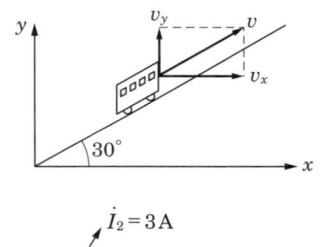

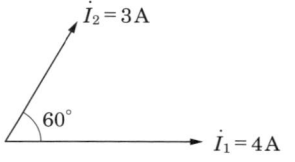

解 （1） $v_x = v\cos\theta = 10\cos 30° = 10 \times \dfrac{\sqrt{3}}{2} \fallingdotseq 8.7$

$v_y = v\sin\theta = 10\sin 30° = 10 \times \dfrac{1}{2} \fallingdotseq 5$

答 $v_x = 8.7{\rm km/h}$，$v_y = 5{\rm km/h}$

（2）$\dot{I}_o$ の x 成分 $I_{ox} = I_1 + I_{2x} = I_1 + I_2\cos 60° = 4 + 3 \times \dfrac{1}{2} = 5.5$

$\dot{I}_o$ の y 成分 $I_{oy} = I_{2y} = I\sin 60°$

$\qquad\qquad\qquad = 3 \times \dfrac{\sqrt{3}}{2} \fallingdotseq 2.6$

$\dot{I}_o$ の大きさ $= \sqrt{I_{ox}^2 + I_{oy}^2}$

$\qquad\qquad\quad = \sqrt{5.5^2 + 2.6^2} \fallingdotseq 6.1$

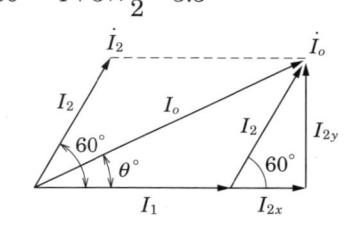

答 $\dot{I}_o$ の大きさ $= 6.1{\rm A}$

練習問題

3.5 次の三角比を計算をせよ．
(1) $4\sin 150°$ 　　(2) $\cos 120°$

3.6 $\cos\theta = 4/5$ のとき，$\sin\theta$，$\tan\theta$ の値を求めよ．ただし，$270° < \theta < 360°$ とする．

3.7 鉄塔の高さを知るために，ある地点の地面から鉄塔を見上げた角度が $30°$，その地点から $20\,\text{m}$ 鉄塔に近づいて地面から見上げたときの角度が $45°$ であった．鉄塔の高さを求めよ．

3.8 真空中において，図のような直角三角形の頂点 a，b，c にそれぞれ $10\,\mu\text{C}$，$-10\,\mu\text{C}$，$10\,\mu\text{C}$ の電荷がある．点 c に働く力の大きさと向きを求めよ．

ヒント 電荷 Q_1，Q_2 間に働く力 $F\,[\text{N}]$ は，次式で求まる．

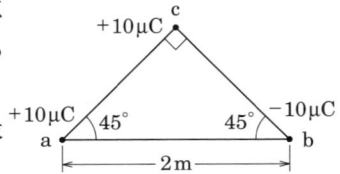

$$F = 9\times 10^9 \times \frac{Q_1 Q_2}{r^2} \quad (r：距離)$$

問題では，ac 間の静電力 $F\,[\text{N}]$ は同符号なので反発力，bc 間の静電力 $F\,[\text{N}]$ は異符号なので吸引力，合成の静電力 $F_0\,[\text{N}]$ は図のようになる．

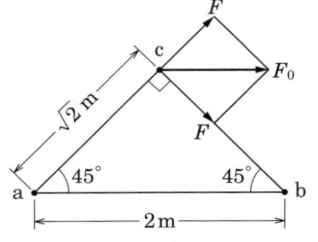

3.9 $400\,\text{kW}$ で，遅れ力率 $80\,\%$ の三相負荷に電力を供給している配電線路がある．負荷と並列に電力用コンデンサを接続して線路損失を最小にするために必要なコンデンサの容量 $[\text{kvar}]$ はいくらか．

ヒント 皮相電力を $S\,[\text{kV}\cdot\text{A}]$，有効電力 $P\,[\text{kW}]$，無効電力を $Q\,[\text{kvar}]$ とすると，図のような電力のベクトル図が描ける．

なお，$Q_C\,[\text{kvar}]$ は無効電力を補償する電力用コンデンサの容量である．

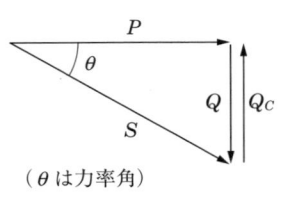

（θ は力率角）

3.3 弧度法（ラジアン）

(a) 角度

角度の単位には図3·7に示すように**60分法**と**弧度法**がある．60分法は角度を分度器に合わせたとき測定できる値で，直角なら90°（90度と読む），円周角なら360°となる角度である．

弧度法で角度を表す場合は，360°を円周角2π〔rad〕として表すので，次の比例式に当てはめて計算する．θ°をx〔rad〕とすると，

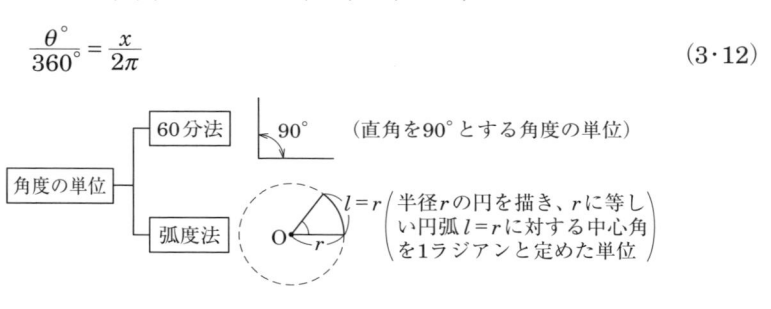

$$\frac{\theta°}{360°} = \frac{x}{2\pi} \tag{3·12}$$

図3·7 角度の単位

表3·1 角度の換算

60分法 θ°	360°	180°	90°	60°	57.3°	45°	30°	10°
弧度法 x〔rad〕	2π	π	$\pi/2$	$\pi/3$	1	$\pi/4$	$\pi/6$	$\pi/18$

(b) 一般角

図3·8に示すように，角度を測るときには始線上に置かれた動径OPを反時計回りに回転させたときの角度は，正(+)の符号を付けて表す．また，動径OP′を時計回りに回転させたときの角度は，負(−)の符号を付けて表す．

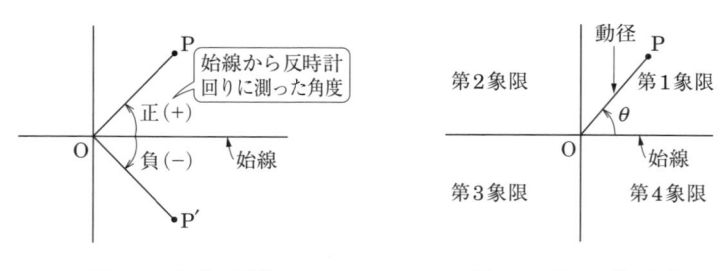

図3·8 角度の正負　　図3·9 第1～第4象限

また，動径は1回転以上，つまり2π〔rad〕より大きい角度になる場合もあり，このような広い範囲の角度まで考えるとき，これを**一般角**という．動径OPが始線となす角をθとすると，一般角θは

$$\theta = \alpha + 2\pi n \quad (n：動径の回転数) \tag{3・13}$$

で表される．なお，$n=0$のとき$\theta=\alpha$である．また一般角は図3・9のように動径の属する象限によって○○象限の角という．

(c) 一般角の三角関数

今までは$0 \sim \pi/2$〔rad〕の三角関数を中心に扱ってきたが，ここでは，$\pi/2$を超過した角や負の角について考えてみる．

図3・10に示すように，動径が第2象限になる場合で，点Pからx軸に垂線を下ろし，その点をMとする．ここで，斜辺をr，垂線をy，底辺をxとすると，第2象限の三角関数は次式のようになる．

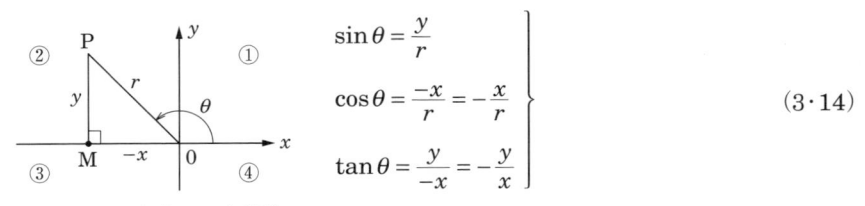

$$\left. \begin{aligned} \sin\theta &= \frac{y}{r} \\ \cos\theta &= \frac{-x}{r} = -\frac{x}{r} \\ \tan\theta &= \frac{y}{-x} = -\frac{y}{x} \end{aligned} \right\} \tag{3・14}$$

図3・10 一般角の三角関数

また，図3・11に示す第4象限の角度$(-\theta)$の場合は，三角関数は式(3・15)で表される．

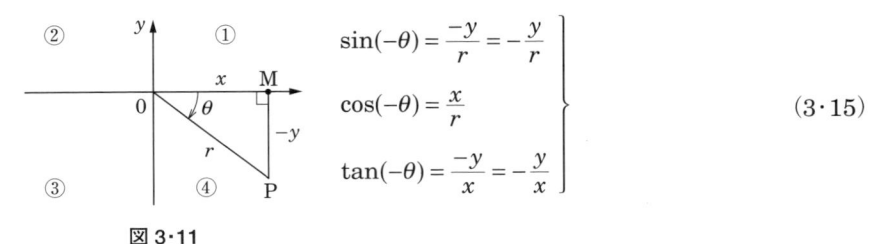

$$\left. \begin{aligned} \sin(-\theta) &= \frac{-y}{r} = -\frac{y}{r} \\ \cos(-\theta) &= \frac{x}{r} \\ \tan(-\theta) &= \frac{-y}{x} = -\frac{y}{x} \end{aligned} \right\} \tag{3・15}$$

図3・11

3.3 弧度法（ラジアン）

例題 3.6 次の角度を弧度法に直せ．
(1) $30°$ (2) $-60°$ (3) $150°$ (4) $-40°$

解 (1) $\dfrac{30}{360} \times 2\pi = \dfrac{\pi}{6}$ (2) $\dfrac{-60}{360} \times 2\pi = -\dfrac{\pi}{3}$

(3) $\dfrac{150}{360} \times 2\pi = \dfrac{5}{6}\pi$ (4) $\dfrac{-40}{360} \times 2\pi = -\dfrac{2}{9}\pi$

例題 3.7 次の三角関数の値を分数の形で示せ．
(1) $\sin\dfrac{2}{3}\pi$ (2) $\cos\dfrac{5}{6}\pi$ (3) $\sin\left(-\dfrac{\pi}{6}\right)$ (4) $\cos\left(-\dfrac{3}{4}\right)\pi$

ヒント

$\dfrac{2}{3}\pi = 120°$ $\qquad$ $\dfrac{5}{6}\pi = 150°$ $\qquad$ $-\dfrac{\pi}{6} = -30°$ $\qquad$ $-\dfrac{3}{4}\pi = -135°$

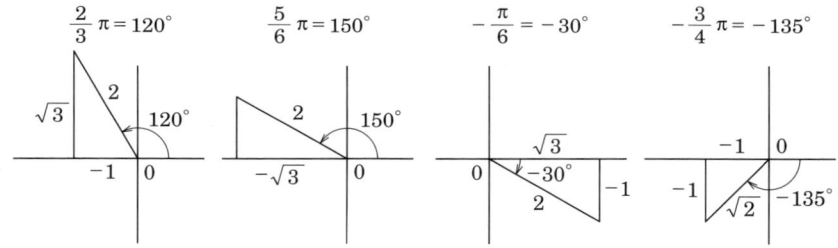

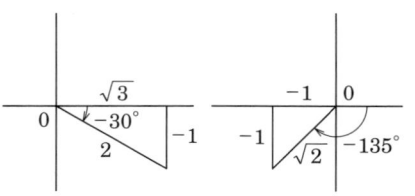

解 (1) $\sin\dfrac{2}{3}\pi = \sin 120° = \dfrac{\sqrt{3}}{2}$ (2) $\cos\dfrac{5}{6}\pi = \cos 150° = -\dfrac{\sqrt{3}}{2}$

(3) $\sin\left(-\dfrac{\pi}{6}\right) = \sin(-30°) = -\dfrac{1}{2}$ (4) $\cos\left(-\dfrac{3}{4}\pi\right) = \cos(-135°) = -\dfrac{1}{\sqrt{2}}$

練習問題

3.10 次の弧度法の角度を60分法に直せ.

(1) $\dfrac{2}{3}\pi$ (2) $-\dfrac{\pi}{2}$ (3) $\dfrac{2}{5}\pi$ (4) $-\dfrac{\pi}{9}$

3.11 ∠Cが直角の三角形△ABCがある. 角度〔rad〕および一辺の長さ〔m〕が与えられているとき, 対応する辺の長さ〔m〕を求めよ.

(1) $a = 10 \sin\left(\dfrac{\pi}{3}\right)$ (2) $b = 4 \cos\left(\dfrac{\pi}{4}\right)$

(3) $a = 5 \tan\left(\dfrac{\pi}{6}\right)$ (4) $a = 20 \sin\left(\dfrac{\pi}{2}\right)$

3.12 図のような支持物の高さが8mの点に $T = 9.8\text{kN}$(キロニュートン)の水平張力を受けているとき, 支持物の支線に加わる張力 P〔kN〕を求めよ.

ヒント 水平張力 T〔kN〕は, 支線に加わる張力 P〔kN〕の分力 T'〔kN〕とつり合う.

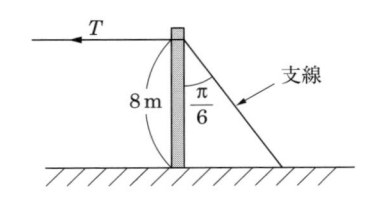

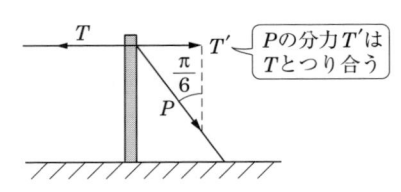

3.13 高さ2.5mの光源 L の光度 I が1000cd(カンデラ)であるとき, 図のような点 P の法線面の照度 E_n〔lx〕(ルックス)と水平面照度 E_h〔lx〕を求めよ.

ヒント 照度 E〔lx〕は光度 I〔cd〕に比例し, 距離 l〔m〕の2乗に反比例する.

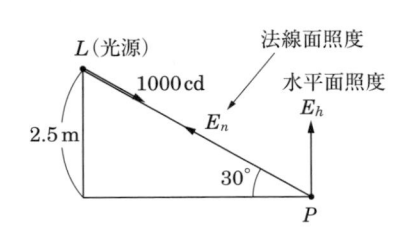

3.4 正弦定理・余弦定理

(a) 三角形の要素

△ABCの頂点における頂角の大きさをそれぞれA, B, Cで表し，対辺の長さをそれぞれa, b, cで表す．3つの頂角の大きさと3つの対辺の長さを**三角形の要素**という．

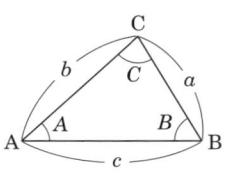

図3・12

(b) 正弦定理

図3・13 (a)，(b) のように△ABCの頂点Cから辺ABまたはその延長上に垂線CDを下ろすと，

$\angle A \leqq 90°$ のとき，垂線$CD = b \sin A$ ……………………………図(a)

$\angle A > 90°$ のとき，垂線$CD = b \sin(180° - A) = b \sin A$ ……………図(b)

また，垂線CDを辺aで表すと，

垂線$CD = a \sin B$ ………………………………………………………図(a)

ゆえに，$b \sin A = a \sin B$

次に，図3・13 (c) の頂点Aから辺BCに垂線AEを下ろすと，

$c \sin B = b \sin C$

よって，次式が成り立つ．

$$\frac{a}{\sin A} = \frac{b}{\sin B} = \frac{c}{\sin C} \tag{3・16}$$

式 (3・16) を**正弦定理**という．

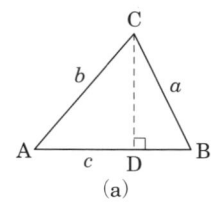

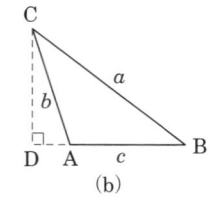

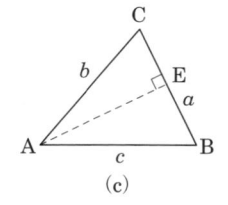

図3・13

(c) 余弦定理

図3・14の△ABCの頂点Aを原点にとり，直線ABをx軸にとる．△ABCが第一象限にある場合，B，Cの座標は，

$B(c, 0)$, $C(b \cos A, b \sin A)$

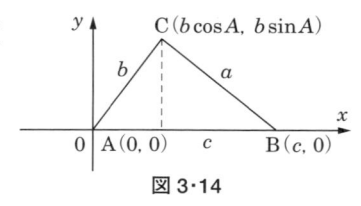

図3・14

である．2点間BCの長さaは，三平方の定理より，

$$a^2 = (c - b\cos A)^2 + (b\sin A)^2$$
$$= c^2 - 2bc\cos A + b^2\cos^2 A + b^2\sin^2 A$$
$$= c^2 + b^2(\sin^2 A + \cos^2 A) - 2bc\cos A$$
$$\therefore\ a^2 = b^2 + c^2 - 2bc\cos A$$

他の辺についても同様にして，次の等式が成り立つ．

$$\left.\begin{array}{l} a^2 = b^2 + c^2 - 2bc\cos A \\ b^2 = a^2 + c^2 - 2ac\cos B \\ c^2 = a^2 + b^2 - 2ab\cos C \end{array}\right\} \tag{3・17}$$

式(3・17)を**余弦定理**という．

なお，式(3・17)から次の公式が求められる．

$$\left.\begin{array}{l} \cos A = \dfrac{b^2 + c^2 - a^2}{2bc} \\[4pt] \cos B = \dfrac{c^2 + a^2 - b^2}{2ac} \\[4pt] \cos C = \dfrac{a^2 + b^2 - c^2}{2ab} \end{array}\right\} \tag{3・18}$$

例題 3.8 図の三角形において，辺b，cの長さ〔cm〕，および頂角∠Bを求めよ（関数電卓を使用する）．

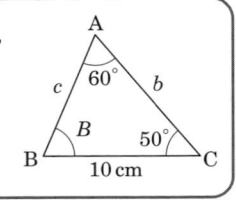

解　∠$B = 180° - (60° + 50°) = 70°$

正弦定理の式(3・16)を用いて

$$\dfrac{b}{\sin B} = \dfrac{a}{\sin A}\ \text{より}\ b = \dfrac{10}{\sin 60°} \times \sin 70° \fallingdotseq \dfrac{20}{\sqrt{3}} \times 0.94 \fallingdotseq 10.9\,\text{cm}$$

$$\dfrac{c}{\sin C} = \dfrac{a}{\sin A}\ \text{より}\ c = \dfrac{10}{\sin 60°} \times \sin 50° \fallingdotseq \dfrac{20}{\sqrt{3}} \times 0.77 \fallingdotseq 8.8\,\text{cm}$$

電卓計算　$\boxed{\text{DEG}\ 10 \div 60\sin = \text{Min} \times 70\sin =,\ \ \text{MR} \times 50\sin =}$

3.4 正弦定理・余弦定理

例題 3.9 図の三角形において，辺の長さ a および頂角 $\angle B$, $\angle C$ を求めよ．

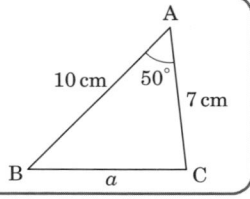

解 余弦定理の式 (3·17) を用いて $a^2 = b^2 + c^2 - 2bc\cos A$ より，

$$a = \sqrt{b^2 + c^2 - 2bc\cos A}$$
$$= \sqrt{7^2 + 10^2 - 2 \times 7 \times 10 \times \cos 50°}$$

∴ $a \fallingdotseq 7.7 \text{cm}$

$\boxed{\text{DEG } 7x^2 + 10x^2 - 2 \times 7 \times 10 \times 50 \cos = \sqrt{}}$

式 (3·16) より，

$$\frac{a}{\sin A} = \frac{b}{\sin B}$$

$$\sin B = \frac{b}{a}\sin A = \frac{7 \times \sin 50°}{7.7} = 0.6964$$

∴ $\angle B = \sin^{-1} 0.694 \fallingdotseq 44.1$

$\boxed{\text{DEG } 7 \div 7.7 \times 50 \sin = \text{INV} \sin^{-1}}$

$\angle C = 180° - (A + B) = 180 - (50 + 44.1) = 85.9°$

例題 3.10 $\triangle ABC$ で $a = 7\text{cm}$, $b = 3\sqrt{2}\text{cm}$, $\angle C = 45°$ のときの辺の長さ c [cm] を求めよ．

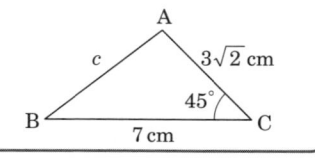

解 式 (3·17) より

$$c = \sqrt{a^2 + b^2 - 2ab\cos C}$$
$$= \sqrt{7^2 + 3^2 \times 2 - 2 \times 7 \times 3 \times \sqrt{2} \cos 45°} = 5$$

∴ $c = 5\text{cm}$

$\boxed{\text{DEG } 7x^2 + 3x^2 \times 2 - 2 \times 7 \times 3 \times 2\sqrt{} \times 45 \cos = \sqrt{}}$

第3章 三角関数と正弦波交流

練 習 問 題

3.14 図の三角形において,辺の長さ a〔cm〕および頂角 A,B を求めよ.

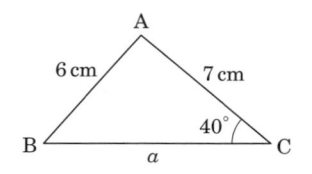

3.15 図において電線の水平張力 $P=20\,\mathrm{kN}$ である場合,支線の張力 T〔kN〕はいくらか.

ヒント 電線の張力 P〔kN〕,支線の張力 T〔kN〕電柱に働く圧縮力 Q〔kN〕は図の三角形のようにバランスする.

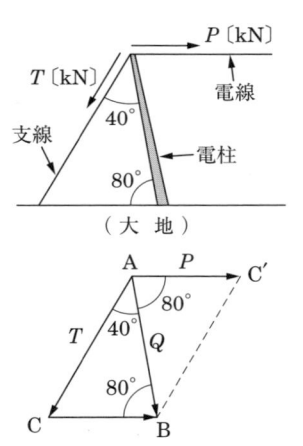

3.16 図のように抵抗 R〔Ω〕と3個の電流計および負荷を接続した回路において,電流計 Ⓐ₁,Ⓐ₂ および Ⓐ₃ の指示値がそれぞれ I_1〔A〕,I_2〔A〕,および I_3〔A〕であるときの負荷の消費電力〔W〕の式を示せ.

ヒント 電源電圧 $\dot{V}$ を基準ベクトルとして,電流計 A_1,A_2,A_3 の電流値 I_1,I_2,I_3 のベクトル図を描くと図のようになる.

このベクトル図より負荷の電力 P は,
$$P = VI_1\cos\theta = I_2 R I_1 \cos\theta \cdots\cdots\cdots ①$$
式①を I_1,I_2,I_3 で表すと,求める式になる.

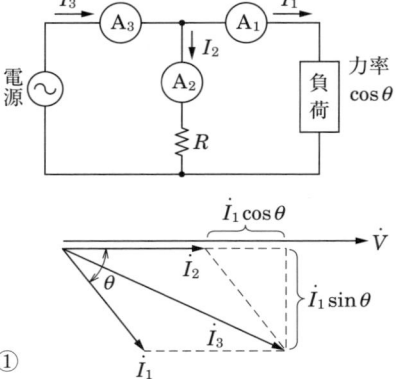

3.5 加法定理

整式の分配法則では $m(\alpha+\beta)=m\alpha+m\beta$ のように，m と α，m と β の積の計算で求まる．しかし，三角関数の $\sin\alpha$ は，$\sin$ と α が積の関係ではないので，

$$\sin(\alpha+\beta) = \sin\alpha + \sin\beta \quad \times$$

のようには計算できない．$\sin(\alpha+\beta)$ の計算は以下のようにして求める．

(a) 加法定理の公式

角度 α，β の足し算の三角関数を**加法定理**といい，次式で表される．

$$\left. \begin{array}{l} \sin(\alpha \pm \beta) = \sin\alpha\,\cos\beta \pm \cos\alpha\,\sin\beta \\ \cos(\alpha \pm \beta) = \cos\alpha\,\cos\beta \mp \sin\alpha\,\sin\beta \\ \tan(\alpha \pm \beta) = \dfrac{\tan\alpha \pm \tan\beta}{1 \mp \tan\alpha\,\tan\beta} \quad \text{(3式すべて複号同順)} \end{array} \right\} \quad (3\cdot19)$$

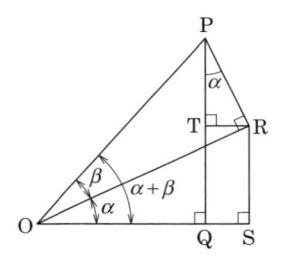

図 3・15

[証明]

図 3・15 より，$\angle \mathrm{RPT} = \angle\alpha$，$\mathrm{RS} = \mathrm{TQ}$，$\mathrm{QS} = \mathrm{TR}$ であるから，

$$\sin(\alpha+\beta) = \frac{\mathrm{PQ}}{\mathrm{OP}} = \frac{\mathrm{PT}+\mathrm{TQ}}{\mathrm{OP}} = \frac{\mathrm{RS}+\mathrm{PT}}{\mathrm{OP}}$$

$$= \frac{\mathrm{RS}}{\mathrm{OR}} \cdot \frac{\mathrm{OR}}{\mathrm{OP}} + \frac{\mathrm{PT}}{\mathrm{PR}} \cdot \frac{\mathrm{PR}}{\mathrm{OP}}$$

$$= \sin\alpha\,\cos\beta + \cos\alpha\,\sin\beta \quad \cdots\cdots\cdots\cdots\cdots\text{①}$$

同様にして

$$\cos(\alpha+\beta) = \frac{\mathrm{OQ}}{\mathrm{OP}} = \frac{\mathrm{OS}-\mathrm{QS}}{\mathrm{OP}} = \frac{\mathrm{OS}-\mathrm{TR}}{\mathrm{OP}}$$

$$= \frac{\mathrm{OS}}{\mathrm{OR}} \cdot \frac{\mathrm{OR}}{\mathrm{OP}} - \frac{\mathrm{TR}}{\mathrm{PR}} \cdot \frac{\mathrm{PR}}{\mathrm{OP}}$$

$$= \cos\alpha\,\cos\beta - \sin\alpha\,\sin\beta \quad \cdots\cdots\cdots\cdots\cdots\text{②}$$

また，タンジェントに対しては，次式のように計算して求める．

$$\tan(\alpha+\beta) = \frac{\sin(\alpha+\beta)}{\cos(\alpha+\beta)} = \frac{\sin\alpha\,\cos\beta+\cos\alpha\,\sin\beta}{\cos\alpha\,\cos\beta-\sin\alpha\,\sin\beta}$$

$$= \frac{\dfrac{\sin\alpha\,\cos\beta}{\cos\alpha\,\cos\beta}+\dfrac{\cos\alpha\,\sin\beta}{\cos\alpha\,\cos\beta}}{\dfrac{\cos\alpha\,\cos\beta}{\cos\alpha\,\cos\beta}-\dfrac{\sin\alpha\,\sin\beta}{\cos\alpha\,\cos\beta}}$$

$$= \frac{\tan\alpha+\tan\beta}{1-\tan\alpha\,\tan\beta} \quad\cdots\cdots\cdots\cdots\cdots\cdots\text{③}$$

ここで，式①～③のβを$-\beta$で置き換えると，次式のようになる．

$$\sin\{\alpha+(-\beta)\} = \sin\alpha\,\cos(-\beta)+\cos\alpha\,\sin(-\beta)$$
$$= \sin\alpha\,\cos\beta - \cos\alpha\,\sin\beta \quad\cdots\cdots\cdots\text{①}'$$

$$\cos\{\alpha+(-\beta)\} = \cos\alpha\,\cos(-\beta)-\sin\alpha\,\sin(-\beta)$$
$$= \cos\alpha\,\cos\beta + \sin\alpha\,\sin\beta \quad\cdots\cdots\cdots\text{②}'$$

$$\tan\{\alpha+(-\beta)\} = \frac{\tan\alpha+\tan(-\beta)}{1-\tan\alpha\,\tan(-\beta)} = \frac{\tan\alpha-\tan\beta}{1+\tan\alpha\,\tan\beta} \quad\cdots\cdots\text{③}'$$

なお，**複合同順**とは，+，−の複合記号±の計算のことで，符号の並ぶ順序で計算することである．

〈加法定理の大切さ〉

電気計算では，加法定理がそのまま利用されることは少ないが，これから学ぶ倍角の公式，半角の公式，積和の公式などを誘導するために大切な定理である．

これらの公式は暗記しておかなくても加法定理から必要なときに導き出せる．誘導の基である加法定理は大切なのでしっかり覚えておこう．

(b) **二倍角の公式**

加法定理の式 (3・19) で $\beta=\alpha$ とおけば，次式のような倍角の公式になる．

3.5 加法定理

$$\left.\begin{array}{l} \sin 2\alpha = 2\sin\alpha\cos\alpha \\ \cos 2\alpha = \cos^2\alpha - \sin^2\alpha = 2\cos^2\alpha - 1 = 1 - 2\sin^2\alpha \\ \tan 2\alpha = \dfrac{2\tan\alpha}{1-\tan^2\alpha} \end{array}\right\} \quad (3\cdot 20)$$

例題 3.11 θ が鋭角のとき,次の等式が成り立つことを加法定理を用いて示せ.
(1) $\sin(90°-\theta) = \cos\theta$ (2) $\cos(90°+\theta) = -\sin\theta$
(3) $\tan(180°-\theta) = -\tan\theta$ (4) $\sin(180°+\theta) = -\sin\theta$

解 (1) $\sin(90°-\theta) = \sin 90°\cos\theta - \cos 90°\sin\theta$
$\qquad\qquad\qquad = \cos\theta - 0\times\sin\theta \quad \therefore \ \sin(90°-\theta) = \cos\theta$

(2) $\cos\theta(90°+\theta) = \cos 90°\cos\theta - \sin 90°\sin\theta$
$\qquad\qquad\qquad = 0\times\cos\theta - \sin\theta \quad \therefore \ \cos(90°+\theta) = -\sin\theta$

(3) $\tan(180°-\theta) = \dfrac{\tan 180° - \tan\theta}{1+\tan 180°\tan\theta}$
$\qquad\qquad\quad = \dfrac{0-\tan\theta}{1+0} \quad \therefore \ \tan(180°-\theta) = -\tan\theta$

(4) $\sin(180°+\theta) = \sin 180°\cos\theta + \cos 180°\sin\theta$
$\qquad\qquad\qquad = 0\times\cos\theta + (-1)\times\sin\theta \quad \therefore \ \sin(180°+\theta) = -\sin\theta$

例題 3.12 △ABC の3つの内角を A, B, C とするとき,次の等式が成り立つことを加法定理を用いて示せ.
$\sin(B+C) = \sin A$

解 $\angle A + \angle B + \angle C = 180°$ であるから,
$\qquad \angle B + \angle C = 180° - \angle A$
$\therefore \ \sin(B+C) = \sin(180°-A)$
$\qquad \sin(180°-A) = \sin 180°\cos A - \cos 180°\sin A$
$\qquad\qquad\qquad = 0 - (-1)\times\sin A = \sin A$

$\qquad\qquad\qquad\qquad\qquad$ **答** $\sin(B+C) = \sin A$

練習問題

3.17 $75°=30°+45°$ を利用して次の計算をせよ．
(1) $\sin 75°$　　(2) $\cos 75°$

3.18 二倍角の公式を用いて，次の計算をせよ．ただし，$\cos 30°=0.866$ とする．
(1) $\cos^2 15°$　　(2) $\sin^2 15°$

3.19 $\sin\alpha = 1/\sqrt{2}$，$\cos\beta = 1/2$ のとき，次の計算をせよ．ただし，α，β は第一象限の角とする．
(1) $\sin(\alpha-\beta)$　　(2) $\cos(\alpha+\beta)$　　(3) $\tan(\alpha+\beta)$

ヒント

$$\sin\alpha = \frac{1}{\sqrt{2}} \quad \alpha = 45° \quad \therefore \quad \cos\alpha = \frac{1}{\sqrt{2}}$$

$$\cos\beta = \frac{1}{2} \text{ より } \beta = 60° \quad \therefore \quad \sin\beta = \frac{\sqrt{3}}{2}$$

また，タンジェントについては，$\tan\alpha = \dfrac{\sin\alpha}{\cos\alpha} = 1$，$\tan\beta = \dfrac{\sin\beta}{\cos\beta} = \sqrt{3}$

3.20 図に示すように，空気中に長さ 20cm の棒磁石がある．磁極の強さが 4mWb であるとき，点 P の磁界の大きさを求めよ．

ヒント 磁極 N，S から点 P までの距離を正弦定理より求める．次に N 極および S 極から点 P におよぼす磁界の強さ H_N，H_S は磁極の強さを m と置き，N 極に対して反発力，S 極に対して吸引力とし，公式 $6.33 \times 10^4 \, m/r^2$〔A/m〕より計算する．合成磁界 H の向きは，図のベクトル図より求める．また，磁界の H の大きさは，三平方の定理より計算する．

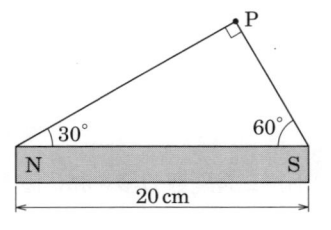

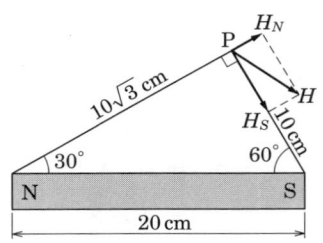

3.6 加法定理から導かれる公式

ここでは加法定理から半角の公式，積を和に直す公式，和を積に直す公式，三角関数の合成の式を導く．

(a) 半角の公式

倍角の公式 (3·20) の $\cos 2\alpha = 1 - 2\sin^2 \alpha$ から

$$\sin^2 \alpha = \frac{1 - \cos 2\alpha}{2}$$

ここで，α を $\alpha/2$ に置き換えると，

$$\sin^2 \frac{\alpha}{2} = \frac{1 - \cos \alpha}{2} \quad \cdots\cdots ①$$

また，$\cos 2\alpha = 2\cos^2 \alpha - 1$ の式 (3·20) から

$$\cos^2 \alpha = \frac{1 + \cos 2\alpha}{2}$$

ここで，α を $\alpha/2$ に置き換えると，

$$\cos^2 \frac{\alpha}{2} = \frac{1 + \cos \alpha}{2} \quad \cdots\cdots ②$$

さらに，式①を式②で割ると，

$$\tan^2 \frac{\alpha}{2} = \frac{1 - \cos \alpha}{1 + \cos \alpha} \quad \cdots\cdots ③$$

式①〜③より，**半角の公式**は次のようになる．

$$\left. \begin{array}{l} \sin^2 \dfrac{\alpha}{2} = \dfrac{1 - \cos \alpha}{2} \\ \cos^2 \dfrac{\alpha}{2} = \dfrac{1 + \cos \alpha}{2} \\ \tan^2 \dfrac{\alpha}{2} = \dfrac{1 - \cos \alpha}{1 + \cos \alpha} \end{array} \right\} \quad (3·21)$$

(b) 三角関数の積を和に直す公式

$$\sin(\alpha + \beta) = \sin\alpha \cos\beta + \cos\alpha \sin\beta \quad \cdots\cdots ④$$

$$\sin(\alpha - \beta) = \sin\alpha \cos\beta - \cos\alpha \sin\beta \quad \cdots\cdots ⑤$$

$$\cos(\alpha + \beta) = \cos\alpha \cos\beta - \sin\alpha \sin\beta \quad \cdots\cdots ⑥$$

$$\cos(\alpha - \beta) = \cos\alpha \cos\beta + \sin\alpha \sin\beta \quad \cdots\cdots ⑦$$

ここで，式④+式⑤は，

$$\sin(\alpha + \beta) + \sin(\alpha - \beta) = 2\sin\alpha \cos\beta \quad \cdots\cdots ⑧$$

式④−式⑤は，
$$\sin(\alpha+\beta) - \sin(\alpha-\beta) = 2\cos\alpha\sin\beta \quad \cdots\cdots\cdots⑨$$
式⑥+式⑦は，
$$\cos(\alpha+\beta) + \cos(\alpha-\beta) = 2\cos\alpha\cos\beta \quad \cdots\cdots\cdots⑩$$
式⑥−式⑦は，
$$\cos(\alpha+\beta) - \cos(\alpha-\beta) = -2\sin\alpha\sin\beta \quad \cdots\cdots\cdots⑪$$
式⑧〜式⑪は，次式に書き直せる．

$$\left.\begin{array}{l}\sin\alpha\cos\beta = \dfrac{1}{2}\{\sin(\alpha+\beta)+\sin(\alpha-\beta)\} \\[4pt] \cos\alpha\sin\beta = \dfrac{1}{2}\{\sin(\alpha+\beta)-\sin(\alpha-\beta)\} \\[4pt] \cos\alpha\cos\beta = \dfrac{1}{2}\{\cos(\alpha+\beta)+\cos(\alpha-\beta)\} \\[4pt] \sin\alpha\sin\beta = -\dfrac{1}{2}\{\cos(\alpha+\beta)-\cos(\alpha-\beta)\}\end{array}\right\} \quad (3\cdot22)$$

式 (3·22) は**三角関数の積を和に直す公式**である．

(c) 三角関数の和を積に直す公式

式⑧〜式⑪において，$\alpha+\beta=A$，$\alpha-\beta=B$ とおけば，

$$2\alpha = A+B \quad \therefore \quad \alpha = \frac{A+B}{2}$$

$$2\beta = A-B \quad \therefore \quad \beta = \frac{A-B}{2}$$

となる．これらの値を式⑧〜式⑪へ代入すると，

$$\left.\begin{array}{l}\sin A + \sin B = 2\sin\dfrac{A+B}{2}\cos\dfrac{A-B}{2} \\[4pt] \sin A - \sin B = 2\cos\dfrac{A+B}{2}\sin\dfrac{A-B}{2} \\[4pt] \cos A + \cos B = 2\cos\dfrac{A+B}{2}\cos\dfrac{A-B}{2} \\[4pt] \cos A - \cos B = -2\sin\dfrac{A+B}{2}\sin\dfrac{A-B}{2}\end{array}\right\} \quad (3\cdot23)$$

式 (3·23) は，**三角関数の和を積に直す公式**である．

3.6 加法定理から導かれる公式

例題 3.13 $\sin\theta = 0.8$ ($0 < \theta < \pi/2$) のとき，次の値を求めよ．

(1) $\sin^2\dfrac{\theta}{2}$ (2) $\cos^2\dfrac{\theta}{2}$ (3) $\tan^2\dfrac{\theta}{2}$

(4) $\sin 2\theta$ (5) $\cos 2\theta$ (6) $\tan 2\theta$

解 $\sin^2\theta + \cos^2\theta = 1$ より

$$\cos\theta = \sqrt{1-\sin^2\theta} = \sqrt{1-0.8^2} = 0.6$$

(1) 半角の公式より

$$\sin^2\dfrac{\theta}{2} = \dfrac{1-\cos\theta}{2} = \dfrac{1-0.6}{2} = 0.2$$ **答** 0.2

(2) $\cos^2\dfrac{\theta}{2} = \dfrac{1+\cos\theta}{2} = \dfrac{1+0.6}{2} = 0.8$ **答** 0.8

(3) $\tan^2\dfrac{\theta}{2} = \dfrac{1-\cos\theta}{1+\cos\theta} = \dfrac{1-0.6}{1+0.6} = 0.25$ **答** 0.25

(4) 倍角の公式より

$$\sin 2\theta = 2\sin\theta\cos\theta = 2\times 0.8\times 0.6 = 0.96$$ **答** 0.96

(5) $\cos 2\theta = \cos^2\theta - \sin^2\theta = 0.6^2 - 0.8^2 = -0.28$ **答** -0.28

(6) $\tan 2\theta = \dfrac{\sin 2\theta}{\cos 2\theta} = \dfrac{0.96}{-0.28} = -3.43$ **答** -3.43

例題 3.14 次の三角関数の和（差）を積の形に直せ．

(1) $\sin 4\theta - \sin 2\theta$ (2) $\cos 5\theta - \cos 3\theta$

解 (1) $\sin 4\theta - \sin 2\theta = 2\cos\dfrac{4\theta+2\theta}{2}\sin\dfrac{4\theta-2\theta}{2} = 2\cos 3\theta\,\sin\theta$

(2) $\cos 5\theta - \cos 3\theta = -2\sin\dfrac{5\theta+3\theta}{2}\sin\dfrac{5\theta-3\theta}{2} = -2\sin 4\theta\,\sin\theta$

例題 3.15 次の三角関数の積を和（差）の形に直せ．

(1) $\cos 3\theta\,\sin 7\theta$ (2) $\cos 5\theta\,\cos\theta$

解 (1) $\cos 3\theta\,\sin 7\theta = \dfrac{1}{2}\{\sin(3\theta+7\theta) - \sin(3\theta-7\theta)\} = \dfrac{1}{2}\{\sin 10\theta - \sin(-4\theta)\}$

$$= \dfrac{1}{2}(\sin 10\theta + \sin 4\theta)$$

(2) $\cos 5\theta\,\cos\theta = \dfrac{1}{2}\{\cos(5\theta+\theta) + \cos(5\theta-\theta)\} = \dfrac{1}{2}(\cos 6\theta + \cos 4\theta)$

練 習 問 題

3.21 次の式を加法定理を用いて計算せよ．

(1) $\sin\dfrac{2\pi}{3}$　　(2) $\cos\dfrac{2\pi}{3}$　　(3) $\sin\dfrac{9\pi}{4}$　　(4) $\cos\dfrac{15\pi}{12}$

3.22 半角の公式より，次の値を計算せよ．

(1) $\sin 22.5°$　　(2) $\cos 15°$

ヒント

(1) $\sin\dfrac{\alpha}{2} = \sqrt{\dfrac{1-\cos\alpha}{2}}$　　(2) $\cos\dfrac{\alpha}{2} = \sqrt{\dfrac{1+\cos\alpha}{2}}$

3.23 次の回路は三相電力測定の2電力計法である．単相電力計の指示値 P_1，P_2〔W〕を次のベクトル図より求めよ．また，三相回路の線間電圧を V_l，線電流を I_l として，三相電力 $P = P_1 + P_2$〔W〕の式を求めよ．ただし，θ は負荷の力率角とする．

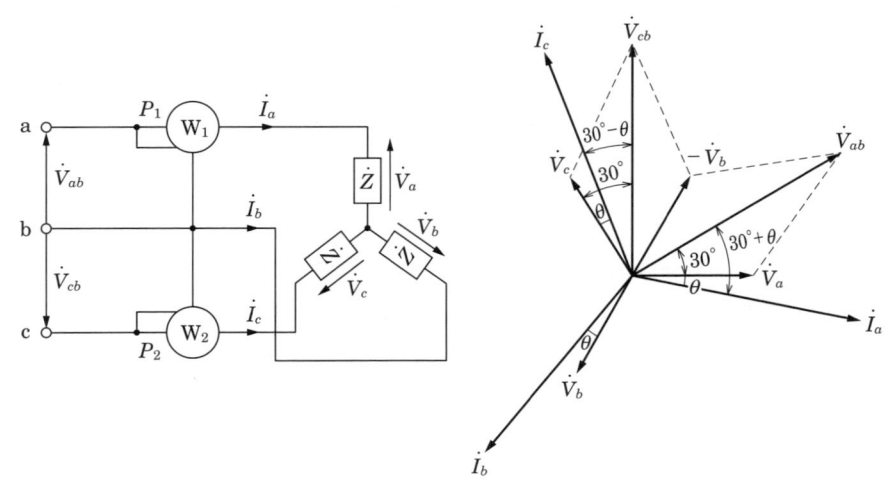

ヒント

電力 P_1 の計算式は，線間電圧 V_{ab}×線電流 I_a×$\cos(30°+\theta)$

電力 P_2 の計算式は，線間電圧 V_{cb}×線電流 I_c×$\cos(30°-\theta)$

3.7 三角関数のグラフと角周波数

(a) $y = \sin\theta$ のグラフ

図3・16のように，動径（半径）OAを1とする円を描く．動径OAは，x軸を始線として，反時計方向に回転する．このときの回転角に対するAB

図3・16 $y = \sin\theta$ のグラフ

の長さをy軸にとったものが$y = \sin\theta$のグラフである．グラフより，$\sin\theta$は2π〔rad〕ごとに同じ変化を繰り返すので，2π〔rad〕を$\sin\theta$の**周期**という．

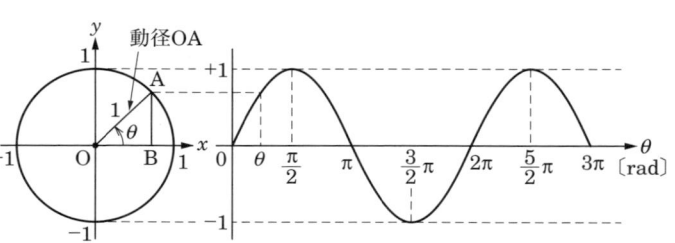

$$y = \sin(\theta + 2\pi) = \sin\theta \tag{3・24}$$

(b) $y = \cos\theta$ のグラフ

図3・17のように，動径OAを1とする円を描く．動径OAは，y軸を始線として，反時計方向に回転する．このときの回転角に対するABの長さをy

図3・17 $y = \cos\theta$ のグラフ

軸にとったものが$y = \cos\theta$のグラフである．このグラフより，$\cos\theta$は2π〔rad〕ごとに同じ変化を繰り返すので，2π〔rad〕を$\cos\theta$の**周期**という．

$$y = \cos(\theta + 2\pi) = \cos\theta \tag{3・25}$$

(c) 正弦波交流起電力

磁界中に置かれた方形コイルが反時計方向に角速度ω〔rad/s〕で回転すると，コイル辺1，2に次式で表される起電力e〔V〕が発生する．

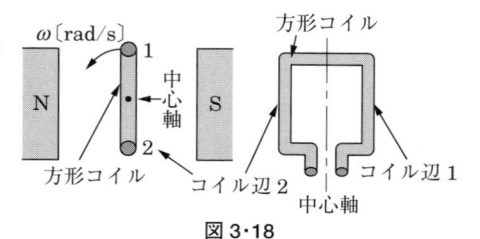

図3・18

$$e = E_m \sin\omega t = E_m \sin 2\pi f t \tag{3・26}$$

式 (3・26) は，誘導起電力の**瞬時値**といい，E_m を起電力の**最大値**という．図 3・19 は，式 (3・26) を波形で表したものである．正弦波交流起電力の正の最大値 E_m から負の最大値 $-E_m$ までの電圧を**ピークピーク値**といい，V_{pp}〔V〕で表す．瞬時値の角度 ωt〔rad〕は式 (3・24) の角度 θ に対応し，次式の関係がある．

$$\theta = \omega t = 2\pi f t \tag{3・27}$$

式 (3・27) の f を**周波数**〔Hz〕という．また，周期 T〔s〕と周波数の関係は，次式のようになる．

$$T = \frac{1}{f} \tag{3・28}$$

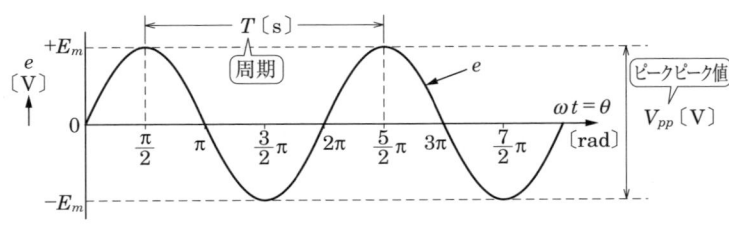

図 3・19　$e = E_m \sin\omega t$ の波形

例題 3.16　次の式で表される三角関数をグラフで表せ．

(1) $y = 2\sin\theta$　　(2) $y = \cos\theta$

解

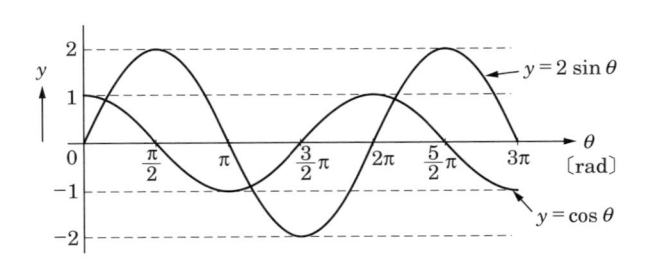

3.7 三角関数のグラフと角周波数

例題 3.17 次の式で表される正弦波起電力をグラフで表せ.
(1) $e = \sqrt{2}\sin\omega t$ (2) $e = 2\sin 2\omega t$

解

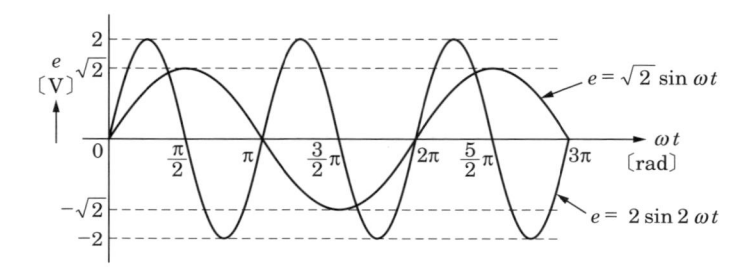

例題 3.18 次の値で示される正弦波交流起電力 e〔V〕(瞬時値)を求めよ.
(1) 最大値 $\sqrt{2}E$〔V〕, 周波数 50〔Hz〕, 位相差 0〔rad〕
(2) 最大値 200〔V〕, 周期 4〔ms〕, 位相差 0〔rad〕

解 (1) $e = \sqrt{2}E\sin(2\pi \times 50t) = \sqrt{2}E\sin(100\pi t)$〔V〕
(2) $e = 200\sin\{2\pi \times 1/(4 \times 10^{-3})\}t$
  $= 200\sin(500\pi t)$〔V〕

例題 3.19 線路上の電圧, 電流の伝搬速度を 300 m/μs としたとき, この線路上で 60 Hz の交流波長〔km〕はいくらか.

ヒント 電流の伝搬速度は電気の伝わる速さで, 光の速さ c〔m/s〕と同じである.
$$c = 300\,\text{〔m/μs〕} = 300 \times \frac{1}{10^{-6}} = 3 \times 10^8\,\text{〔m/s〕}$$

波長 λ〔m〕は次式で求まる.
$$\lambda = \frac{c}{f} \quad (c:\text{伝搬速度}, f:\text{周波数})$$

解 波長 $\lambda = \dfrac{c}{f} = \dfrac{3 \times 10^8}{60} = 5 \times 10^6$〔m〕

答 5000 km

練習問題

3.24 次の式で表される瞬時値において，時間 t が与えられたときの瞬時値を求めよ．
（関数電卓を使用しないで解答すること）
$$i = 5\sqrt{2}\sin 100\pi t$$
(1) $t = 0.0025$ 〔s〕　(2) $t = 1/300$ 〔s〕

3.25 周波数が 50Hz と 60Hz の正弦波交流の角周波数 ω 〔rad/s〕を求めよ．

3.26 周波数 2500kHz の正弦波交流起電力の周期 T 〔μs〕および波長 λ 〔m〕を求めよ．

3.27 図の正弦波交流起電力 e 〔V〕の波形より，次の値を求めよ．
(1) 周期
(2) 周波数
(3) V_{pp}
(4) 瞬時式
(5) 2.5ms のときの瞬時値
(6) 15ms のときの瞬時値

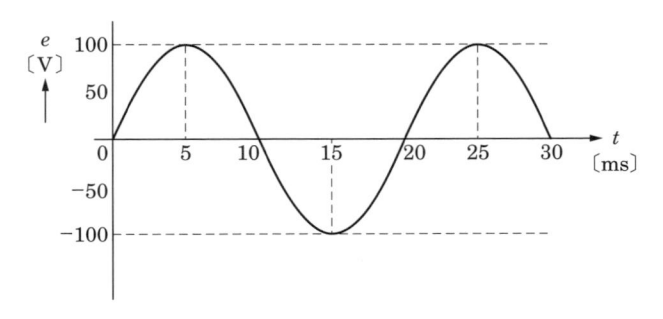

3.28 4極の交流発電機の電気角が π 〔rad〕のとき，回転角は何度か．
ヒント　電気角 = 回転角 × $P/2$（ただし，P は極数のこと）

3.29 周波数 200MHz のテレビ電波がある．この電波の周期 T 〔μs〕および波長 λ 〔m〕を求めよ．

3.8 三角関数のグラフと位相差

(a) $y = \tan\theta$ のグラフ

図3·20に示すように，円の中心Oから動径OP=1の円を描き，x軸上の点Bを通る接線TT'を引く．動径がθだけ進んだときのOPの延長線と接線TT'との交点をAとすると，

$$\tan\theta = \frac{AB}{OB} = AB$$

となるから，$\tan\theta$はABで表される．同様に，θが$\pi/2$〔rad〕を越え，θ'となると，$\tan\theta'$は負となり，$\tan\theta' = A'B$となる．なお，ABはy軸を平行移動した値で，$y = \tan\theta$は図3·20のグラフになる．

図3·20 $y = \tan\theta$ のグラフ

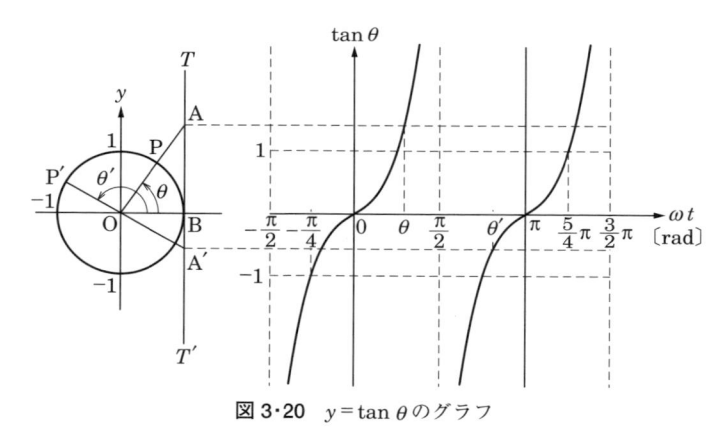

グラフより，$\tan\theta$は，π〔rad〕ごとに同じ変化を繰り返すのでπ〔rad〕を$\tan\theta$の周期という．

$$y = \tan(\theta + \pi) = \tan\theta \tag{3·29}$$

正接関数のθは，$-\pi/2$, $\pi/2$, $3/2\pi$ … では値をもたない．θがそれらの値に近づくと，$\tan\theta$の絶対値は限りなく大きくなる．y軸に平行な直線$\theta = -\pi/2$，$\theta = \pi/2$，$\theta = 3/2\pi$ … は$\tan\theta$の**漸近線**である．

(b) 正弦波交流の位相差

図3·21のように平等磁界中に方形コイルA，Bが点Oを中心軸にして，θ〔rad〕だけ位置をずらして置かれている．方形コイルは角速度ω〔rad/s〕の速度で反時計方向に回転させたときの方形コイルの起電力e_A，e_Bを考えてみる．

第3章 三角関数と正弦波交流

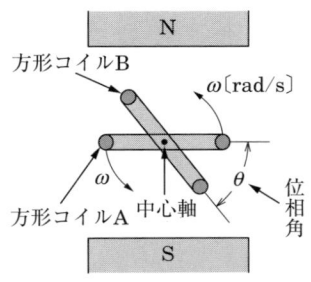

図 3・21 2つの交流電圧の発生

図 3・22 2つの正弦波 波形

コイルAが現在の位置から$\pi/2$〔rad〕進んだとき，コイルが切る磁束密度は最大になり，最大起電力E_m〔V〕が発生する．このときコイルBはコイルAよりθ〔rad〕だけ遅れているから，そのときの起電力$e_B = E_m \sin(-\theta)$〔V〕となる．それぞれのコイルは角速度ω〔rad/s〕で回転しているからコイルの起電力を式で表すと，

$$e_A = E_m \sin \omega t \tag{3・30}$$

$$e_B = E_m \sin(\omega t - \theta) \tag{3・31}$$

となる．2つの位相の差は$(\omega t - \theta) - \omega t = -\theta$〔rad〕である．$\theta$〔rad〕を**位相差**といい，この場合，$e_B$は$e_A$より$\theta$〔rad〕だけ**遅れている**（負符号のとき）という．また，e_Aはe_Bよりθ〔rad〕だけ**進んでいる**（正符号のとき）という．

例題 3.20 $e_1 = 100\sqrt{2}\sin(\omega t + \pi/3)$〔V〕と$e_2 = 50\sqrt{2}\sin(\omega t - \pi/4)$〔V〕の瞬時値のグラフを描け．また，$e_1$を基準としたときの位相差$\theta$〔rad〕を求めよ．

解

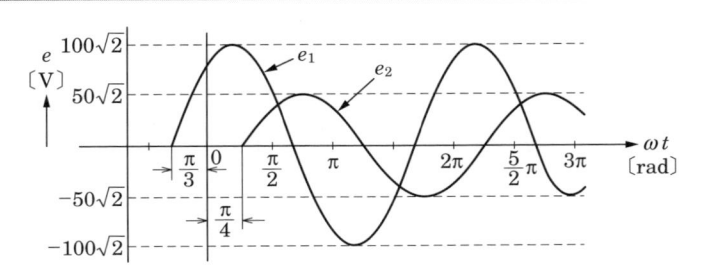

e_1基準でe_2との位相差θ〔rad〕は，

$$\theta = \left(\omega t - \frac{\pi}{4}\right) - \left(\omega t + \frac{\pi}{3}\right) = -\frac{7}{12}\pi$$

答 $\dfrac{7}{12}\pi$〔rad〕の遅れ

3.8 三角関数のグラフと位相差

例題 3.21 ある回路の電圧と電流が図のような正弦波交流であった．電圧 e 〔V〕を基準とするとき，電流 i 〔A〕を表す瞬時値を求めよ．

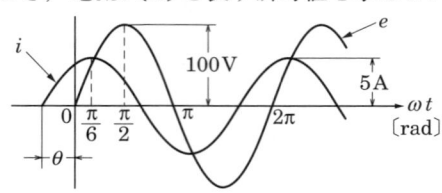

解 電圧 $e = 100\sin\omega t$ 〔V〕を基準とすると，電流の初期位相 θ は，進み角で $\pi/2 - \pi/6 = \pi/3$ 〔rad〕であるから，

$$\therefore\ i = 5\sin\left(\omega t + \frac{\pi}{3}\right)$$

答 $i = 5\sin\left(\omega t + \dfrac{\pi}{3}\right)$ 〔A〕

例題 3.22 図(1)の回路において，図(2)のような波形の正弦波交流電圧 v 〔V〕を抵抗 $R = 10\Omega$ に加えたとき，流れる電流の瞬時値 i 〔A〕を求めよ．ただし，電源の周波数を 50Hz とする．

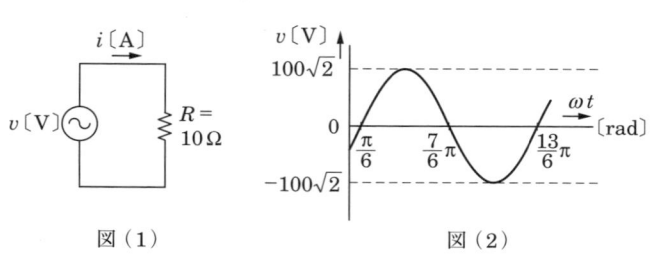

図(1)　　　図(2)

解 交流電圧波形より，$V_m = 100\sqrt{2}$ 〔V〕，$\omega t = 2\pi f t = 100\pi t$ 〔rad〕，初期位相 $\theta = -\pi/6$ 〔rad〕，したがって，電圧 v の瞬時式は，

$$v = V_m \sin(\omega t + \theta) = 100\sqrt{2}\sin(100\pi t - \pi/6)\ 〔V〕$$

抵抗 R 〔Ω〕に流れる電流 i 〔A〕は電圧と同相，電流の最大値は $I_m = V_m/R$ として求める．

$$i = \frac{v}{R} = \frac{100\sqrt{2}}{10}\sin\left(100\pi t - \frac{\pi}{6}\right) = 10\sqrt{2}\sin\left(100\pi t - \frac{\pi}{6}\right)$$

答 $i = 10\sqrt{2}\sin\left(100\pi t - \dfrac{\pi}{6}\right)$ 〔A〕

第3章 三角関数と正弦波交流

練 習 問 題

3.30 $e = 100\sin\{\omega t - (\pi/4)\}$ [V] の起電力と $i = 5\sin\{\omega t + (\pi/3)\}$ [A] の電流との位相差（電圧基準）を求めよ．

3.31 周波数60Hz，実効値100V，時間 $t=0$ のときの位相角 $\pi/4$ [rad] の正弦波交流電圧がある．$t = 5.2\,\text{s}$ における電圧の瞬時値 [V] はいくらか．

3.32 電圧 $v = \sqrt{2}V\sin\omega t$ [V] をある負荷に加えたとき，電流 $i = \sqrt{2}I\cos(\omega t - \pi/3)$ が流れた．この負荷の力率 [%] はいくらか．
ヒント 電流 $i = \sqrt{2}I\cos(\omega t - \pi/3)$ を正弦波 (sin) に直す．cos は sin より $\pi/2$ [rad] だけ進んだ波形であるから，
$$i = \sqrt{2}I\sin\left(\omega t + \frac{\pi}{2} - \frac{\pi}{3}\right) = \sqrt{2}I\sin\left(\omega t + \frac{\pi}{6}\right) \text{[A]}$$

3.33 1つの正弦波電流（$I_1\sin\omega t$）と，この電流より位相が 90°遅れた正弦波電流（最大値 $I_1/\sqrt{3}$）がある．次の (a) および (b) に答えよ．
(a) 2つの電流を合成した場合の最大値はいくらか．
(b) 2つの電流を合成した場合の瞬時値を求めよ．
ヒント 題意より正弦波交流 $I_1 \sin\omega t$ を基準ベクトル $\dot{I}_1$ にとり，これより 90°遅れた電流のベクトル $\dot{I}_2$ として描くと，図のような合成ベクトル $\dot{I}_0$ ができる．電流 I_2 は，
$$I_2 = \frac{I_1}{\sqrt{3}}\sin(\omega t - 90°)$$

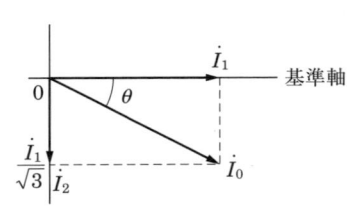

3.9 正弦波交流の平均値・実効値

交流の大きさを表すには，最大値による表し方の他に，平均値や実効値が用いられる．

(a) 正弦波交流の平均値

交流波形の瞬時値を時間に対して平均した値を**平均値**という．図3・23のように，波形の1周期について平均値をとると，値は0になってしまう．そこで交流の平均値を求めるには，交流の瞬時値の半周期間の平均をとる．図3・23において，周期$T/2$〔s〕間の交流電圧の平均値をE_aとすると，E_aと時間$T/2$による面積は長方形abcdの面積に等しく，半周期間の交流波形e〔V〕と時間軸に囲まれた面積に等しい．

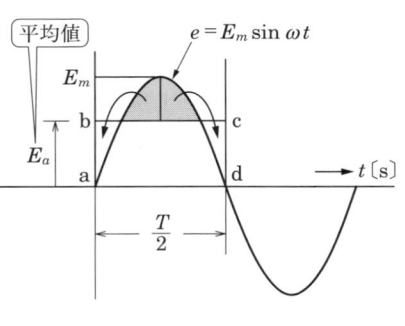

図3・23

正弦波交流起電力e〔V〕の平均値E_a〔V〕を最大値E_m〔V〕との関係で表せば次のようになる．

$$E_a = \frac{2}{\pi} E_m \fallingdotseq 0.637 E_m \tag{3・32}$$

(b) 正弦波交流の実効値

交流電流の大きさを表す場合，交流電流i〔A〕で生じた熱と同じ熱量を生じる直流電流I〔A〕とが等しいとき，これを交流の**実効値**という．このことは交流の1周期間の平均の電力と直流の電力が等しければ，発生する熱エネルギーは等しくなるから，このときのIを交流iの実効値というわけである．このとき，$i^2 R$の1周期の平均＝$I^2 R$は，

$$\therefore\ I = \sqrt{i^2 \text{の1周期間の平均}}$$

の関係がある．このことから，**交流の実効値はその瞬時値の2乗の1周期間の平均の平方根で表される．**

ここで，瞬時値iが正弦波交流の場合，その実効値I〔A〕は次式のようになる．

$$I = \frac{I_m}{\sqrt{2}} = 0.707 I_m \text{〔A〕} \tag{3・33}$$

なお，交流の平均値・実効値と最大値との関係は，5.5節で学ぶ積分によって理論的に求まる式である．

第3章 三角関数と正弦波交流

(c) **波形率と波高率**

交流波形には，正弦波交流以外にも方形波，三角波，整流波などいろいろな波形がある．これらの波形の実体を数値で表すものに波形率や波高率がある．

波形率は，交流の実効値と平均値との比をいい，**波高率**は，交流の最大値と実効値との比をいう．これらの関係を式で表せば，次のようになる．

$$波形率 = \frac{実効値}{平均値} \tag{3·34}$$

$$波高率 = \frac{最大値}{実効値} \tag{3·35}$$

例題 3.23 $i = 20\sin(\omega t + \pi/3)$ 〔A〕の正弦波交流の実効値 I〔A〕および平均値 I_a〔A〕を求めよ．

解 最大値 $I_m = 20$A であるから，

$$I = \frac{I_m}{\sqrt{2}} = \frac{20}{\sqrt{2}} ≒ 14.1$$

答 $I = 14.1$A

$$I_a = \frac{2I_m}{\pi} = \frac{2 \times 20}{\pi} ≒ 12.7$$

答 $I_a = 12.7$A

例題 3.24 正弦波交流電圧の瞬時値が $e = E_m \sin\omega t$〔V〕のとき，波形率と波高率を求めよ．

解 正弦波交流電圧の実効値は $E = 1/\sqrt{2} \times E_m$，平均値は $E_a = 2/\pi \times E_m$ であるから，これを公式に当てはめて計算する．

$$波形率 = \frac{実効値}{平均値} = \frac{E_m/\sqrt{2}}{2E_m/\pi} = \frac{\pi}{2\sqrt{2}} ≒ 1.11$$

$$波高率 = \frac{最大値}{実効値} = \frac{E_m}{E_m/\sqrt{2}} = \sqrt{2} ≒ 1.41$$

例題 3.25 波形率が1.11の正弦波交流電圧の平均値が50Vのとき，その交流の実効値 V〔V〕を求めよ．

3.9 正弦波交流の平均値・実効値

解 波形率は，波形率＝実効値／平均値であるから，この式に数値を代入する．

$$1.11 = \frac{V}{50}$$

$$\therefore V = 1.11 \times 50 = 55.5$$

答 $V = 55.5$ V

例題 3.26 図のような電流波形がある．この電流の最大値 I_m〔A〕，実効値 I〔A〕，平均値 I_a〔A〕，波形率および波高率を求めよ．

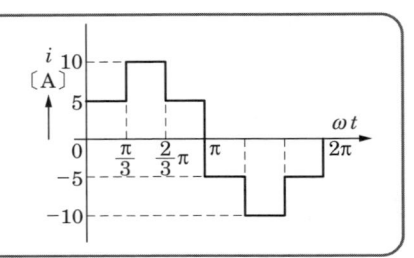

解 電流の最大値 I_m は波形より求まる．

答 $I_m = 10$ A

実効値 I〔A〕は，

$$I = \sqrt{i^2 \text{の1周期の平均}}$$

$$= \sqrt{\frac{2(5^2 + 10^2 + 5^2)\frac{\pi}{3}}{2\pi}}$$

$$= \sqrt{50} \fallingdotseq 7.1$$

i^2 の1周期の面積 S
$S = 2 \times \left(5^2 \times \frac{\pi}{3} + 10^2 \times \frac{\pi}{3} + 5^2 \times \frac{\pi}{3}\right)$

1周期の角度

答 $I = 7.1$ A

平均値 I_a〔A〕は，

$$I_a = \frac{(5 + 10 + 5)\frac{\pi}{3}}{\pi} \fallingdotseq 6.7$$

答 $I_a = 6.7$ A

$$\text{波形率} = \frac{\text{実効値}}{\text{平均値}} = \frac{7.1}{6.7} \fallingdotseq 1.06$$

答 1.06

$$\text{波高率} = \frac{\text{最大値}}{\text{実効値}} = \frac{10}{7.1} \fallingdotseq 1.41$$

答 1.41

練習問題

3.34 次の瞬時値の式より,最大値,実効値,周波数を求めよ.
(1) $100\sin 2\pi t$ 〔V〕
(2) $282\sin\dfrac{300t}{4}$ 〔V〕
(3) $0.5\sin\left(200\pi t - \dfrac{\pi}{6}\right)$ 〔A〕
(4) $A\sin(\omega t + \theta)$ 〔A〕

3.35 図において電源電圧 $e = 282\sin\omega t$ 〔V〕が抵抗 R〔Ω〕に加えられている.回路を流れる電流 I〔A〕(実効値)を求めよ.

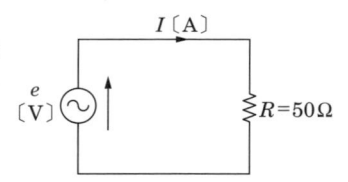

3.36 最大値が100Vの三角波電圧がある.波形率が1.155であるとき,電圧の実効値 V〔V〕および平均値 V_a〔V〕を求めよ.

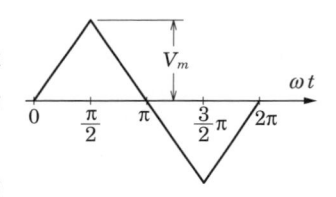

ヒント 三角波電圧は,図のような波形である.平均値 V_a は三角形の面積の平均であるから,
$$V_a = \frac{1}{2}V_m \pi \cdot \frac{1}{\pi} = \frac{V_m}{2}$$

3.37 図のような最大値が10Aの半波整流電流がある.この波形の波形率が $\pi/2$ であるとき,電流の実効値を求めよ.

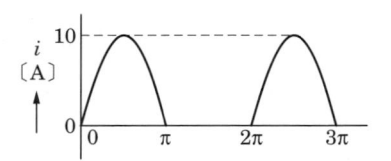

ヒント 半波整流波形の平均値 I_a は,正弦波交流の平均値 $(2/\pi)I_m$ の半分であるから,
$$I_a = \frac{1}{2} \times \frac{2}{\pi}I_m = \frac{I_m}{\pi}$$

3.10 逆三角関数

(a) 逆関数とは

一般に変数 x, y があって，$y = f(x)$ で表されるとき，この方程式を x について解くと $x = f^{-1}(y)$ となる．ここで x, y を入れ替えると，

$$y = f^{-1}(x)$$

これを $y = f(x)$ の**逆関数**という．

例えば，次の一次関数の逆関数を求めてみる．

$$y = 2x - 2 \quad \cdots\cdots\cdots ①$$

式①の x について解くと，

$$x = \frac{1}{2}(y + 2) \quad \cdots\cdots ②$$

式②の x と y を入れ替えると，

$$y = \frac{1}{2}(x + 2) = \frac{x}{2} + 1 \quad \cdots\cdots ③$$

式①，③は互いに逆関数の関係にある．ここで式①，③のグラフを描くと，図 3·24 のようになる．図からわかるように，元の関数とその逆関数は，$y = x$ のグラフに対称図形になる．

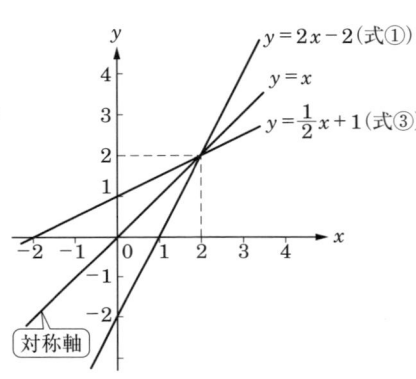

図 3·24

(b) 逆三角関数とは

例えば，三角関数 $\sin x = \sqrt{3}/2$ のとき，角度 x [rad] は，図 3·25 のように，$\pi/3$, $2\pi/3$, $7\pi/3 \cdots$ などの値をとる．

一般に，$\sin x = y$ $(-1 \leq y \leq 1)$ のとき，角度 x を求めるには関数電卓の $\boxed{\sin^{-1}}$ キーを用いて計算するが，このことを x について解くという．

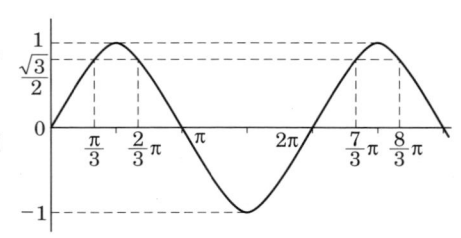

図 3·25

三角関数 $y = \sin x$ を x について解くと，

$$x = \sin^{-1} y \quad \text{または，} \quad x = \overset{\text{アークサイン}}{\arcsin y}$$

と書き，x, y を入れ替えると，

$$y = \sin^{-1} x \text{ または，} y = \arcsin x \quad \cdots\cdots\cdots ④$$

式④を**逆正弦関数**をいう．なお，$\sin^{-1} x$を**アークサイン**xと読む．

ここで，$\cos x$，$\tan x$を含めた逆三角関数を次式で表す．

$$\left. \begin{array}{l} y = \sin x \text{のとき，} y = \sin^{-1} x = \arcsin x \\ y = \cos x \text{のとき，} y = \cos^{-1} x = \arccos x \\ y = \tan x \text{のとき，} y = \tan^{-1} x = \arctan x \end{array} \right\} \quad (3 \cdot 36)$$

式(3・36)を総称して**逆三角関数**という．

(c) 逆三角関数の主値とグラフ

図3・25で求めた$\sin x = \sqrt{3}/2$のときの角度xは，無数に多くの値が対応してしまうので取り扱い上都合が悪い．そこで，次式のような制限を設けてxの値がただ1つだけ定まるようにする．

$$\left. \begin{array}{l} -\dfrac{\pi}{2} \leqq \sin^{-1} x \leqq \dfrac{\pi}{2} \quad (-1 \leqq x \leqq 1) \\ 0 \leqq \cos^{-1} x \leqq \pi \quad (-1 \leqq x \leqq 1) \\ -\dfrac{\pi}{2} < \tan^{-1} x < \dfrac{\pi}{2} \quad (-\infty < x < \infty) \end{array} \right\} \quad (3 \cdot 37)$$

このような制限のもとにある逆三角関数の値を**主値**という．なお，逆三角関数は，特に断らない限り，主値をとるものとする．図3・26は，$\sin^{-1} x$，$\cos^{-1} x$，$\tan^{-1} x$の主値のグラフである．

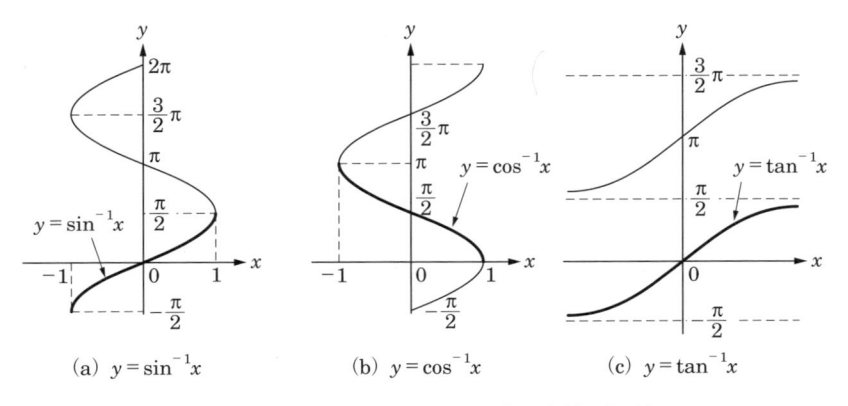

(a) $y = \sin^{-1} x$　　(b) $y = \cos^{-1} x$　　(c) $y = \tan^{-1} x$

図3・26 逆三角関数のグラフ（主値は太線の部分）

3.10 逆三角関数

例題 3.27 次の逆三角関数の角度〔rad〕,〔度〕(主値)を求めよ.
(1) $\sin^{-1}(1/\sqrt{2})$ (2) $\cos^{-1}(-1/2)$ (3) $\tan^{-1}(-\sqrt{3})$
(4) $\sin^{-1} 0.7$ (5) $\cos^{-1} 0.2$ (6) $\tan^{-1} 2$

解
(1) $\dfrac{\pi}{4}$〔rad〕(45°)　(2) $\dfrac{2}{3}\pi$〔rad〕(120°)　(3) $-\dfrac{\pi}{3}$〔rad〕(−60°)

(4) 関数電卓より $\boxed{\text{RAD } 0.7 \sin^{-1}}$ 0.775〔rad〕, $\boxed{\text{DEG } 0.7 \sin^{-1}}$ 44.4°

(5) 関数電卓より $\boxed{\text{RAD } 0.2 \cos^{-1}}$ 1.37〔rad〕, $\boxed{\text{DEG } 0.2 \cos^{-1}}$ 78.5°

(6) 関数電卓より $\boxed{\text{RAD } 2 \tan^{-1}}$ 1.11〔rad〕, $\boxed{\text{DEG } 2 \tan^{-1}}$ 63.4°

例題 3.28 図のように抵抗 $R = 10\Omega$ と容量リアクタンス X_C が直列接続されており,その合成インピーダンスは,$Z = 14.1\Omega$ である.この回路の力率角を求めよ.

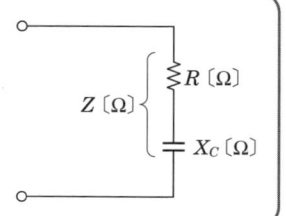

解 図のようなインピーダンス三角形を描く.Z と R を挟む角が力率角 θ である.ゆえに θ は次式で求まる.

$$\theta = \cos^{-1}\frac{R}{Z} = \cos^{-1}\frac{10}{14.1} \fallingdotseq 44.8$$

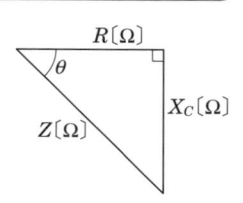

答 $\theta = 44.8°$

練習問題

3.38 次の逆三角関数の角度〔rad〕，〔度〕(主値)を求めよ．

(1) $\sin^{-1}\left(-\dfrac{\sqrt{3}}{2}\right)$ (2) $\cos^{-1}\left(-\dfrac{1}{\sqrt{2}}\right)$ (3) $\tan^{-1}(-1.0)$

(4) $\tan^{-1}\left(-\sqrt{3}\right)$ (5) $\sin^{-1} 0.1$ (6) $\cos^{-1}(-0.7)$

3.39 図のように抵抗および誘導リアクタンスが直列に接続されており，抵抗とリアクタンスとの比は $\sqrt{3}:1$ であるという．回路を流れる電流の位相は，電圧に対して何度遅れるか．

ヒント インピーダンス Z〔Ω〕の大きさは，図のような直角三角形の斜辺の長さである．底辺と高さの比は，$\sqrt{3}:1$ であるからその比の大きさで三角形を描く．

力率角 θ は，$\tan^{-1}(X_L/R)$ で求まる．なお，電圧と電流の位相角は力率角と等しい．

3.40 図の RLC 直列回路で，電源電圧の大きさが 100〔V〕のとき，R, L, C に加わる電圧の大きさ V_R, V_L, V_C〔V〕を求めよ．また，$\dot{I}$ と $\dot{V}$ との位相差 θ° はいくらか．

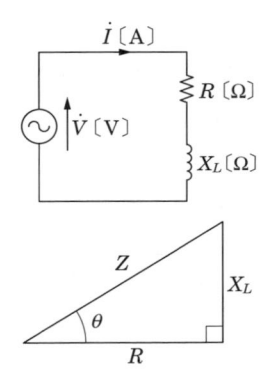

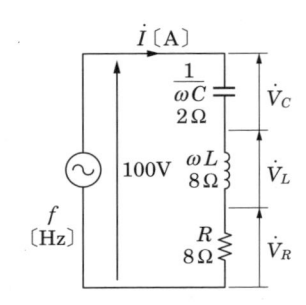

第3章　章末問題

●1. 次の三角関数の値について，関数電卓を使わないで求めよ．
   (1) $\sin 135°$　(2) $\cos 135°$　(3) $\tan 135°$

●2. 次の式を加法定理を用いてθの三角関数で表せ．
   (1) $\sin(\pi - \theta)$　(2) $\cos\left(\dfrac{3}{2}\pi + \theta\right)$

●3. 次の和の式を積の形に直せ．
   (1) $\sin 80° + \sin 40°$　(2) $\cos 50° + \cos 40°$

●4. 電圧の瞬時値が $e = 100\sqrt{2}\sin(\omega t - \pi/4)$〔V〕，回路を流れる電流の瞬時値が $i = 5\sqrt{2}\sin(\omega t + \pi/4)$〔A〕のとき，電圧を基準としたときの位相角 θ〔rad〕を求めよ．

●5. 図3・27のような一辺が3mの正三角形の2つの頂点A，Bに3mCの正電荷を，他の頂点Cに−1mC負電荷を置いたとき，頂点Cが受ける力〔N〕を求めよ．

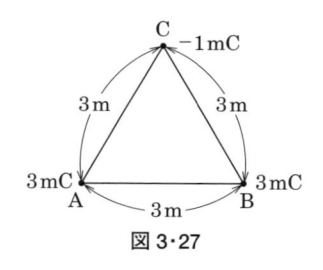

図3・27

●6. 図3・28のような回路において，電源電圧が $e = 200\sqrt{2}\sin(\omega t + \pi/4)$〔V〕であるとき，回路を流れる電流の瞬時値 i〔A〕を求めよ．

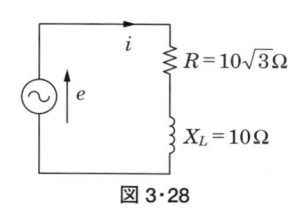

図3・28

第4章

複素数と交流計算

> 　交流回路の電圧，電流，インピーダンス等は時間的変化量である．虚数を扱う複素数を用いれば，電気量を静止ベクトルとして容易に表すことができる．そのために複素数は交流計算になくてはならない道具である．
> 　この章では交流のRLC回路，交流電力などを複素数を用いて計算する方法と対数計算について学ぶ．

キーワード　実数，虚数，複素平面，複素数表示，極座標表示，指数関数表示，複素インピーダンス，複素アドミタンス，有効電力，無効電力，力率，デシベル，対数，利得計算

4.1 複素数の表し方と四則演算

(a) 虚数とは

実数aを一辺とする正方形の面積Sは，$a>0$のときは，$S=a^2$，$a<0$のときは$S=(-a)^2=a^2$となり，面積が負になることはない（図4・1）．しかし，実数を2乗して負になる数を扱う場合がある．

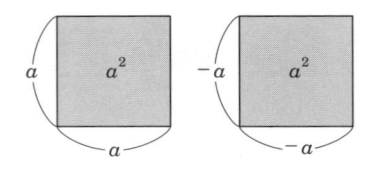

図4・1 一辺aの面積

例えば，二次方程式$y=x^2+2$について，グラフを描くと図4・2の実線のグラフになる．ここで，$y=0$のときxの根を求めようとすると，

$$x^2+2=0 \quad \therefore \quad x^2=-2 \quad\cdots\cdots①$$

となり，xにどのような実数を入れても2乗すると正になるので，この式を満足させることはできない．そこで2乗して負になる数を**虚数**と定義して扱うことにする．

虚数は，

$$j=\sqrt{-1} \quad\quad (4\cdot1)$$

として表す．

式(4・1)の$\sqrt{-1}$を**虚数単位**，jを**虚数記号**という．なお虚数単位$\sqrt{-1}$は一般にimaginary〔虚の〕のiで表されるが，電気においては電流の量記号にiが使われているので，混同しないようにjが用いられる．

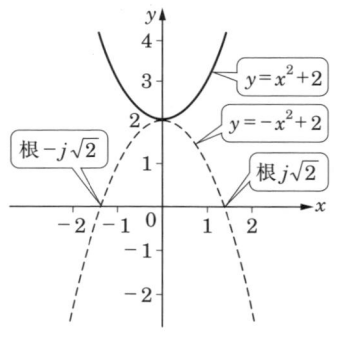

図4・2 $y=x^2+2$のグラフ

例えば，$\sqrt{-3}$は虚数であり，

$$\sqrt{-3}=\sqrt{-1}\times\sqrt{3}=j\sqrt{3} \text{ となる．}$$

次に式①について，xの根を求めると，

$$x=\pm\sqrt{-2}=\pm\sqrt{-1}\times\sqrt{2}=\pm j\sqrt{2}$$
$$\therefore \quad x=j\sqrt{2}, \quad x=-j\sqrt{2} \quad\cdots\cdots②$$

xの根（式②）を図4・2のグラフ上で考える．$y=-x^2+2$のグラフは，破線で描かれた放物線となる．そこで$y=x^2+2$のグラフと比較すると，$y=2$の軸に対して上下対称なグラフである．このことから$y=x^2+2$の根は，$y=-x^2+2$の根$\sqrt{2}$，

$-\sqrt{2}$ に虚数符号を付ければ求まることがわかる．

(b) 複素数とは

実数と虚数の和で示される式を**複素数**という．例えば，実数 R，虚数 jX のときの複素数 $\dot{Z}$ は，

$$\dot{Z} = R + jX \tag{4・2}$$

となる．このとき，R を複素数 $\dot{Z}$ の**実部**，X を複素数 $\dot{Z}$ の**虚部**という．なお複素数は $\dot{Z}$ のように記号の上に**ドット**を付けて表す．

(c) 複素数の加減乗除

複素数の四則演算は次のように実数+虚数となるようにまとめる．j の計算は文字と同じように扱い，j^2 は -1 に置き換えて計算する．

加算 $(a_1 + jb_1) + (a_2 + jb_2) = (a_1 + a_2) + j(b_1 + b_2)$ (4・3)

減算 $(a_1 + jb_1) - (a_2 + jb_2) = (a_1 - a_2) + j(b_1 - b_2)$ (4・4)

乗算 $(a_1 + jb_1)(a_2 + jb_2) = a_1 a_2 + ja_1 b_2 + ja_2 b_1 + j^2 b_1 b_2$

$\qquad = (a_1 a_2 - b_1 b_2) + j(a_1 b_2 + a_2 b_1)$ (4・5)

除算 $\dfrac{a_1 + jb_1}{a_2 + jb_2} = \dfrac{(a_1 + jb_1)(a_2 - jb_2)}{(a_2 + jb_2)(a_2 - jb_2)} = \dfrac{a_1 a_2 + j(a_2 b_1 - a_1 b_2) - j^2 b_1 b_2}{a_2{}^2 - j^2 b_2{}^2}$

$\qquad = \dfrac{a_1 a_2 + b_1 b_2 + j(a_2 b_1 - a_1 b_2)}{a_2{}^2 + b_2{}^2}$

$\qquad = \dfrac{a_1 a_2 + b_1 b_2}{a_2{}^2 + b_2{}^2} + j\dfrac{a_2 b_1 - a_1 b_2}{a_2{}^2 + b_2{}^2}$ (4・6)

(d) 共役複素数

複素数 $\dot{Z} = a + jb$ に対して，虚部の符号だけが異なる複素数 $a - jb$ を $\dot{Z}$ の**共役複素数**といい，$\overline{\dot{Z}}$ で表す．複素数と共役複素数の和および積を求めると，次のようになる．

$$\dot{Z} + \overline{\dot{Z}} = (a + jb) + (a - jb) = 2a$$
$$\dot{Z} \cdot \overline{\dot{Z}} = (a + jb)(a - jb) = a^2 + b^2$$

以上のように互いに共役な複素数の和と積は，ともに実数となる．なお，複素数の除算の式 (4・6) では，共役複素数の積を用いて求めている．

4.1 複素数の表し方と四則演算

例題 4.1 次の複素数の計算をせよ．
(1) $(3+j8)+(-4-j2)$ (2) $(5-j3)-(-2-j4)$
(3) $(8-j5)(4-j3)$ (4) $(6-j)(-3-j2)$
(5) $j(7-j6)$ (6) $(-j\sqrt{3})^2$

解
(1) $3-4+j8-j2=-1+j6$ (2) $5+2-j3+j4=7+j$
(3) $32+j^2 15-j20-j24=17-j44$ (4) $-18+j^2 2+j3-j12=-20-j9$
(5) $-j^2 6+j7=6+j7$ (6) $(-1)^2\times j^2(\sqrt{3})^2=-3$

例題 4.2 次の複素数の計算をせよ．
(1) $\dfrac{3}{j}$ (2) $\dfrac{2+j5}{j2}$ (3) $\dfrac{1-j}{1+j}$ (4) $\dfrac{3-j3}{3+j2}$

解
(1) $\dfrac{3\times j}{j\times j}=\dfrac{j3}{-1}=-j3$

(2) $\dfrac{(2+j5)j}{j2\times j}=\dfrac{-5+j2}{-2}=\dfrac{5}{2}-j$

(3) $\dfrac{(1-j)(1-j)}{(1+j)(1-j)}=\dfrac{1+j^2-j-j}{1+1}=\dfrac{1-1-j2}{2}=-j$

(4) $\dfrac{(3-j3)(3-j2)}{(3+j2)(3-j2)}=\dfrac{9+j^2 6-j9-j6}{9+4}=\dfrac{3}{13}-j\dfrac{15}{13}$

例題 4.3 $\dfrac{1}{j\omega L}=-j\dfrac{1}{\omega L}$ になることを証明せよ．

解
$$\text{左辺}=\dfrac{1}{j\omega L}\times\dfrac{j}{j}=\dfrac{j}{-\omega L}=-j\dfrac{1}{\omega L}$$

ゆえに，左辺は右辺と等しい．また，

$$\text{右辺}=-j\dfrac{1}{\omega L}\times\dfrac{j}{j}=-\dfrac{j^2}{j\omega L}=\dfrac{1}{j\omega L}$$

となる．このような証明問題は，両辺のどちらかで証明すればよい．

第4章 複素数と交流計算

練習問題

4.1 次の複素数の計算をせよ．
(1) $(3+j4)+(5+j6)$ (2) $(4+j3)-(-2+j6)$
(3) $(6+j8)-(2-j4)$ (4) $(2-j4)(-3+j4)$
(5) $-j(3+j2)(5-j)$ (6) $j3(-j2)(-5-j)$

4.2 次の虚数を簡単にせよ．
(1) $-\dfrac{3}{j}$ (2) $\dfrac{1-j5}{j2}$ (3) $\dfrac{1+j}{1-j}$ (4) $\dfrac{3+j3}{3+j2}$

4.3 次の複素数の共役複素数を求めよ．
(1) $\dot{I}=-6-j3$ (2) $\dot{Z}=r-jx$

4.4 図の $\dot{Z}_1=3+j6\,[\Omega]$，$\dot{Z}_2=9+j5\,[\Omega]$，$\dot{Z}_3=4-j4\,[\Omega]$ の直列合成インピーダンス $\dot{Z}\,[\Omega]$ を複素数で求めよ．

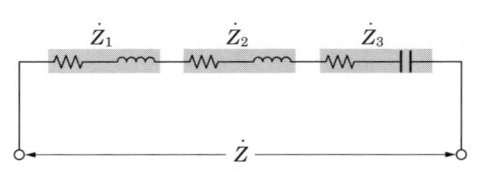

4.5 抵抗 5Ω，誘導リアクタンス 8Ω，容量リアクタンス 2Ω が直列接続されている．この回路の合成インピーダンス $\dot{Z}\,[\Omega]$ を複素数で求めよ．

ヒント 誘導リアクタンスは正の虚数，容量リアクタンスは負の虚数として計算する．

4.6 交流電圧 $100V$ の回路に $\dot{Z}=40+j30\,[\Omega]$ の負荷インピーダンスが接続されている．回路を流れる電流 $\dot{I}$（複素数）を求めよ．

ヒント 図のような回路を描き，電流をオームの法則で計算する．

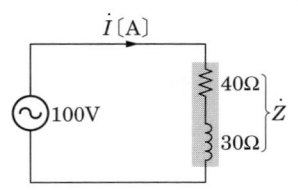

4.2 複素数の指数関数表示

(a) 複素平面

図4・3のような直交座標を考える．複素数の実部をx軸に，虚部をy軸にとると，複素数は図4・3の座標上の一点を表すことができる．

例えば，
$$\dot{A} = 1 + j2 , \quad \dot{B} = -3 + j3 , \quad \dot{C} = -2 - j2$$
の複素数は図4・3の$\dot{A}$，$\dot{B}$，$\dot{C}$点で表される．

このように平面上の各点が複素数を表す平面を**複素平面**といい，横軸を**実軸**，縦軸を**虚軸**という．

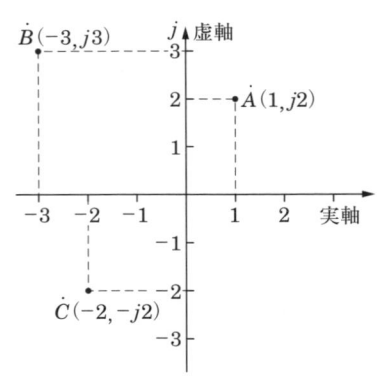

図4・3 複素平面

(b) 三角関数表示

$\dot{Z} = a + jb$の複素数があり，これを図4・4のように表した場合，原点Oから点$\dot{Z}$までの長さ$\overline{O\dot{Z}}$をZ，実軸に対しての$\overline{O\dot{Z}}$なす角をθとする．

このとき，$a = Z\cos\theta$，$b = Z\sin\theta$が成り立つことから，

$$\dot{Z} = Z(\cos\theta + j\sin\theta) \tag{4・7}$$

と表される．これを**三角関数表示**という．ここで，$\dot{Z}$の大きさは$Z = \sqrt{a^2 + b^2}$である．なお，$\dot{Z}$の大きさは絶対値表示$|\dot{Z}|$でも表せる．

また，図4・4のθを偏角といい

$$\theta = \tan^{-1}\frac{b}{a} \tag{4・8}$$

が成り立つ．なお，偏角θは反時計回りの向きを正と定める．

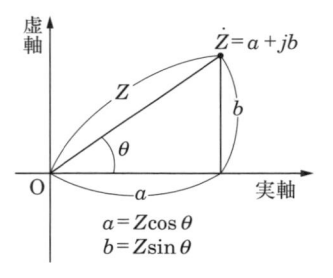

図4・4 三角関数表示

(c) 指数関数表示と極座標表示

数学のマクローリンの級数展開によると，

$$\cos\theta = 1 - \frac{\theta^2}{2!} + \frac{\theta^4}{4!} - \frac{\theta^6}{6!} + \cdots \quad \cdots\cdots\cdots ①$$

$$\sin\theta = \theta - \frac{\theta^3}{3!} + \frac{\theta^5}{5!} - \frac{\theta^7}{7!} + \cdots \quad \cdots\cdots\cdots ②$$

$$\varepsilon^{j\theta} = 1 + j\theta - \frac{\theta^2}{2!} - j\frac{\theta^3}{3!} + \frac{\theta^4}{4!} + j\frac{\theta^5}{5!} - \cdots \quad \cdots\cdots\cdots\cdots\cdots ③$$

ここで，式③は次のように展開できる．

$$\varepsilon^{j\theta} = \left(1 - \frac{\theta^2}{2!} + \frac{\theta^4}{4!} - \cdots\right) + j\left(\theta - \frac{\theta^3}{3!} + \frac{\theta^5}{5!} - \cdots\right) = \cos\theta + j\sin\theta \quad \cdots ④$$

となる．式④を式（4・7）に代入すると，

$$\dot{Z} = Z(\cos\theta + j\sin\theta) = Z\varepsilon^{j\theta} \qquad (4\cdot9)$$

となり，これを複素数の**指数関数表示**という．なお，式（4・9）は**オイラーの公式**と呼ばれている．なお，式（4・9）のεは自然対数の底で，$\varepsilon \fallingdotseq 2.718$である．

ここで，複素数$\dot{Z}$は

$$\dot{Z} = Z\angle\theta \qquad (4\cdot10)$$

と表すこともある．このような表し方を**極座標表示**という．図4・5は，複素数$\dot{Z} = a + jb$を指数関数表示と極座標表示したものである．

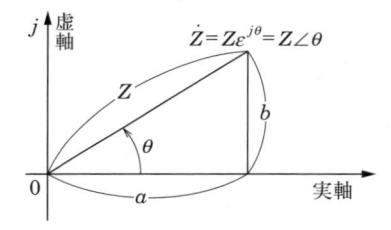

図4・5　$\dot{Z}$の極座標表示

例題 4.4　次の複素数を三角関数表示で表せ．

（1）　$\dot{Z} = 2 + j2\sqrt{3}$　　　　（2）　$\dot{Z} = 2\sqrt{3} - j2$

（3）　$\dot{V} = -j3$　　　　　　　（4）　$\dot{I} = -1 + j\sqrt{3}$

解　（1）　$|\dot{Z}| = \sqrt{2^2 + (2\sqrt{3})^2} = 4$，$\theta = \tan^{-1}\dfrac{2\sqrt{3}}{2} = \dfrac{\pi}{3}$〔rad〕

$\therefore \quad \dot{Z} = 4\left(\cos\dfrac{\pi}{3} + j\sin\dfrac{\pi}{3}\right)$

（2）　$|\dot{Z}| = \sqrt{(2\sqrt{3})^2 + (-2)^2} = 4$，$\theta = \tan^{-1}\left(\dfrac{-2}{2\sqrt{3}}\right) = -\dfrac{\pi}{6}$〔rad〕

$\therefore \quad \dot{Z} = 4\left\{\cos\left(-\dfrac{\pi}{6}\right) + j\sin\left(-\dfrac{\pi}{6}\right)\right\}$　（$\because \theta$は第4象限の角）

4.2 複素数の指数関数表示

(3) $|\dot{V}| = \sqrt{0 + (-3)^2} = 3$, $\theta = -\dfrac{\pi}{2}$〔rad〕 (実数が0, 虚数が$-j$)

$\therefore\quad \dot{V} = 3\left\{\cos\left(-\dfrac{\pi}{2}\right) + j\sin\left(-\dfrac{\pi}{2}\right)\right\}$

(4) $|\dot{I}| = \sqrt{(-1)^2 + \left(\sqrt{3}\right)^2} = 2$, $\theta = \tan^{-1}\left(\dfrac{\sqrt{3}}{-1}\right) = \dfrac{2}{3}\pi$〔rad〕

$\therefore\quad \dot{I} = 2\left\{\cos\dfrac{2}{3}\pi + j\sin\dfrac{2}{3}\pi\right\}$ (∵ θ は第2象限の角)

例題 4.5 次の複素数を指数関数表示で表せ.
(1) $\dot{Z} = 3 + j4$ (2) $\dot{Y} = 5 + j5$

解 (1) $|\dot{Z}| = \sqrt{3^2 + 4^2} = 5$, $\theta = \tan^{-1}\dfrac{4}{3} \fallingdotseq 0.93\,\text{rad}$

$\therefore\quad \dot{Z} = 5\varepsilon^{j0.93}$

(2) $|\dot{Y}| = \sqrt{5^2 + 5^2} = 5\sqrt{2}$, $\theta = \tan^{-1}\left(\dfrac{5}{5}\right) = \dfrac{\pi}{4}$〔rad〕

$\therefore\quad \dot{Y} = 5\sqrt{2}\,\varepsilon^{j(\pi/4)}$

例題 4.6 次の複素数を極座標表示で表せ.
(1) $\dot{V} = -3\sqrt{3} - j3$ (2) $\dot{I} = -j5$

解 (1) $|\dot{V}| = \sqrt{\left(-3\sqrt{3}\right)^2 + (-3)^2} = 6$, $\theta = \tan^{-1}\left(\dfrac{-3}{-3\sqrt{3}}\right) = \dfrac{7}{6}\pi$〔rad〕

$\therefore\quad \dot{V} = 6\angle\dfrac{7}{6}\pi$ (∵ θ は第3象限の角)

(2) $|\dot{I}| = \sqrt{0 + (-5)^2} = 5$, $\theta = -\dfrac{\pi}{2}$〔rad〕

$\therefore\quad \dot{I} = 5\angle-\dfrac{\pi}{2}$

第4章 複素数と交流計算

練習問題

4.7 次の複素数の絶対値および偏角〔rad〕を求めよ．

(1) $\dot{A} = 1 + j2$ (2) $\dot{B} = -3 + j3$ (3) $\dot{C} = -1 - j$ (4) $\dot{D} = 4 - j3$

4.8 次の複素数を三角関数表示および指数関数表示で表せ．

(1) $\dot{A} = 6 + j8$ (2) $\dot{B} = 10 - j10$ (3) $\dot{C} = j5$ (4) $\dot{D} = 2$

4.9 図の複素平面上に表されている $\dot{A}$, $\dot{B}$, $\dot{C}$, $\dot{D}$ の大きさおよび偏角〔度〕を求めよ．

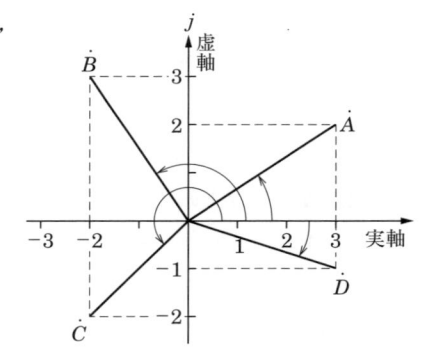

4.10 $\varepsilon^{j(\pi/2)} = j$, $\varepsilon^{j(-\pi/2)} = -j$ となることを確かめよ．

ヒント

$$\varepsilon^{j(\pi/2)} = \cos\left(\frac{\pi}{2}\right) + j\sin\left(\frac{\pi}{2}\right), \quad \varepsilon^{j(-\pi/2)} = \cos\left(-\frac{\pi}{2}\right) + j\sin\left(-\frac{\pi}{2}\right) より求める．$$

4.11 図のようにインピーダンスは，$\dot{Z} = 4 - j3$〔Ω〕である．回路に次のような電流 $\dot{I}$〔A〕が流れるとき，インピーダンスの両端電圧 V〔V〕（大きさ）はいくらか．

(1) 電流 $\dot{I} = 7 + j24$〔A〕の場合
(2) 電流 $\dot{I} = 6 - j8$〔A〕の場合

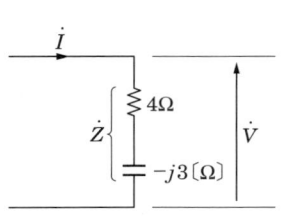

4.3 複素数のベクトル表示

(a) 複素平面上のベクトル表示

複素数平面上の $\dot{Z}=x+jy$ と原点を結んだ直線は，原点に起点をもつベクトル $\dot{Z}$ で表される．図 4・6(a) の複素数平面上では $\dot{Z}$ を実軸成分 x と虚軸成分 y で表す．

(a) 複素平面上の点 $\dot{Z}$ (b) ベクトル表示

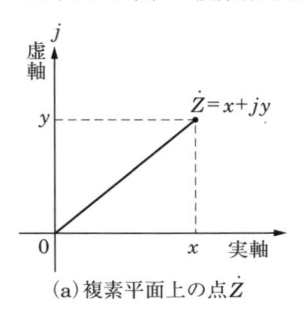

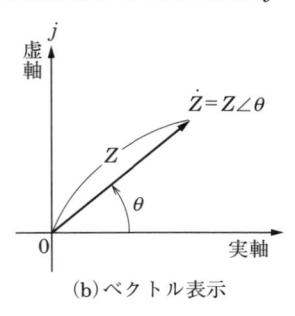

図 4・6

図 4・6 (b) は極座標表示でベクトル $\dot{Z}$ は大きさ Z（または $|\dot{Z}|$）と偏角 θ で表す．

(b) 加減算のベクトル表示

複素数 $\dot{A}=a_1+jb_1$，$\dot{B}=a_2+jb_2$ の和 $\dot{A}+\dot{B}$ をベクトル図で表す方法を考える．図 4・7 のように，ベクトル $\dot{A}$ の先端にベクトル $\dot{B}$ を平行移動すれば，図のように合成ベクトル $\dot{A}+\dot{B}$ が得られる．$\dot{A}+\dot{B}$ の大きさ（$|\dot{A}+\dot{B}|$ のこと）および偏角 θ は，それぞれ次式で表せる．

$$\dot{A}+\dot{B} \text{ の大きさ} = \sqrt{(a_1+a_2)^2+(b_1+b_2)^2}$$

$$\theta = \tan^{-1}\frac{b_1+b_2}{a_1+a_2}$$

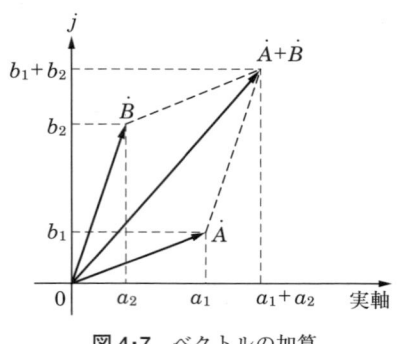

図 4・7　ベクトルの加算　　図 4・8　ベクトルの減算

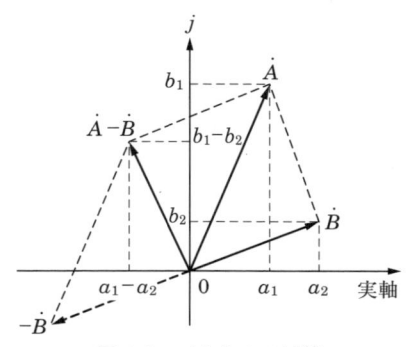

次に，ベクトルの差$\dot{A}-\dot{B}$は，図4・8のようにベクトル$\dot{B}$を180°回転させ$-\dot{B}$を求めた後，ベクトル$\dot{A}$の先端に$-\dot{B}$を並行移動すれば，合成ベクトル$\dot{A}-\dot{B}$が得られる．$\dot{A}-\dot{B}$の大きさおよび偏角θは，それぞれ次式で表せる．

$$\dot{A}-\dot{B} \text{の大きさ} = \sqrt{(a_1-a_2)^2+(b_1-b_2)^2}$$

$$\theta = \tan^{-1}\frac{b_1-b_2}{a_1-a_2}$$

(c) **虚数 j の意味と j，j^2，j^3，j^4 の単位ベクトル図**

jとは，$0+j$と書き表せる．これを指数関数表示で表すと，

$$0+j = \varepsilon^{j(\pi/2)}$$

であるから，jというのは大きさが1で偏角が$\pi/2$の単位ベクトルである．したがって，jは「**大きさが1のベクトルを反時計回りに$\pi/2$だけ回転させるもの**」である．

次にj^2，j^3，j^4について考える．$j^2=j\times j=\sqrt{-1}\times\sqrt{-1}=-1$，つまり$j^2$とは180°進ませる働きをする．以下同様に$j^3$は270°，$j^4$は360°進ませる働きをする．図4・9は，その関係を単位ベクトルで表したものである．なお，$-j$とは，時計方向に90°回転させる働きをする．

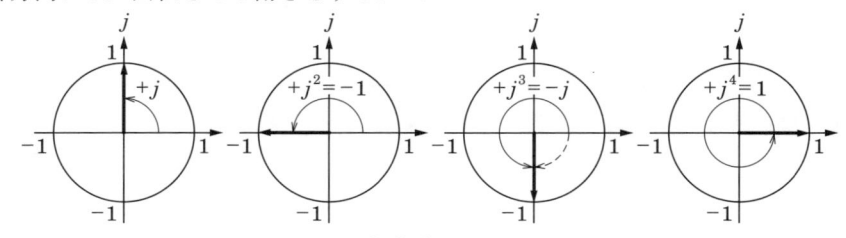

図4・9 j, j^2, j^3, j^4の単位ベクトル図

次にベクトル$\dot{A}=a+jb$にjを乗じた場合のベクトル$j\dot{A}$を計算すると，$j\dot{A}=j(a+jb)=-b+ja$ となり，図4・10のようにベクトル$\dot{A}$を90°進ませたベクトルとなる．

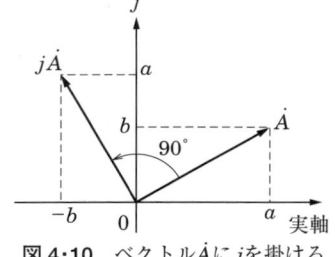

図4・10 ベクトル$\dot{A}$にjを掛ける

4.3 複素数のベクトル表示

例題 4.7 次の式を簡単にせよ．
(1) $j^3 \times j^2$ (2) $j^2 \times j^{-4}$ (3) $(j^4)^2$
(4) $\dfrac{j^7}{j^4}$ (5) $-\dfrac{1}{j}$ (6) $-1 \times j^3$

解

(1) $j^{3+2} = j^5 = j \times j^4 = j$ $(j^4 = 1)$

(2) $j^{2-4} = j^{-2} = -1$ （時計方向へ $180°$）

(3) $j^{4 \times 2} = j^8 = j^4 \times j^4 = 1$ （反時計方向へ2回転）

(4) $j^{7-4} = j^3 = -j$ （反時計方向へ $270°$）

(5) $-\dfrac{1 \times j}{j \times j} = \dfrac{-j}{-1} = j$ $(-j^{-1}$ と同じ値$)$

(6) $-1 \times j^2 \times j = -1 \times (-1)j = j$

例題 4.8 次の複素数 $\dot{A}$, $\dot{B}$ およびその複素数の和をベクトル図で描け．また，合成ベクトル $\dot{A}+\dot{B}$ の大きさおよび偏角 θ を求めよ．
$\dot{A} = -4 + j3$　　$\dot{B} = -1 - j3$

解 図の複素数平面にベクトル $\dot{A}$, $\dot{B}$ を描く．次に，ベクトル和 $\dot{A}+\dot{B}$ を求めるため，$\dot{B}$ を $\dot{A}$ の先端に並行移動して合成する．

$$\dot{A}+\dot{B} \text{ の大きさ} = \sqrt{(-4-1)^2 + (3-3)^2} = 5$$

$$\text{偏角 } \theta = \tan^{-1}\left(\dfrac{3-3}{-4-1}\right) = 180° \text{（負の実軸方向）}$$

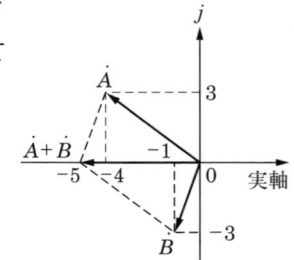

練習問題

4.12 次の式を簡単にせよ．

(1) $-j^2$ (2) $j^3 \times j^2$ (3) $\dfrac{1}{j}$ (4) j^3

4.13 2つの複素数 $\dot{A}=10-j20$ $\dot{B}=-20+j15$ の和および差を求めよ．

4.14 図のベクトル $\dot{A}$，$\dot{B}$ についてベクトル和 $\dot{A}+\dot{B}$ およびベクトル差 $\dot{B}-\dot{A}$ をグラフに描け．

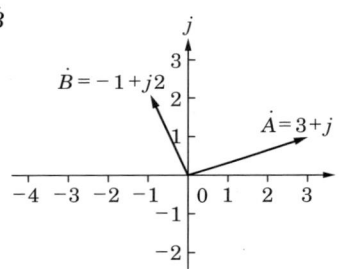

4.15 図の回路の各枝路に流れる電流が $\dot{I}_1 = 10\varepsilon^{j(\pi/3)}$ 〔A〕，$\dot{I}_2 = 20\varepsilon^{j(\pi/6)}$ 〔A〕である．

合成電流の大きさ I_0 〔A〕および位相角 θ 〔度〕を求めよ．

ヒント 電流の指数関数表示を複素数表示で表す．

$$\dot{I}_1 = 10\varepsilon^{j(\pi/3)} = 10\left(\cos\frac{\pi}{3} + j\sin\frac{\pi}{3}\right)$$

$$\dot{I}_2 = 20\varepsilon^{j(\pi/6)} = 20\left(\cos\frac{\pi}{6} + j\sin\frac{\pi}{6}\right)$$

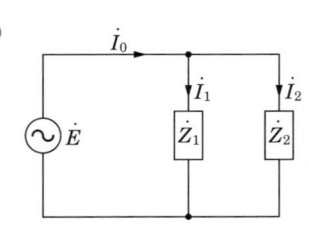

4.16 図の回路の各枝路を流れる電流 $\dot{I}_R$，$\dot{I}_L$，$\dot{I}_C$ および，合成電流 $\dot{I}_0$ を求めよ．また，電圧 $\dot{E}$ を基準とする電流ベクトル図を描け．

ヒント 各枝路を流れる電流は，電圧を抵抗およびリアクタンスで割ればよい．なお，コイルの誘導性リアクタンスは $j10$〔Ω〕，容量性リアクタンスは $-j20$〔Ω〕として計算する．

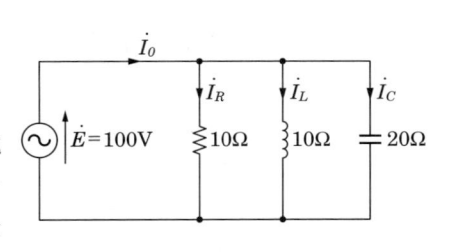

4.4 乗算・除算のベクトル表示

(a) 乗算のベクトル表示

複素数 $\dot{A}=a_1+jb_1$, $\dot{B}=a_2+jb_2$ の積 $\dot{A}\cdot\dot{B}$ をベクトルで表す方法を考える.

ベクトル $\dot{A}, \dot{B}$ の大きさを A, B, 偏角 θ を θ_1, θ_2 とすると,三角関数表示では,

$$\dot{A} = a_1 + jb_1 = A(\cos\theta_1 + j\sin\theta_1)\ ,\ A = \sqrt{a_1{}^2 + b_1{}^2}\ ,\ \theta_1 = \tan^{-1}\frac{b_1}{a_1}$$

$$\dot{B} = a_2 + jb_2 = B(\cos\theta_2 + j\sin\theta_2)\ ,\ B = \sqrt{a_2{}^2 + b_2{}^2}\ ,\ \theta_2 = \tan^{-1}\frac{b_2}{a_2}$$

となり,この乗算は

$$\dot{A}\cdot\dot{B} = A\cdot B\{(\cos\theta_1\cos\theta_2 - \sin\theta_1\sin\theta_2) + j(\cos\theta_1\sin\theta_2 - \sin\theta_1\cos\theta_2)\}$$
$$= A\cdot B\{\cos(\theta_1+\theta_2) + j\sin(\theta_1+\theta_2)\} \qquad (4\cdot10)$$

式 (4·10) を用いてグラフを描くと図 4·11 のようになり,ベクトル積の大きさは,各ベクトルの大きさの積 AB で,また,偏角は各ベクトルの偏角の和 $\theta_1+\theta_2$ で表される.

次にベクトル積を指数関数表示および極座標表示で表すと,

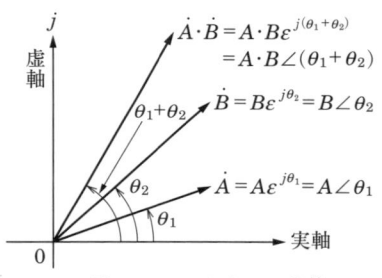

図 4·11 ベクトルの乗算

$$\dot{A} = a_1 + jb_1 = A\varepsilon^{j\theta_1},\quad \dot{B} = a_2 + jb_2 = B\varepsilon^{j\theta_2}$$

上式の指数関数の積および極座標表示は次式のようになる.

$$\dot{A}\cdot\dot{B} = A\varepsilon^{j\theta_1}\cdot B\varepsilon^{j\theta_2} = A\cdot B\varepsilon^{j(\theta_1+\theta_2)} = A\cdot B\angle(\theta_1+\theta_2) \qquad (4\cdot11)$$

(b) 除算のベクトル表示

複素数 $\dot{A}=a_1+jb_1$, $\dot{B}=a_2+jb_2$ の商 $\dot{B}/\dot{A}$ をベクトル図で表す方法を考える.

まず,$\dot{A}, \dot{B}$ を指数関数表示を用いて

$$\dot{A} = a_1 + jb_1 = A\varepsilon^{j\theta_1},\quad \dot{B} = a_2 + jb_2 = B\varepsilon^{j\theta_2}$$

とすれば除算は,

$$\frac{\dot{A}}{\dot{B}} = \frac{A\varepsilon^{j\theta_1}}{B\varepsilon^{j\theta_2}} = \frac{A}{B}\varepsilon^{j(\theta_1-\theta_2)} = \frac{A}{B}\angle(\theta_1-\theta_2) \qquad (4\cdot12)$$

となる.すなわち図 4·12 に示すように,ベクトルの除算の商の大きさは,各ベクトルの大きさの商で,偏角は各ベクトルの偏角の差で表される.

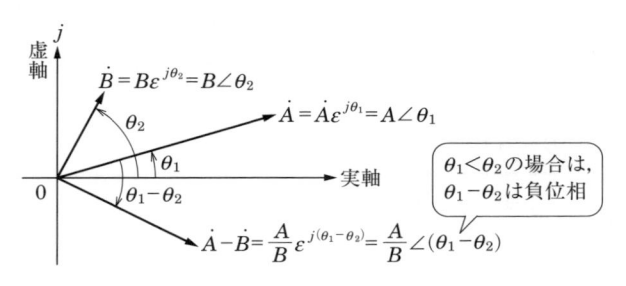

図4・12 ベクトルの除算

(c) 交流の複素数表示

正弦波交流電圧は $e = E_m \sin(\omega t + \theta)$ の瞬時式で表される（3.4節参照）．この瞬時式の波形より，回転ベクトルを求めると，図4・13のように表される．

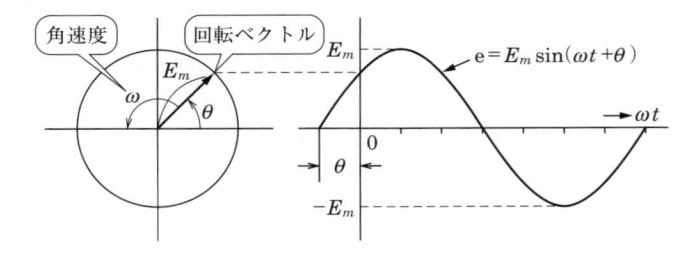

図4・13 瞬時値の波形と回転ベクトル

回転ベクトルは大きさが E_m で，角速度 ω 〔rad/s〕の速度で反時計方向に円運動する．ここで，瞬時式の回転位相 ωt において，$t=0$ としたときのベクトルは**静止ベクトル**になる．交流回路では，図4・14のように静止ベクトルが用いられる．なお，静止ベクトルのことを単にベクトルといい，その大きさ（絶対値）は実効値を示す．

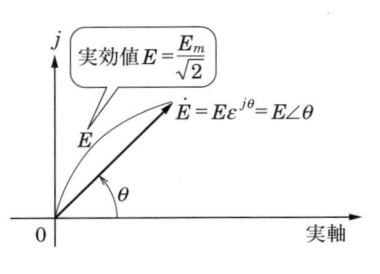

図4・14

乗算・除算のベクトル表示

例題 4.9 次の複素数（指数関数表示）のベクトル積 $\dot{A} \cdot \dot{B}$ を求め，合成ベクトルを描け．

$$\dot{A} = 2\varepsilon^{j20°}, \quad \dot{B} = 3\varepsilon^{j50°}$$

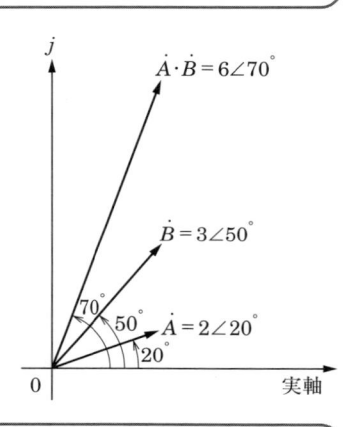

解
$$\dot{A} \cdot \dot{B} = 2\varepsilon^{j20°} \cdot 3\varepsilon^{j50°}$$
$$= 6\varepsilon^{j(20°+50°)}$$
$$= 6\varepsilon^{j70°}$$

例題 4.10 次の電流 i_1，i_2 の合成電流に関する実効値 $I_0 \,[\text{A}]$ と位相角 θ を求めよ．

$$i_1 = 5\sqrt{2}\sin\omega t, \quad i_2 = 4\sqrt{2}\sin(\omega t + 60°)$$

解 各電流（実効値）を三角関数表示で計算する．

$$\dot{I}_1 = 5\text{A} \text{（位相が 0）}$$
$$\dot{I}_2 = 4(\cos 60° + j\sin 60°) = 4\left(\frac{1}{2} + j\frac{\sqrt{3}}{2}\right) = 2 + j2\sqrt{3}$$

合成電流 $\dot{I}_0$ は，

$$\dot{I}_0 = \dot{I}_1 + \dot{I}_2 = 5 + 2 + j2\sqrt{3} = 7 + j2\sqrt{3}$$

$\dot{I}_0$ の大きさ（実効値）は，

$$I_0 = \sqrt{7^2 + (2\sqrt{3})^2} \fallingdotseq 7.8\text{A}$$

$$\theta = \tan^{-1}\frac{2\sqrt{3}}{7} \fallingdotseq 26.3°$$

これらのベクトル図は図のようになる

答 7.8A，26.3°

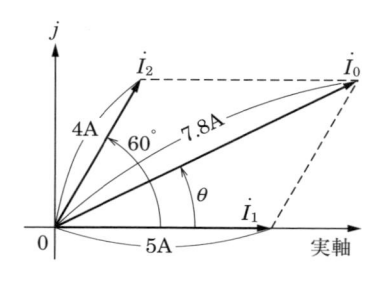

練習問題

4.17 図の回路の合成インピーダンス $\dot{Z}_0$ の大きさを求めよ．
ヒント 並列回路の合成インピーダンスは，次式（和分の積）で求まる．なお，誘導リアクタンスは，$j4〔Ω〕$（複素量）である．

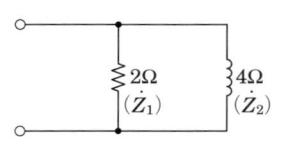

$$\dot{Z}_0 = \frac{\dot{Z}_1 \dot{Z}_2}{\dot{Z}_1 + \dot{Z}_2}$$

4.18 次の極座標表示の複素数を三角関数表示で表せ．
 (1) $\dot{V} = 100 \angle -30°〔V〕$ (2) $\dot{I} = 25 \angle \pi/4〔A〕$

4.19 図の回路を流れる電流 $\dot{I}$ の大きさを求め，電圧 $\dot{V}$，電流 $\dot{I}$ のベクトル図を描け．ただし，電圧 $\dot{V}$ は実効値を表す．

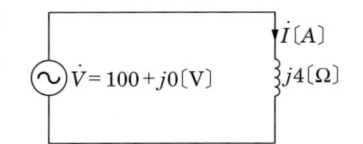

4.20 次の正弦波交流電流を極座標表示および三角関数表示で表せ．

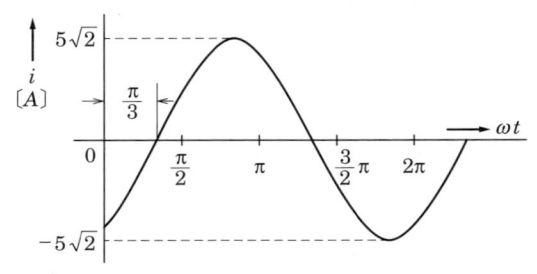

4.21 電圧 $\dot{V} = 80 - j60〔V〕$ の回路にインピーダンス $\dot{Z} = 4 + j3〔Ω〕$ を接続した．流れる電流 $\dot{I}〔A〕$ を求めよ．
ヒント 交流回路では，複素数を用いることによって直流回路と同様にオームの法則を適用することができる．したがって，

$$\dot{I} = \frac{\dot{V}}{\dot{Z}}$$

4.5 インピーダンスの複素数計算

(a) 複素インピーダンス

図4·15のように，電圧の複素量$\dot{V}$と電流$\dot{I}$の複素量の比$\dot{V}/\dot{I}$を**複素インピーダンス**といい，その記号に$\dot{Z}$，単位にΩ（オーム）を用いる．

$$\dot{Z} = \frac{\dot{V}}{\dot{I}} \qquad (4 \cdot 13)$$

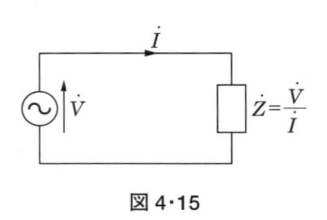

図 4·15

式(4·13)を**交流回路のオームの法則**という．

(b) 抵抗のみの回路

図4·16のように，正弦波交流，電圧$\dot{V}$にインピーダンス$\dot{Z} = \dot{R}$〔Ω〕の抵抗を接続すると流れる電流$\dot{I}$〔A〕は，次式で表せる．なお，電流$\dot{I}$のベクトルは，電源電圧$\dot{V}$と同相（位相差は0）となる．

(a)回路図　(b)ベクトル図

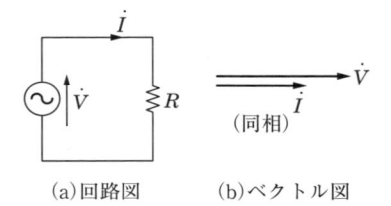

図 4·16　抵抗だけの回路

$$\dot{I} = \frac{\dot{V}}{R} \qquad (4 \cdot 14)$$

(c) 自己インダクタンスだけの回路

図4·17のように，正弦波交流電圧$\dot{V}$にインピーダンス$\dot{Z} = j\omega L$の自己インダクタンスL〔H〕を接続すると流れる電流$\dot{I}$〔A〕は，次式で表せる．なお，電流$\dot{I}$のベクトルは，電源電圧$\dot{V}$に対して$-j$，すなわち90°遅れ位相となる．

(a)回路図　(b)ベクトル図

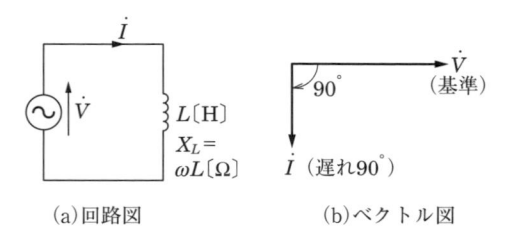

図 4·17　Lだけの回路

$$\dot{I} = \frac{\dot{V}}{\dot{Z}} = \frac{\dot{V}}{j\omega L} = -j\frac{\dot{V}}{\omega L} \qquad (4 \cdot 15)$$

(d) 静電容量だけの回路

図4·18のように，正弦波交流電圧$\dot{V}$にインピーダンス$\dot{Z}=1/j\omega C$〔Ω〕の静電容量C〔F〕を接続すると，流れる電流$\dot{I}$〔A〕は，次式で表される．なお，電流$\dot{I}$のベクトルは，図4·18(b)のように電源電圧$\dot{V}$に対して+j，すなわち90°進み位相となる．

(a)回路図 (b)ベクトル図

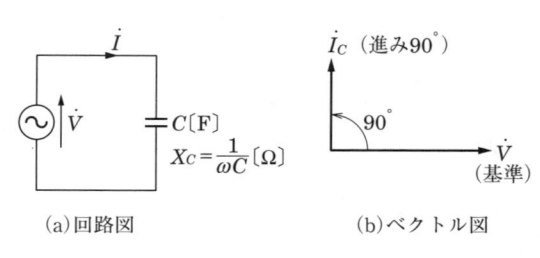

図4·18 Cだけの回路

$$\dot{I} = \frac{\dot{V}}{\dot{Z}} = \frac{\dot{V}}{\dfrac{1}{j\omega C}} = j\omega C \dot{V} \tag{4·16}$$

〈電気回路の3要素〉

R, L, Cを電気回路の3要素という．回路要素とインピーダンス（位相関係）との関係を整理すると次のようになる．

$$R〔Ω〕 \rightarrow R〔Ω〕 \text{（位相差0°）}$$
$$L〔H〕 \rightarrow j\omega L = jX_L〔Ω〕 \text{（90°進み要素）}$$
$$C〔F〕 \rightarrow -j\frac{1}{\omega C} = -jX_C〔Ω〕 \text{（90°遅れ要素）}$$

例題 4.11 図の回路において，電源$\dot{V}$の電圧は200V，周波数は$100/\pi$〔Hz〕である．回路のインピーダンス$\dot{Z}$〔Ω〕と，流れる電流$\dot{I}$〔A〕を求めよ．また，電圧と電流のベクトル図を描け．

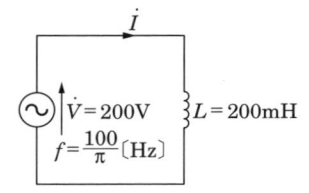

解
$$\dot{Z} = j\omega L = j2\pi f L = j2\pi \frac{100}{\pi} \times 200 \times 10^{-3}$$
$$= j200 \times 200 \times 10^{-3} = j40 〔Ω〕$$
$$\dot{I} = \frac{\dot{V}}{\dot{Z}} = \frac{200}{j40} = -j5 〔A〕$$

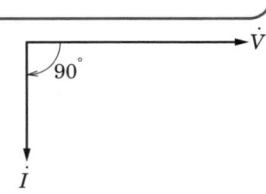

4.5 インピーダンスの複素数計算

答 電流の大きさ $I=5\mathrm{A}$,電流の位相は $90°$ 遅れ

例題 4.12 図のような回路に流れる電流 $\dot{I}\,[\mathrm{A}]$ の大きさを求めよ.また,電圧と電流のベクトル図を描け.

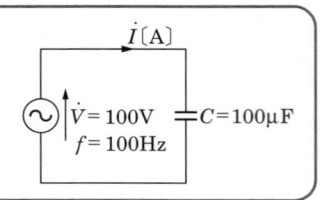

解
$$\dot{Z} = -j\frac{1}{2\pi f C} = -j\frac{1}{2\pi \times 100 \times 100 \times 10^{-6}}$$
$$\fallingdotseq -j15.92\,[\Omega]$$
$$\dot{I} = \frac{\dot{V}}{\dot{Z}} = \frac{100}{-j15.92} \fallingdotseq j6.28\,[\mathrm{A}]$$

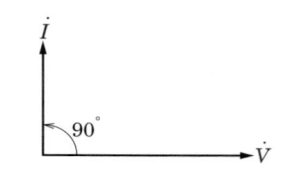

答 電流の大きさ $I=6.28\mathrm{A}$,電流 $\dot{I}$ は電圧 $\dot{V}$ に対して $90°$ 進み位相

例題 4.13 図の回路において,自己インダクタンスのリアクタンスが 40Ω,流れる電流が $\dot{I}=2\angle-(\pi/2)\,[\mathrm{A}]$ である.電源電圧 $\dot{V}$ を求めよ.

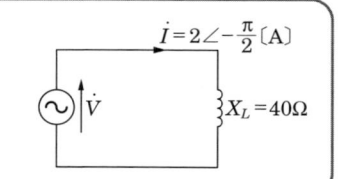

解 $\dot{Z} = jX_L = j40 = 40\angle\frac{\pi}{2}$ であるから,

$$\dot{V} = \dot{I} \times jX_L = 2\angle-\frac{\pi}{2} \times 40\angle\frac{\pi}{2} = 80\angle-\frac{\pi}{2}+\frac{\pi}{2} = 80\angle 0$$

答 電圧 $V=80\mathrm{V}$,位相差 $0°$

第4章 複素数と交流計算

練 習 問 題

4.22 次のように電圧 $\dot{V}$〔V〕，電流 $\dot{I}$〔A〕が与えられているとき，インピーダンス $\dot{Z}$〔Ω〕を求めよ．

(1) $\dot{V}=100$V, $\dot{I}=4-j3$〔A〕　　(2) $\dot{V}=80-j60$〔V〕, $\dot{I}=2-j2$〔A〕

(3) $\dot{V}=80+j60$〔V〕, $\dot{I}=-6+j8$〔A〕　　(4) $\dot{V}=20-j60$〔V〕, $\dot{I}=4-j2$〔A〕

4.23 図のようなベクトルで表される電圧 $\dot{V}$，電流 $\dot{I}$ がある．インピーダンス $\dot{Z}$〔Ω〕(三角関数表示) を求めよ．

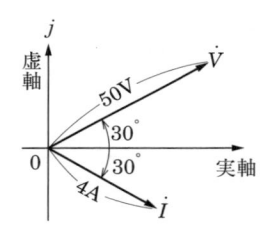

4.24 $\dot{Z}_1=3+j16$〔Ω〕, $\dot{Z}_2=9+j5$〔Ω〕, $\dot{Z}_3=6-j9$〔Ω〕の3つのインピーダンスが直列接続されている．合成インピーダンス $\dot{Z}_0$〔Ω〕の大きさと位相角〔°〕を求めよ．

4.25 $\dot{Z}=4+j3$〔Ω〕の回路に $\dot{I}=2-j3$〔A〕の電流が流れた．このインピーダンスの端子電圧 $\dot{V}$〔V〕を求めよ．

4.26 100mHのインダクタンスをもつコイルに50Hz，$\dot{V}=70+j70$〔V〕の電圧を加えたときに流れる電流 $\dot{I}$〔A〕を求めよ．ただし，コイルの抵抗は無視するものとする．

4.27 20μFのコンデンサに50Hz，$\dot{V}=100\angle 60°$〔V〕を加えたときの電流 $\dot{I}$〔A〕を極座標表示で求めよ．

4.28 図のように，抵抗50Ωとリアクタンス40Ωを並列接続したときの合成アドミタンス $\dot{Y}_0$〔S〕を求めよ．なお，アドミタンス $\dot{Y}$〔S〕はインピーダンス $\dot{Z}$〔Ω〕の逆数である．

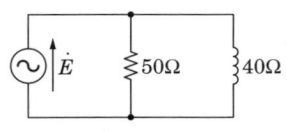

4.6 RLC直列回路の複素数計算

(a) RL直列回路

図4·19(a)のRL直列回路に流れる電流を$\dot{I}$〔A〕とすると，全電圧$\dot{V}$〔V〕は，次式で表される．

$$\dot{V} = \dot{V}_R + \dot{V}_L = (R + j\omega L)\dot{I} = (R + jX_L)\dot{I}$$

図4·19(a)の回路のインピーダンス$\dot{Z}$〔Ω〕は，

$$\dot{Z} = \frac{\dot{V}}{\dot{I}} = R + j\omega L = R + jX_L \tag{4·17}$$

式(4·17)のインピーダンス$\dot{Z}$および電圧$\dot{V}$，電流$\dot{I}$のベクトル図は図4·19(b)，(c)のように表せる．

(a) 回路図　　(b) $\dot{Z}$のベクトル図　　(c) $\dot{V}, \dot{I}$のベクトル図

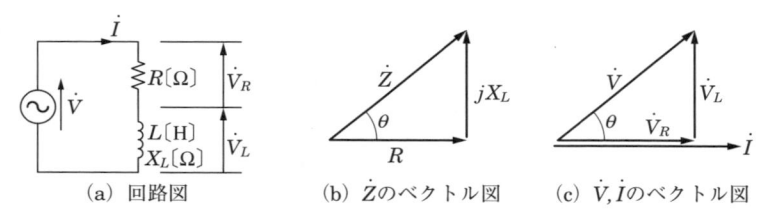

図4·19　RL直列回路

(b) RC直列回路

図4·20(a)のRC直列回路に流れる電流を$\dot{I}$〔A〕とすると，全電圧$\dot{V}$〔V〕は，次式で表される．

$$\dot{V} = \dot{V}_R + \dot{V}_C = \left(R - j\frac{1}{\omega C}\right)\dot{I} = (R - jX_C)\dot{I}$$

図4·20(a)のインピーダンス$\dot{Z}$〔Ω〕は，

(a) 回路図　　(b) $\dot{Z}$のベクトル図　　(c) $\dot{V}, \dot{I}$のベクトル図

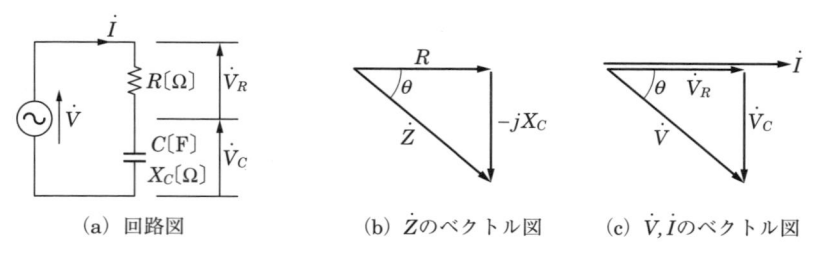

図4·20　RC直列回路

$$\dot{Z} = \frac{\dot{V}}{\dot{I}} = R - j\frac{1}{\omega C} = R - jX_C \tag{4.18}$$

式(4・18)のインピーダンス$\dot{Z}$および電圧$\dot{V}$,電流$\dot{I}$のベクトル図は図4・20(b),(c)のように表せる.

(c) *RLC*直列回路

図4・21(a)の*RLC*直列回路に流れる電流を$\dot{I}$とすると,全電圧$\dot{V}$〔V〕は,次式のようになる.

$$\dot{V} = \dot{V}_R + \dot{V}_L + \dot{V}_C = \left\{R + j\left(\omega L - \frac{1}{\omega C}\right)\right\}\dot{I} = \{R + j(X_L - X_C)\}\dot{I}$$

図4・21(a)のインピーダンス$\dot{Z}$〔Ω〕は,

$$\dot{Z} = \frac{\dot{V}}{\dot{I}} = R + j\left(\omega L - \frac{1}{\omega C}\right) = R + j(X_L - X_C) \tag{4.19}$$

式(4・19)の場合,抵抗分はR,リアクタンス分は$\{\omega L - 1/(\omega C)\}$である.また,インピーダンス$\dot{Z}$〔Ω〕の大きさおよびインピーダンス角$\theta$〔rad〕は,次のようになる.

$$\dot{Z}\text{の大きさ} = \sqrt{R^2 + (X_L - X_C)^2}, \quad \theta = \tan^{-1}\left(\frac{X_L - X_C}{R}\right) \tag{4.20}$$

式(4・19)のインピーダンス$\dot{Z}$および電圧$\dot{V}$,電流$\dot{I}$のベクトル図は図4・21(b),(c)のように表せる.

(a) 回路図　　(b) $\dot{Z}$のベクトル図　　(c) $\dot{V},\dot{I}$のベクトル図

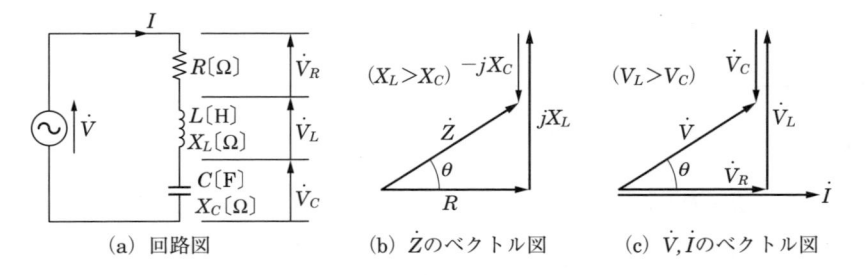

図4・21　*RLC*直列回路

4.6 RLC 直列回路の複素数計算

例題 4.14 図のように，抵抗が4Ω，コイルの誘導リアクタンスが8Ωの直列回路に，電源電圧100Vが加わっている．回路を流れる電流 $\dot{I}$ 〔A〕の大きさ，位相角および力率 $\cos\theta$ を求めよ．

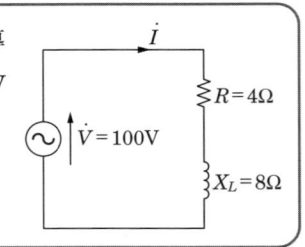

解 インピーダンスは $\dot{Z}=4+j8$ 〔Ω〕であるから，

$$\dot{I} = \frac{\dot{V}}{\dot{Z}} = \frac{100}{4+j8} = \frac{100(4-j8)}{(4+j8)(4-j8)} = \frac{400-j800}{16+64} = 5-j10 \text{A}$$

$$|\dot{I}| = \sqrt{5^2+10^2} = 11.2 \text{A}$$

$$\theta = \tan^{-1}\frac{X_L}{R} = \tan^{-1}\frac{8}{4} \fallingdotseq 63.4° \quad \boxed{\text{DEG} 8 \div 4 = \tan^{-1}}$$

力率 $\cos\theta \times 100 = \cos 63.4° \times 100 = 45\%$

答 11.2A，63.4°，45％

例題 4.15 図のように $R=9Ω$，$X_C=12Ω$ の RC 直列回路がある．$\dot{V}=105$V の正弦波交流電圧を加えたとき，回路を流れる電流 $\dot{I}$ 〔A〕を求めよ．

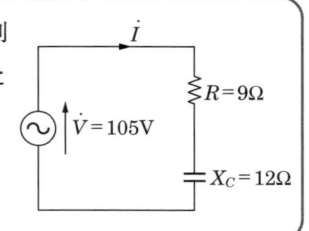

解 容量リアクタンスは，$\dot{X}_C = -jX_C$ であるから，

$$\dot{Z} = R - jX_C = 9 - j12 \text{〔Ω〕}$$

$$\dot{I} = \frac{\dot{V}}{\dot{Z}} = \frac{105}{9-j12} = \frac{105(9+j12)}{(9-j12)(9+j12)} = \frac{945+j1260}{225} \fallingdotseq 4.2+j5.6$$

答 $4.2+j5.6$〔A〕

練習問題

4.29 図のように $R=10\Omega$，$L=20\text{mH}$ の RL 直列回路に $V=100\text{V}$，$f=50\text{Hz}$ の正弦波交流電圧が加えられている．流れる電流の大きさおよび力率 $\cos\theta$〔%〕を求めよ．

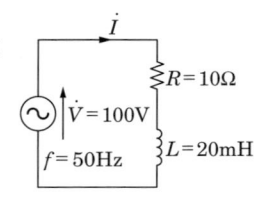

4.30 あるインピーダンスの負荷に，$\dot{V}=200\text{V}$ を加えると，$\dot{I}=12-j4$〔A〕の電流が流れた．このインピーダンスの抵抗 R〔Ω〕およびリアクタンス X〔Ω〕を求めよ．また，リアクタンスは誘導性か容量性かを調べよ．

ヒント 求めた $\dot{Z}=R+jX$ の虚数部がプラスならインピーダンスは誘導性リアクタンス，マイナスなら容量性リアクタンスである．

4.31 $\dot{V}=100(\cos\pi/6+j\sin\pi/6)$ の電圧を $\dot{Z}=6-j8$〔Ω〕のインピーダンスに加えた．流れる電流 $\dot{I}$〔A〕の大きさを求めよ．

ヒント 電圧 $\dot{V}$ を複素数で計算し，電流を求める．

4.32 図の回路に電流 $\dot{I}=6\text{A}$ を流した．RLC の各端子に生じる電圧 $\dot{V}_R$，$\dot{V}_L$，$\dot{V}_C$ および合成電圧 $\dot{V}$ を求めよ．

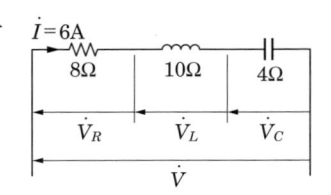

4.33 図の回路に流れる電流は 10A である．誘導リアクタンス X_L〔Ω〕はいくらか．ただし，回路の負荷は容量性とする．

ヒント R に生じる電圧 $\dot{V}_R$ を求めて，電圧ベクトル図を描く．その図より，X_L に生じる電圧 $\dot{V}_L$ を求めた後，流れる電流から X_L を求める．

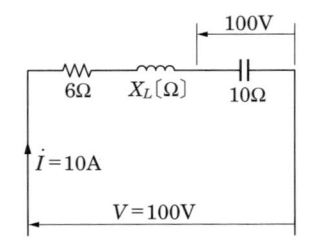

4.7 RLC並列回路の複素数計算

(a) 複素アドミタンス

複素インピーダンス$\dot{Z}$の逆数を**複素アドミタンス**，あるいは単に**アドミタンス**といい，その量記号に$\dot{Y}$，単位に〔S〕（ジーメンス）を用いる．アドミタンス$\dot{Y}$は複素数の形として一般に次式で表す．

$$\dot{Y} = \frac{1}{\dot{Z}} = G - jB \tag{4・21}$$

式(4・21)のアドミタンス$\dot{Y}$の実部を**コンダクタンス**G〔S〕，虚部の絶対値を**サセプタンス**B〔S〕と呼ぶ．また，アドミタンス$\dot{Y}$の大きさ，および位相角θを次式で表す．

$$Y = \sqrt{G^2 + B^2}, \quad \theta = \tan^{-1}\frac{-B}{G} \tag{4・22}$$

(b) 並列インピーダンスの合成

図4・22のように，インピーダンス$\dot{Z}_1$，$\dot{Z}_2$を並列接続して，正弦波交流電圧$\dot{V}$を加えたときの回路の合成インピーダンス$\dot{Z}$〔Ω〕を求める．全電流$\dot{I}$〔A〕は，

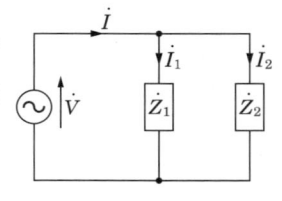

$$\dot{I} = \dot{I}_1 + \dot{I}_2 = \frac{\dot{V}}{\dot{Z}_1} + \frac{\dot{V}}{\dot{Z}_2} = \left(\frac{1}{\dot{Z}_1} + \frac{1}{\dot{Z}_2}\right)\dot{V} = \frac{1}{\dot{Z}}\dot{V}$$

図4・22 Zの並列回路

となる．電圧の複素量$\dot{V}$と電流の複素量$\dot{I}$の比がインピーダンス$\dot{Z}$であるから，

$$\dot{Z} = \frac{\dot{V}}{\dot{I}} = \frac{1}{\dfrac{1}{\dot{Z}_1} + \dfrac{1}{\dot{Z}_2}} = \frac{\dot{Z}_1 \dot{Z}_2}{\dot{Z}_1 + \dot{Z}_2} \tag{4・23}$$

となる．ここで，$\dot{Z}_1$および$\dot{Z}_2$に流れる電流$\dot{I}_1$，$\dot{I}_2$は次式で求まる．

$$\dot{I}_1 = \frac{\dot{V}}{\dot{Z}_1} = \frac{1}{\dot{Z}_1} \cdot \dot{Z}\dot{I} = \frac{\dot{Z}_2}{\dot{Z}_1 + \dot{Z}_2}\dot{I} \tag{4・24}$$

$$\dot{I}_2 = \frac{\dot{V}}{\dot{Z}_2} = \frac{1}{\dot{Z}_2} \cdot \dot{Z}\dot{I} = \frac{\dot{Z}_1}{\dot{Z}_1 + \dot{Z}_2}\dot{I} \tag{4・25}$$

式(4・23)，(4・24)，(4・25)は，直流回路での並列抵抗の関係と同様である．

(c) *RL* 並列回路

図4·23のように，RとLが並列に接続されているRおよびLに流れる電流$\dot{I}_R$，$\dot{I}_L$および全電流$\dot{I}$〔A〕は，次式で表せる．

$$\left.\begin{array}{l} \dot{I}_R = \dfrac{\dot{V}}{R} \ , \quad \dot{I}_L = \dfrac{\dot{V}}{j\omega L} = -j\dfrac{\dot{V}}{\omega L} \\[2mm] \dot{I} = \dot{I}_R + \dot{I}_L = \left(\dfrac{1}{R} - j\dfrac{1}{\omega L}\right)\dot{V} \end{array}\right\} \quad (4\cdot 26)$$

電圧$\dot{V}$を基準とするベクトル図は，図4·23(b)のようになる．

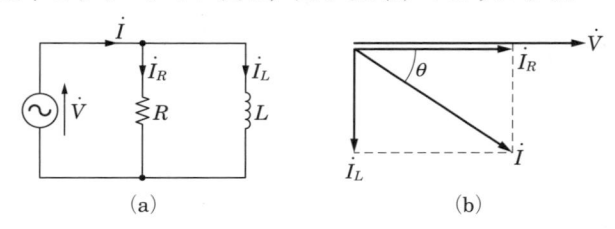

図4·23 *RL*並列回路

(d) *RC* 並列回路

図4·24(a)のように，RとCが並列に接続されているR，Cに流れる電流$\dot{I}_R$，$\dot{I}_C$および全電流$\dot{I}$〔A〕は，次式で表せる．

$$\left.\begin{array}{l} \dot{I}_R = \dfrac{\dot{V}}{R} \ , \quad \dot{I}_C = \dfrac{\dot{V}}{\dfrac{1}{j\omega C}} = j\omega C\dot{V} \\[2mm] \dot{I} = \dot{I}_R + \dot{I}_C = \left(\dfrac{1}{R} + j\omega C\right)\dot{V} \end{array}\right\} \quad (4\cdot 27)$$

電圧$\dot{V}$を基準とするベクトル図は，図4·24(b)のようになる．

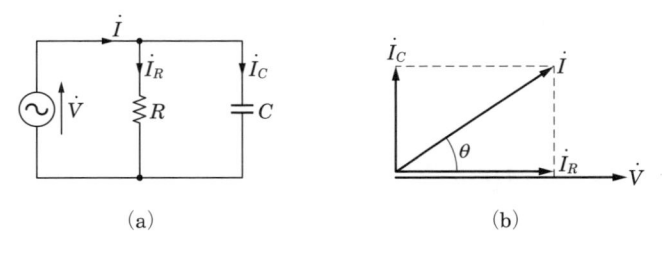

図4·24 *RC*並列回路

4.7 RLC並列回路の複素数計算

例題 4.16 $\dot{Z}=4+j3$ のアドミタンス $\dot{Y}$〔S〕，コンダクタンス G〔S〕，サセプタンス B〔S〕を求めよ．

解
$$\dot{Y}=\frac{1}{\dot{Z}}=\frac{1}{4+j3}=\frac{4-j3}{(4+j3)(4-j3)}=\frac{4-j3}{16+9}=0.16-j0.12$$

答 $\dot{Y}=0.16-j0.12$〔S〕, $G=0.16$ S, $B=0.12$ S

例題 4.17 図の並列回路で，$\dot{I}_1=3$A のとき，次の各値を求めよ．ただし，$\dot{Z}_1=3+j4$〔Ω〕，$\dot{Z}_2=j5$〔Ω〕とする．

(1) 合成アドミタンス $\dot{Y}$〔S〕
(2) 合成インピーダンス〔Ω〕
(3) 端子電圧 $\dot{V}$〔V〕
(4) 全電流 $\dot{I}$〔A〕

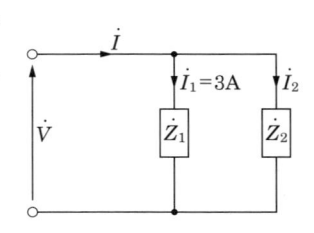

解 (1) $\dot{Y}_1=\dfrac{1}{\dot{Z}_1}=\dfrac{1}{3+j4}=\dfrac{3-j4}{(3+j4)(3-j4)}=\dfrac{3-j4}{9+16}=0.12-j0.16$

$\dot{Y}_2=\dfrac{1}{\dot{Z}_2}=\dfrac{1}{j5}=-j0.2$

$\dot{Y}=\dot{Y}_1+\dot{Y}_2=0.12-j0.16-j0.2=0.12-j0.36$〔S〕

(2) $\dot{Z}=\dfrac{1}{\dot{Y}}=\dfrac{1}{0.12-j0.36}=\dfrac{0.12+j0.36}{(0.12-j0.36)(0.12+j0.36)}$

$=\dfrac{0.12+j0.36}{0.144}\fallingdotseq 0.83+j2.5$〔Ω〕

(3) $\dot{V}=\dot{I}_1\dot{Z}_1=3(3+j4)=9+j12$〔V〕

(4) $\dot{I}_2=\dot{V}\dot{Y}_2=(9+j12)(-j0.2)=2.4-j1.8$

∴ $\dot{I}=\dot{I}_1+\dot{I}_2=3+2.4-j1.8=5.4-j1.8$〔A〕

練習問題

4.34 図の回路において，$\dot{Y}_1 = 0.1\text{S}$，$\dot{Y}_2 = -j0.2$〔S〕，$\dot{Y}_3 = j0.1$〔S〕とし，電圧 $\dot{V} = 50\text{V}$ を加えたとき，各枝路を流れる電流 $\dot{I}_1, \dot{I}_2, \dot{I}_3, \dot{I}$ を求めよ。

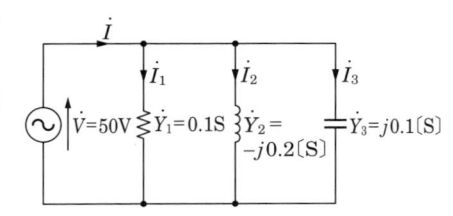

4.35 図の RLC 並列回路において，$I_R = 8\text{A}$，$I_L = 12\text{A}$，$I_C = 6\text{A}$ の電流が流れているとき，合成電流 $\dot{I}$〔A〕の大きさおよび位相角 θ〔°〕を求めよ。

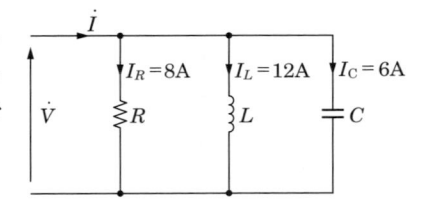

4.36 コイル L〔H〕にコンデンサ C〔F〕を並列接続した場合，コイルは抵抗 R〔Ω〕を含むので，図のような等価回路になる．この回路の合成インピーダンス $\dot{Z}$〔Ω〕は次式で表せる．

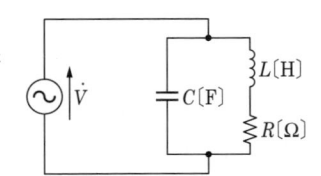

$$\dot{Z} = \frac{R}{\omega^2 C^2 R^2 + (\omega^2 LC - 1)^2} + j\frac{\omega\{L - C(R^2 + \omega^2 L^2)\}}{\omega^2 C^2 R^2 + (\omega^2 LC - 1)^2}$$

$\dot{Z}$ の虚部が 0 になるときの周波数 f_0〔Hz〕を求めよ．

ヒント 虚部 = 0 とおくと，

$$\frac{\omega\{L - C(R^2 + \omega^2 L^2)\}}{\omega^2 C^2 R^2 + (\omega^2 LC - 1)^2} = 0$$

4.37 図の回路に電圧 $\dot{V}$ を加えると，抵抗 3Ω とコイル 4Ω の枝路に 5A が流れた．このときの全電流 $\dot{I}$〔A〕と電源電圧 $\dot{V}$ を求めよ．

ヒント 抵抗 3Ω とコイル 4Ω の両端の電圧 $\dot{V}'$ を求めて，コンデンサ 5Ω に流れる電流 $\dot{I}_2$ を計算する．

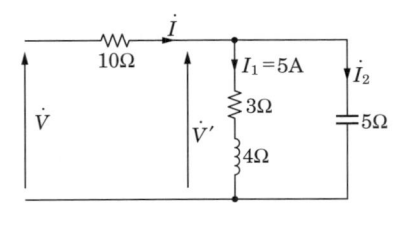

4.8 交流電力の複素数表示

(a) 瞬時電力と交流電力

交流電力は，直流電力と同様に電圧と電流の積で求めることができる．交流電力は時間とともに変化する量であるから**瞬時電力**と呼ばれる．

図 4・25 の回路において，電圧 e 〔V〕より i 〔A〕が θ 〔rad〕だけ位相が遅れているとすれば，瞬時電力 p 〔W〕は次式のようになる．

$$p = ei = \sqrt{2}V\sin\omega t \cdot \sqrt{2}I\sin(\omega t - \theta)$$
$$= VI\cos\theta - VI\cos(2\omega t - \theta) \tag{4・28}$$

図 4・26 は，式 (4・28) による電圧 v，電流 i，瞬時電力 p の波形である．

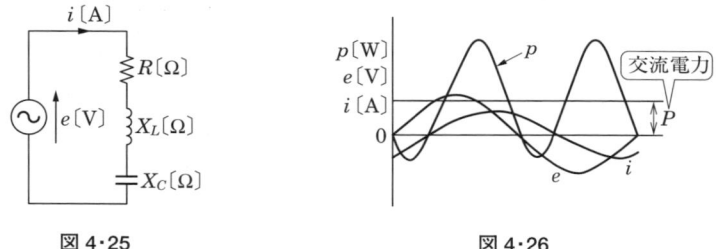

図 4・25

図 4・26

ここで，式 (4・28) の第一項は時間に無関係で，瞬時電力 p の平均電力，すなわち交流電力 P 〔W〕を表す．また，第二項は電源電圧の 2 倍の周波数で，これを 1 周期にわたって平均すると 0 になる．ゆえに交流電力 P 〔W〕は，

$$P = VI\cos\theta \tag{4・29}$$

ここで，式 (4・29) で表される電力を**有効電力**，または単に**電力**といい，単位に W（ワット）を用いる．また，式 (4・29) の $\cos\theta$ は，負荷のインピーダンス Z 〔Ω〕に対する抵抗の比で，**力率**といい，次式で表される．

$$\cos\theta = \frac{R}{Z} \tag{4・30}$$

(b) 電力のベクトル表示

図 4・27 (a) の RL 直列回路に電圧 $\dot{V}$ 〔V〕を加えると電流 $\dot{I}$ 〔A〕が流れる．電流 $\dot{I}$ は図 4・27 (b) のベクトル図のように実部 $I\cos\theta$ と虚部 $I\sin\theta$ に分けられ，$I\cos\theta$ を**有効電流**，$I\sin\theta$ を**無効電流**という．これらの電流に電圧 V を掛けて交流電力を求める．図 4・27 (c) より**皮相電力** S 〔V・A〕，**有効電力** P 〔W〕および**無効電力** Q 〔var〕は，次式で表される．

第4章 複素数と交流計算

$$
\left.
\begin{array}{ll}
\text{皮相電力} & S = VI = I^2 Z \,[\text{V}\cdot\text{A}] \\
\text{有効電力} & P = VI\cos\theta = I^2 R \,[\text{W}] \\
\text{無効電力} & Q = VI\sin\theta = I^2 X_L \,[\text{var}]
\end{array}
\right\}
\tag{4・31}
$$

式（4・31）の関係は次のようになる．

$$
S = \sqrt{P^2 + Q^2} \,[\text{V}\cdot\text{A}] \tag{4・32}
$$

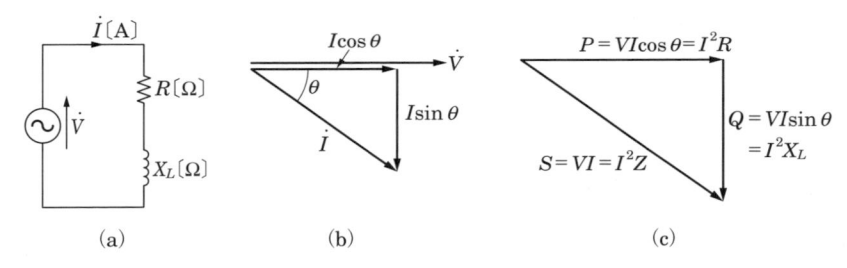

図4・27 交流回路の電力ベクトル図

次に電力を複素数の指数関数表示で求める．図4・28のようにインピーダンス$\dot{Z}$に$\dot{V} = V\varepsilon^{j\theta_1}$の電圧を加えると，$\dot{I} = V\varepsilon^{j\theta_2}$の電流が流れる回路がある．この回路の皮相電力$S$，有効電力$P$，無効電力$Q$の求め方を考える．交流電力は式（4・31）より$P = VI\cos\theta$，$Q = VI\sin\theta$で表され，$\theta$は図4・28(b)のベクトル図より，$\dot{V}$と$\dot{I}$の位相差で計算される．図4・28(b)のベクトル$\dot{V}$，$\dot{I}$の皮相電力を複素数で求めると，

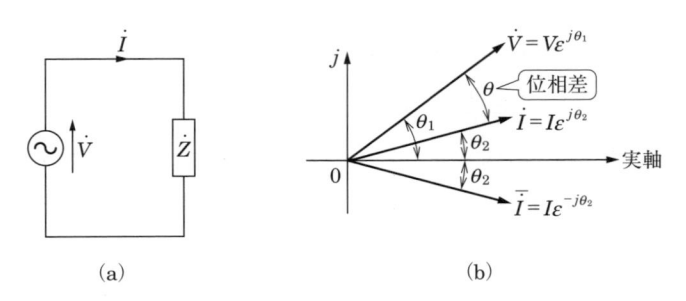

図4・28 交流回路と電圧・電流ベクトル図

4.8 交流電力の複素数表示

$$\dot{S} = \dot{V}\dot{I} = V\varepsilon^{j\theta_1} \times V\varepsilon^{j\theta_2} = VI\varepsilon^{j(\theta_1+\theta_2)}$$

となり，電圧と電流の位相の和で計算されてしまう．これでは正しく電力が求まらない．

そこで，電圧か電流のどちらかの共役複素数を用いて計算する．ここでは，電流の共役複素数 $\bar{I}$ を用いる．

$$\dot{S} = \dot{V}\bar{I} = VI\varepsilon^{j(\theta_1-\theta_2)} = \underbrace{VI\cos(\theta_1-\theta_2)}_{(有効電力)} + \underbrace{jVI\sin(\theta_1-\theta_2)}_{(無効電力)} \quad \cdots\cdots\cdots ①$$

$$= P + jQ \tag{4・33}$$

すなわち，式(4・33)より，皮相電力 $\dot{S}$ は有効電力 P と無効電力 Q のベクトル和で表せる．なお，共役複素数を用いて電力を計算すると，式①の無効電力を示す虚数符号が実際の無効電力の位相を正しく表せない．そこで，電流を共役複素数に取る場合は遅れ無効電力を正符号，電圧を共役複素数に取る場合は遅れ無効電力を負符号として示される．

例題 4.18 図の回路において，有効電力 P〔W〕および無効電力 Q〔var〕を求めよ．

解 $\dot{Z} = 30 + j40\,\Omega$

$$\dot{I} = \frac{\dot{V}}{\dot{Z}} = \frac{100}{30+j40} = \frac{100(30-j40)}{(30+j40)(30-j40)}$$

$$= \frac{3000}{2500} - j\frac{4000}{2500} = 1.2 - j1.6\,\text{A}$$

ここで，電流 $\dot{I}$ の共役複素数 $\bar{I} = 1.2 + j1.6$ を用いて，皮相電力 S〔V・A〕を求めると，実部が有効電力 P〔W〕，虚部が無効電力 Q〔var〕になる．

$$\dot{S} = \dot{V}\bar{I} = 100(1.2 + j1.6) = 120 + j160$$

なお，計算結果の虚部が正符号であるから，Q〔var〕は遅れ無効電力である．

答 $P = 120\,\text{W}$, $Q = 160\,\text{var}$（遅れ）

練習問題

4.38 ある負荷に100Vの交流電圧を加えると5Aが流れ，消費電力が433Wであった．電圧との電流の位相差 θ〔rad〕を求めよ．

4.39 図の回路において，消費される電力が500Wであるとき，コンデンサに流れる電流 $\dot{I}_2$〔A〕を求めよ．
ヒント 回路電力 P は，抵抗ですべて消費されるので，$P = I_1^2 R$〔W〕の式で求まる．この式より求めた $\dot{I}_1$ を用いて端子電圧 $\dot{V}$ と，$\dot{I}_2$ の大きさを求める．

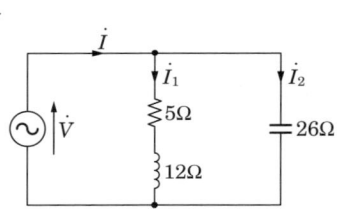

4.40 図の回路において，電圧 $\dot{V}$〔V〕および電流 $\dot{I}$〔A〕が次式で表されるとき抵抗 R〔Ω〕で消費する電力 P〔W〕を求めよ．

$$\dot{V} = 3 + j4 \text{〔V〕}$$
$$\dot{I} = 4 + j3 \text{〔A〕}$$

4.41 図の交流回路において，抵抗 R_2 で消費される電力〔W〕の値を求めよ．

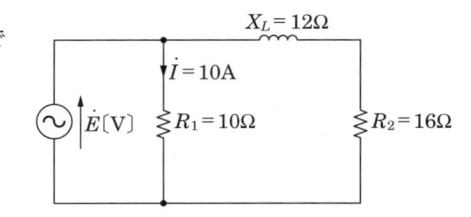

4.42 図の回路に交流電圧を加えたとき，回路の力率 $\cos\theta$ を求めよ．
ヒント 各枝路の電流を計算し，電流ベクトル図を描く．電圧と電流位相差 θ より力率を求める．

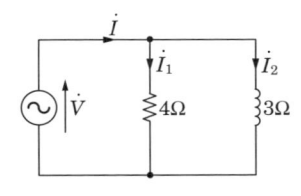

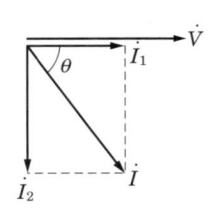

4.9 対数と利得計算

(a) 対数とは

$a > 0$, $a \neq 1$ のとき，正の数 y に対する指数関数は，

$$y = a^x \tag{4・34}$$

となる（1.5節参照）．この式を x について求めると，次のようになる．

$$\underset{(対数)}{x} = \log \underset{(底)}{a} \underset{(真数)}{y} \tag{4・35}$$

式 (4・35) の a を底，x を対数，y を真数と呼び，x は a を底とする**対数**，y は対数 x の**真数**という．

指数関数 $y = 2^x$ をグラフで表すと図 4・29 のようになる．例えば，$y = 2^x = 8$ を満たす実数は $x = 3$ であり，対数で表現すると $x = \log_2 8 = 3$ となる．

(b) 対数の性質

対数には次のような性質がある．

(1) $a^0 = 1$ であるから $\quad \log_a 1 = 0 \quad$ (4・36)

(2) $a^1 = a$ であるから $\quad \log_a a = 1 \quad$ (4・37)

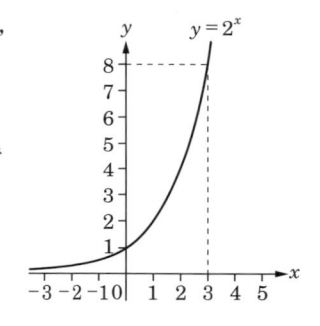

図 4・29 指数関数グラフ

(3) a が 1 でない正の数，M, N が正の数のとき，

$$\log_a MN = \log_a M + \log_a N \tag{4・38}$$

$$\log_a \frac{M}{N} = \log_a M - \log_a N \tag{4・39}$$

(4) 式 (4・39) で $M = 1$ とすると，

$$\log_a \frac{1}{N} = -\log_a N \tag{4・40}$$

(5) r が有理数のとき，

$$\log_a M^r = r \log_a M \tag{4・41}$$

(6) 底の変換公式：底を b に変換すると，

$$\log_a M = \frac{\log_b M}{\log_b a} \tag{4・42}$$

(c) 常用対数と自然対数

10 を底とする対数 $\log_{10} x$ を**常用対数**といい，底を略して $\log x$ と書くこともあるが本書では省略しない記述とする．

これに対し，$\varepsilon = 2.718 \cdots$ を底とする対数 $\log_\varepsilon x$ を**自然対数**という．自然対数は，微分や積分計算に用いられる（5.3節参照）．数学では自然対数の底に e（exponential の e）を用いるが，電気では起電力 e（electromotive force）と混同するおそれがあるので ε（イプシロン）を用いる．

(d) 電気工学への応用

電気工学で取り扱う式には対数を含む計算も多い．例えば架空線やケーブルのインダクタンス，静電容量を表す式はその一例である．また，電子工学においては，広範囲の数値を取り扱うものが多く，例えば増幅器の利得などは対数的単位のデシベル〔dB〕が用いられる．

＜有理数と無理数＞

有理数は整数と分数で表せる数のことである．それに対し分数では表せない数，例えば $\sqrt{2} = 1.414 \cdots$ は分数にはならない，π なども分数では表せない．これらの数のことを無理数という．対数 $\log_{10} 2 = 0.3010 \cdots$ の値も無限小数になるので無理数である．

例題 4.19 次の指数を用いた等式を対数 $y = \log_a x$ の形で表せ．

(1) $3^4 = 81$　　(2) $8^{\frac{1}{3}} = 2$　　(3) $\varepsilon^2 = 0.693$　　(4) $10^0 = 1$

解 (1) $4 = \log_3 81$　(2) $\dfrac{1}{3} = \log_8 2$　(3) $2 = \log_\varepsilon 0.693$　(4) $0 = \log_{10} 1$

例題 4.20 次の対数を求めよ．

(1) $\log_{10} 1\,000$　　(2) $\log_{10} 0.01$　　(3) $\log_{10} \sqrt{10}$

解 (1) $\log_{10} 10^3 = 3$　(2) $\log_{10} \dfrac{1}{10^2} = \log_{10} 10^{-2} = -2$　(3) $\log_{10} 10^{\frac{1}{2}} = \dfrac{1}{2}$

4.9 対数と利得計算

例題 4.21 対数の底の変換公式を用いて，次の対数計算をせよ．
(1) $\log_8 4$ (2) $\log_9 3$

解 (1) $\log_8 4 = \dfrac{\log_2 4}{\log_2 8} = \dfrac{\log_2 2^2}{\log_2 2^3} = \dfrac{2}{3}$ (2) $\log_9 3 = \dfrac{\log_3 3}{\log_3 9} = \dfrac{\log_3 3}{\log_3 3^2} = \dfrac{1}{2}$

例題 4.22 次の式を簡単にせよ．
(1) $\log_2\left(\dfrac{8}{2^2}\right)$ (2) $\log_2 \sqrt[3]{4} - \log_2 \sqrt[3]{8}$

解 (1) $\log_2\left(\dfrac{8}{2^2}\right) = \log_2 8 - \log_2 2^2 = \log_2 2^3 - \log_2 2^2 = 3 - 2 = 1$

(2) $\log_2 2^{\frac{2}{3}} - \log_2 2^{\frac{3}{3}} = \dfrac{2}{3} - \dfrac{3}{3} = -\dfrac{1}{3}$

例題 4.23 図のようにブロックで示す2つの増幅器を縦続接続した回路があり，増幅器1の電圧増幅度 A_1 は10である．いま入力電圧 v_i の値として，0.4mVの記号を加えたとき，出力電圧 v_o の値は0.4Vであった．増幅器2の電圧利得〔dB〕はいくらか．

$v_i \longrightarrow$ 増幅器1 $\longrightarrow$ 増幅器2 $\longrightarrow v_o$

ヒント 電圧利得 G_v〔dB〕を求める式は，

$$G_v = 20 \log_{10} \dfrac{出力電圧}{入力電圧}$$

解 増幅器1の出力電圧を v_2 とすると，$v_2 = A_1 v_i = 10 \times 0.4 = 4\text{mV}$ となる．したがって，増幅器2の電圧利得 G_v〔dB〕は，ヒントの式を用いて計算すると，

$$G_v = 20 \log_{10} \dfrac{v_o}{v_2} = 20 \log_{10} \dfrac{0.4}{4 \times 10^{-3}} = 20 \log_{10} 100 = 40$$

答 40dB

第4章 複素数と交流計算

練 習 問 題

4.43 次の式の値を求めよ．

(1) $\log_3 27$　　(2) $\log_{10} 0.01$　　(3) $\log_3 \dfrac{1}{81}$　　(4) $\log_{10} \sqrt[3]{100}$

4.44 次の式の値を求めよ．

(1) $\log_6 4 + 2\log_6 3$　　　　(2) $3\log_2 12 - \log_2 27$

4.45 $\log_{10} 2 = 0.3010$，$\log_{10} 3 = 0.4771$ として次の値を求めよ．

(1) $\log_{10} 8$　　(2) $\log_{10} 9$　　(3) $\log_{10} 4.5$

(4) $\log_{10} 1.8$　　(5) $\log_{10} 0.5$　　(6) $\log_{10}(60 \times 0.001)$

4.46 次の（ア）〜（オ）に適当な数字または記号を入れよ．

(1) $\log_{10}(10^3 \times 10^{-5}) = 3 + \boxed{（ア）} = \boxed{（イ）}$

(2) $\log_{10}\left(100 \times \dfrac{1}{1000}\right) = \boxed{（ウ）} - \log_{10}\boxed{（エ）} = \boxed{（オ）}$

4.47 $A/\sqrt{1+\omega^2 T^2}$ を真数とする常用対数を求めよ．

4.48 図のようなトランジスタ増幅回路において，入力側の電圧 $v_i = 0.2\text{V}$，電流 $i_i = 40\mu\text{A}$ であるとき，出力側の電圧 $v_o = 5\text{V}$，電流 $i_o = 4\text{mA}$ であった．この増幅回路の電力利得〔dB〕はいくらか．ただし，$\log_{10} 2 = 0.301$，$\log_{10} 3 = 0.477$，$\log_{10} 5 = 0.699$ とする．

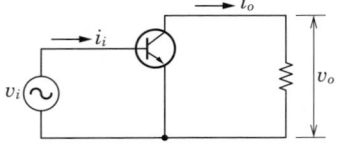

ヒント　入力電力を $p_i = v_i i_i$，出力電力を $p_o = v_o i_o$ とすると，電力増幅度 A_P〔倍〕，電力利得 G_p〔dB〕は次のようになる．

$$A_p = \dfrac{P_o}{P_i} = \dfrac{v_o i_o}{v_i i_i}, \quad G_p = 10\log_{10} A_p$$

4章　章末問題

● 1. 次の計算をせよ．

(1) $(1+j)^3$　　(2) $(-1-j2)(1+j)^2$　　(3) $\dfrac{1+j}{-j}$

● 2. インピーダンス $\dot{Z}_1 = 4+j2$, $\dot{Z}_2 = 8-j6$〔Ω〕の直列回路に，$\dot{V}=200\text{V}$ の電圧を加えたとき，流れる電流 $\dot{I}$ の大きさ〔A〕を求めよ．

● 3. 図4・30の回路に6Aの電流が流れている．電源電圧 $\dot{V}$ の大きさ〔V〕を求めよ．

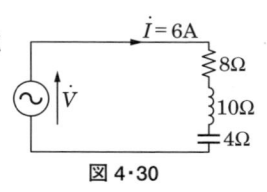

図4・30

● 4. 図4・31の並列回路に $\dot{E}=160+j120$〔V〕の電圧を加えた．各枝路の電流 $\dot{I}_R$, $\dot{I}_L$, $\dot{I}_C$ および $\dot{I}_o$〔A〕を求めよ．

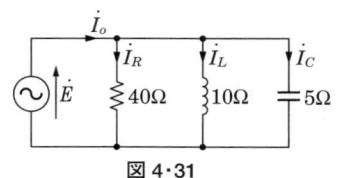

図4・31

● 5. 図4・32の回路において，電源電圧が100Vのとき，インピーダンス $\dot{Z}$ に流れる電流が $8-j6$〔A〕である．有効電力 P〔W〕および無効電力 Q〔var〕を求めよ．

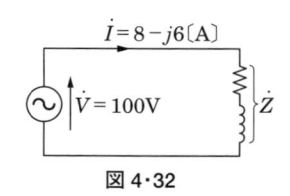

図4・32

● 6. 図4・33のトランジスタ増幅回路において，$i_b=100\mu\text{A}$ を流したときの i_c〔A〕を計算し，電流利得〔dB〕を求めよ．ただし，電流増幅率 β が200とする．

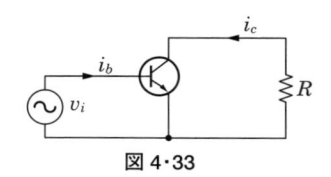

図4・33

第5章

微分・積分の基礎

> 電気の分野では，交流などの時間的変化量を扱うことが多い．これらの時間的変化率や微分が電気計算に用いられる．また，誘導起電力の式なども微分で求められる．積分は微分の逆演算として求められ，交流波形の平均値や実効値の計算に用いられる．
>
> この章では，導関数の求め方，微分の応用，不定積分の計算，定積分の計算法などを学ぶ．

キーワード 平均変化率，微分係数，導関数，接線の方程式，指数関数の導関数，対数関数の導関数，三角関数の導関数，極大・極小，不定積分，積分定数，置換積分，定積分

5.1 微分係数と導関数

(a) 極限値

関数 $f(x)$ において，x がある値から a に限りなく近づくに伴って，$f(x)$ の値が一定の値 α に限りなく近づくならば，$x \to a$ のときの $f(x)$ の **極限値** は α であるという．これを記号で表すと，

$$\lim_{x \to a} f(x) = \alpha \tag{5・1}$$

となる．式 (5・1) の lim は **極限** (limit) の略号である．

ここで，例えば，

$$f(x) = x^2 + 4x$$

とすると，x が限りなく 1 に近づくとき，$x^2 + 4x$ は 5 に限りなく近づくから，

$$\lim_{x \to 1}(x^2 + 4x) = 5$$

と表せる．

(b) 平均変化率

関数 $f(x)$ のグラフが図 5・1 のような場合を考える．グラフ上の点 A，B をとり，その座標を A(x_1, y_1)，B(x_2, y_2) とする．図 5・1 より，長さ AH は x の増分で Δx で表す．また長さ HB は y の増分で Δy で表す．

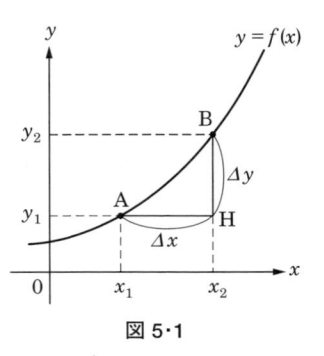

ここで，x，y 座標より，

$$\Delta x = x_2 - x_1$$
$$\Delta y = y_2 - y_1 = f(x_2) - f(x_1)$$

となる．ここで，Δx に対する Δy の比をとると，

$$\frac{\Delta y}{\Delta x} = \frac{y_2 - y_1}{x_2 - x_1} = \frac{f(x_2) - f(x_1)}{x_2 - x_1} \tag{5・2}$$

図 5・1

式 (5・2) の値を A から B までの **平均変化率** という．

(c) 微分係数

図 5・2 の関数 $y = f(x)$ のグラフ上の点 A(x_1, y_1)，B(x_2, y_2) を考える．点 A が固定されていて，点 B がグラフ線上を動いて A に近づき，点 C まできたときの座標を，C$(x_1 + \Delta x, y_3)$ とすれば，線分 AC の傾きは，

$$\frac{\Delta y}{\Delta x} = \frac{y_3 - y_1}{x_1 + \Delta x - x_1} = \frac{f(x_1 + \Delta x) - f(x_1)}{\Delta x}$$

となる．さらに，CがAに近づくときのxの増分Δxは，$\Delta x \to 0$であるからその極限値は，

$$f'(x_1) = \lim_{\Delta x \to 0} \frac{f(x_1 + \Delta x) - f(x_1)}{\Delta x} \quad (5 \cdot 3)$$

となり，これを関数$y = f(x)$の$x = x_1$における**微分係数**，または**変化率**といい，$f'(x)$で表す．

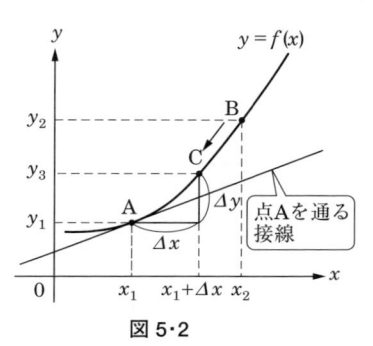

図5・2

(d) 導関数

微分係数は式(5・3)で計算されるが，定数x_1を変数xで置き換えれば，元の関数$y = f(x)$とは異なった別の関数が得られる．これは，元の関数$y = f(x)$から導かれたものであるから**導関数**という．導関数は式(5・3)より次式のようになる．

$$f'(x) = \lim_{\Delta x \to 0} \frac{\Delta y}{\Delta x} = \lim_{\Delta x \to 0} \frac{f(x + \Delta x) - f(x)}{\Delta x} \quad (5 \cdot 4)$$

関数$y = f(x)$からの導関数の表し方には，$f'(x)$のほかに，

$$y', \quad \frac{dy}{dx}, \quad \frac{d}{dx}f(x)$$

などの記号も用いられる．

例題 5.1 次の極限値を求めよ．

(1) $\displaystyle\lim_{x \to 1} \frac{x^2 - 4}{x + 2}$ (2) $\displaystyle\lim_{x \to 2} \frac{x^2 - x - 2}{x - 2}$

解 (1) $\displaystyle\lim_{x \to 1} \frac{x^2 - 4}{x + 2} = \frac{1^2 - 4}{1 + 2} = \frac{-3}{3} = -1$

(2) 分母が0になるのを避けるために約分する．

$$\frac{x^2 - x - 2}{x - 2} = \frac{(x - 2)(x + 1)}{(x - 2)} = x + 1$$

$$\lim_{x \to 2}(x + 1) = 2 + 1 = 3$$

答 (1) -1 (2) 3

5.1 微分係数と導関数

例題 5.2 関数 $y = x^2 + 3x - 4$ について，次の場合の平均変化率を求めよ．
(1) x が 1 から 3 まで変化したとき
(2) x が 2 から $2+h$ まで変化したとき

解 $f(x) = x^2 + 3x - 4$ とおく．

(1) $\dfrac{f(3) - f(1)}{3 - 1} = \dfrac{14 - 0}{2} = 7$

(2) $\dfrac{f(2+h) - f(2)}{(2+h) - 2} = \dfrac{(2+h)^2 + 3(2+h) - 4 - (2^2 + 6 - 4)}{h}$

$= \dfrac{7h + h^2}{h} = 7 + h$

答 (1) 7　(2) $7+h$

例題 5.3 関数 $f(x) = x^3$ の $x = 1$ における微分係数を求めよ．

解 $f'(1) = \lim\limits_{\Delta x \to 0} \dfrac{(1+\Delta x)^3 - 1^3}{\Delta x} = \lim\limits_{\Delta x \to 0} \dfrac{1 + 3\Delta x + 3(\Delta x)^2 + (\Delta x)^3 - 1^3}{\Delta x}$

$= \lim\limits_{\Delta x \to 0} \left\{ 3 + 3\Delta x + (\Delta x)^2 \right\} = 3$

答 3

例題 5.4 関数 $y = 2x^2 - 3x + 4$ の導関数を求めよ．

解 $\dfrac{\Delta y}{\Delta x} = \dfrac{2(x+\Delta x)^2 - 3(x+\Delta x) + 4 - (2x^2 - 3x + 4)}{\Delta x}$

$= \dfrac{2x^2 + 4x\Delta x + 2(\Delta x)^2 - 3x - 3\Delta x + 4 - 2x^2 + 3x - 4}{\Delta x}$

$= 4x - 3 + 2\Delta x$

であるから，求める導関数は，

$y' = \lim\limits_{\Delta x \to 0} \dfrac{\Delta y}{\Delta x} = 4x - 3$

答 $4x - 3$

練 習 問 題

5.1 次の極限値を求めよ．

(1) $\lim_{x \to 2}(x^2 - 5x + 6)$ (2) $\lim_{x \to 1}(x-3)(x+1)$

(3) $\lim_{x \to 1}\dfrac{x^3 - 1}{x - 1}$ (4) $\lim_{x \to 3}\dfrac{x - 3}{x^2 - 3x}$

(5) $\lim_{x \to \infty}\dfrac{1}{x^2 - 2}$ (6) $\lim_{x \to -2}\dfrac{1}{x + 2}$

(7) $\lim_{x \to -1}\dfrac{x + 1}{x^2 + 3x + 2}$ (8) $\lim_{x \to 1}\left(\dfrac{1}{x - 1} - \dfrac{2}{x^2 - 1}\right)$

5.2 次の関数について，x が -1 から 2 まで変化するときの平均変化率を求めよ．

(1) $y = 2x + 5$ (2) $y = 2x^2 - x + 4$

5.3 次の関数に対して括弧内に示された x の値における微分係数を求めよ．

(1) $f(x) = x^2 + 4x$ $(x = 2)$ (2) $f(x) = x^3 + 2x - 1$ $(x = -1)$

5.4 次の関数の導関数を求めよ．また，その結果から n が正の整数のときの $y = x^n$ の導関数を推定せよ．

(1) $y = x$ (2) $y = x^2$ (3) $y = x^3$

5.5 $y = x^n$ の導関数は，$y' = nx^{n-1}$ で求まる．この定理を用いて次の関数を微分せよ．

(1) $y = 5 - 4x - 3x^2$ (2) $y = 3x - 7x^2 + 2$ (3) $y = (x - 3)(x + 5)$

(4) $y = x(6 - x^2)$ (5) $y = \dfrac{9x^3 - 6x^2 + x}{3x}$ (6) $y = \dfrac{4x^2 - 6x + 2}{2x - 1}$

5.2 いろいろな関数の導関数

(a) 導関数の基礎定理

導関数を求めることを**微分する**という．

導関数の性質から，次の定理が導かれる．

① **定数の導関数**　$y=k$，k が定数の導関数は，

$$y' = \frac{dy}{dx} = (k)' = 0 \tag{5・5}$$

② **定数倍の導関数**　$y = kf(x)$，k が定数の導関数は，

$$y' = \frac{dy}{dx} = \{kf(x)\}' = kf'(x) \tag{5・6}$$

③ **関数の和または差の導関数**　x の関数 $f(x)$，$g(x)$ の和または差の関数 $y = f(x) \pm g(x)$ の導関数は，

$$y' = \frac{dy}{dx} = \{f(x) \pm g(x)\}' = f'(x) \pm g'(x) \tag{5・7}$$

④ **関数の積の導関数**　x の関数 $f(x)$，$g(x)$ の積の関数で結ばれた関数 $y = f(x) \cdot g(x)$ の導関数は，

$$y' = \frac{dy}{dx} = \{f(x) \cdot g(x)\}' = f'(x)g(x) + f(x)g'(x) \tag{5・8}$$

⑤ **関数の商の導関数**　x の関数 $f(x)$，$g(x)$ の商の関数で結ばれた関数 $f(x)/g(x)$，$g(x) \neq 0$) の導関数は，

$$y' = \frac{dy}{dx} = \left\{\frac{f(x)}{g(x)}\right\}' = \frac{f'(x)g(x) - f(x)g'(x)}{g(x)^2} \tag{5・9}$$

また，$y = 1/g(x)$ の場合の導関数は，

$$y' = \frac{dy}{dx} = \left\{\frac{1}{g(x)}\right\}' = -\frac{g'(x)}{g(x)^2} \tag{5・10}$$

⑥ **x^n の導関数**（n が正の整数のとき）

$$y' = nx^{n-1} \tag{5・11}$$

⑦ **x^{-n} の導関数**（n が正の整数のとき）

$$y' = -nx^{-n-1} \tag{5・12}$$

⑧ **$x^{1/n}$ のときの導関数**（n が正の整数のとき）

$$y' = \frac{1}{n} x^{(1/n)-1} \tag{5・13}$$

⑨ $y=f\{u(x)\}$ のような合成関数の微分法
$$y' = \frac{dy}{dx} = \frac{dy}{du} \cdot \frac{du}{dx} \tag{5・14}$$

(b) 接線の方程式

図5・3の関数$y=f(x)$上の点 A (x_1, y_1)における接線は，この点を通り，傾きが$f'(x)$の直線である．したがって，その接線の方程式は次のようになる．
$$y - y_1 = f'(x_1)(x - x_1) \tag{5・15}$$

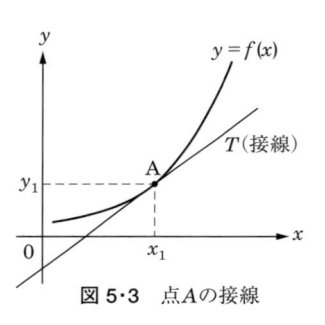

図5・3 点Aの接線

例題 5.5 次の式を微分せよ．

(1) $y = \dfrac{2-x}{2+x}$ (2) $y = -\dfrac{4}{x^3}$ (3) $y = 2x - \dfrac{1}{x}$

解

(1) $y' = \dfrac{-1 \cdot (2+x) - (2-x)}{(2+x)^2} = -\dfrac{4}{(2+x)^2}$ (式5・9)

(2) $y = -4x^{-3} \rightarrow y' = 12x^{-4} = \dfrac{12}{x^4}$ (式5・12)

(3) $y = 2x - x^{-1} \rightarrow y' = 2 + x^{-2} = 2 + \dfrac{1}{x^2}$ (式5・7)

答 (1) $-\dfrac{4}{(2+x)^2}$ (2) $\dfrac{12}{x^4}$ (3) $2 + \dfrac{1}{x^2}$

例題 5.6 次の式を微分せよ．

(1) $y = x^{\frac{1}{3}}$ (2) $y = \sqrt[4]{x}$

(3) $y = \sqrt{x^2 - 4}$ (4) $y = \dfrac{x^2 + 1}{x - 2}$

(5) $y = \dfrac{1}{x^2}$ (6) $y = x^2(x - 1)$

5.2 いろいろな関数の導関数

解 (1) $y' = \dfrac{1}{3}x^{\frac{1}{3}-1} = \dfrac{1}{3}x^{-\frac{2}{3}}$ (式5・13)

(2) $y = x^{\frac{1}{4}} \rightarrow y' = \dfrac{1}{4}x^{\frac{1}{4}-1} = \dfrac{1}{4}x^{-\frac{3}{4}}$ (式5・13)

(3) $y = (x^2-4)^{\frac{1}{2}} = u^{\frac{1}{2}}, \quad u = x^2-4$ とすると,

$$y' = \dfrac{dy}{du} \cdot \dfrac{du}{dx} = \dfrac{1}{2}(x^2-4)^{-\frac{1}{2}} \times 2x = \dfrac{x}{\sqrt{x^2-4}}$$ (式5・14)

(4) $y' = \dfrac{2x(x-2)-(x^2+1)}{(x-2)^2} = \dfrac{x^2-4x-1}{(x-2)^2}$ (式5・9)

(5) $y = x^{-2} \rightarrow y' = -2x^{-3} = -\dfrac{2}{x^3}$ (式5・12)

(6) $y' = 2x(x-1) + x^2 \cdot 1 = 2x^2 - 2x + x^2 = 3x^2 - 2x$ (式5・8)

例題 5.7 次の方程式の曲線上の点 $x=2$ における接線の方程式を求めよ.
(1) $y = 3x - x^2$ (2) $y = x^3 - 2x^2 + 1$

解 (1) $f(x) = 3x - x^2$ とおけば, $f(2) = 2 \rightarrow (2, 2)$ を通る. $f'(x) = 3 - 2x$, したがって, $f'(2) = -1 \rightarrow$ 傾き -1
よって, 求める接線は点 $(2, 2)$ を通り, 傾き -1 の直線であるから方程式は,

$$y - 2 = -1(x - 2) \quad \therefore \quad y = -x + 4$$

答 $y = -x + 4$

(2) $f(x) = x^3 - 2x^2 + 1$ とおけば, $f(2) = 1 \rightarrow (2, 1)$ を通る. $f'(x) = 3x^2 - 4x$, したがって, $f'(2) = 4 \rightarrow$ 傾き 4
よって, 求める接線は点 $(2, 1)$ を通り, 傾き 4 の直線であるから方程式は,

$$y - 1 = 4(x - 2) \quad \therefore \quad y = 4x - 7$$

答 $y = 4x - 7$

練習問題

5.6 次の式を微分せよ．

(1) $y = 2x^2 - \dfrac{1}{2}x$ (2) $y = 5x - 6x^2 - 8x^3$

(3) $y = x^3 - \dfrac{1}{3}x^2$ (4) $y = ax^2 - bx$ (a, b は定数)

5.7 次の関数を導関数の式 $y' = u'v + uv'$ を用いて微分せよ．

(1) $y = (x^2 - 1)(3x + 2)$ (2) $y = 3x^2(1 - x)$

(3) $y = (ax - b)(cx + b)$ (a, b, c は定数)   (4) $y = (4 - 2x^2)^2$

5.8 次の関数を微分せよ．

(1) $y = \sqrt[3]{(2 - 3x)^2}$ (2) $y = 3\sqrt[3]{x^4}$ (3) $y = (x^3 + 1)^2$

(4) $y = \dfrac{1}{\sqrt{6x - 2x^2}}$ (5) $y = \dfrac{x + 2}{x^2 + x + 2}$ (6) $y = (x + 2)\sqrt{2x - 1}$

5.9 次の放物線上の $x = -2$ である点における接線の方程式を求めよ．

(1) $y = \dfrac{1}{2}x^2$ (2) $y = -5x - x^2$

ヒント (1) $f(x) = \dfrac{1}{2}x^2$ とおけば，$f(-2) = 2$ $f'(x) = x$，したがって $f'(-2) = -2$

(2) $f(x) = -5x - x^2$ とおけば，$f(-2) = 6$ $f'(x) = -5 - 2x$，したがって $f'(-2) = -1$

5.10 速度 15m/s で地面から真上に投げ上げられた物体の t 秒後の高さ h [m] は，

$$h = 15t - \dfrac{1}{2}gt^2$$

で与えられるという．ただし，重力の加速度 $g = 9.8\text{m/s}^2$ とする．

(1) 投げ上げられてから 1 秒後の速度 v [m/s] を求めよ．

(2) この物体が地面に落下するときの速度 v' [m/s] を求めよ．

ヒント (1) $f(t) = 15t - 4.8t^2$ とおき，$f'(t)$ を求める．

(2) $h = 15t - 4.8t^2 = 0$ のときの t を求める．

5.3 三角関数・対数関数の導関数

(a) 三角関数の導関数

$\sin\theta/\theta$の極限値 θを限りなく0に近づけるとき，$1 > \sin\theta/\theta > \cos\theta$の関係が成り立つ．ここで，$\theta \to 0$のとき$\cos\theta \to 1$になるので$\sin\theta/\theta$の極限値は1である．すなわち，

$$\lim_{\theta \to 0} \frac{\sin\theta}{\theta} = 1$$

① **正弦の導関数** $y = \sin x$をxで微分する．導関数の定義より，

$$\frac{dy}{dx} = \lim_{\Delta x \to 0} \frac{\sin(x + \Delta x) - \sin x}{\Delta x}$$

上式を三角の公式を用いて展開し，$\Delta x \to 0$にすると次式が得られる．

$$y' = \frac{dy}{dx} = (\sin x)' = \cos x \tag{5・15}$$

② **余弦の導関数** $y = \cos x$をxで微分する．まず，次式のように展開する．

$$y = \cos x = \sin\left(x + \frac{\pi}{2}\right)$$

ここで，$u = x + \pi/2$とおくと，$y = \sin u$，$u' = 1$となり，合成関数の微分により，次式が得られる．

$$y' = (\sin u)' = \cos u \cdot u' = \cos\left(x + \frac{\pi}{2}\right) = -\sin x \tag{5・16}$$

③ **正接の導関数** $y = \tan x = \sin x/\cos x$を微分する．式(5・15)および式(5・16)を用いれば，次式が得られる．

$$y' = (\tan x)' = \left(\frac{\sin x}{\cos x}\right)' = \frac{(\sin x)' \cdot \cos x - \sin x \cdot (\cos x)'}{\cos^2 x}$$

$$= \frac{\cos^2 x + \sin^2 x}{\cos^2 x} = \frac{1}{\cos^2 x} \tag{5・17}$$

(b) 対数関数と指数関数の導関数

① **対数の導関数** xの関数$y = \log_a x$をxについて微分する．導関数の定義より，

$$\frac{dy}{dx} = \lim_{\Delta x \to 0} \frac{\log_a(x + \Delta x) - \log_a x}{\Delta x}$$

limの中身を変形すると，

$$\frac{\Delta y}{\Delta x} = \frac{\log_a(x + \Delta x) - \log_a x}{\Delta x} = \frac{1}{\Delta x}\log_a\left(\frac{x + \Delta x}{x}\right) = \frac{1}{\Delta x}\log_a\left(1 + \frac{\Delta x}{x}\right)$$

ここで，$\Delta x/x = 1/h$ とおくと，
$$\frac{\Delta y}{\Delta x} = \frac{h}{x}\log_a\left(1+\frac{1}{h}\right) = \frac{1}{x}\log_a\left(1+\frac{1}{h}\right)^h$$

また，$\Delta x \to 0$ のとき，$h \to \infty$ となるから上式の $\{1+(1/h)\}^h = 2.718\cdots$ の一定値に収束する．この値を**ナピーアの定数**といい，ε で表す．したがって，$y = \log_a x$ の導関数は次式で表せる．

$$y' = (\log_a x)' = \frac{1}{x}\log_a \varepsilon \tag{5・18}$$

対数関数の底 a が ε の場合の導関数は，

$$y' = (\log_\varepsilon x)' = \frac{1}{x}\log_\varepsilon \varepsilon = \frac{1}{x} \tag{5・19}$$

と簡単な形で表せる．微分・積分では ε を底とする対数が重要である．この対数を**自然対数**といい，定数 ε を自然対数の底という．なお，本書では自然対数の底を省略して単に **log x** と書く（関数電卓では自然対数のキーを ln と表記している）．

② **指数関数の導関数**　$y = a^x$ の導関数を求めるため，両辺の自然対数をとる．
$$\log y = \log a^x = x\log a$$

$\log a$ は定数であるから，両辺を x で微分する．
$$\frac{y'}{y} = \log a$$

分母を払うと，次式が得られる．
$$y' = (a^x)' = y\log a = a^x \log a \tag{5・20}$$

次に，ε を底とする指数関数 $y = \varepsilon^x$ の導関数は，
$$y' = \left(\varepsilon^x\right)' = \varepsilon^x \tag{5・21}$$

例題 5.8　次の極限値を求めよ．
(1) $\displaystyle\lim_{\theta \to 0}\frac{\sin 3\theta}{\theta}$　　(2) $\displaystyle\lim_{\theta \to 0}\frac{\tan \theta}{\theta}$

解　(1) $\displaystyle\lim_{\theta \to 0}\frac{\sin 3\theta}{\theta} = \lim_{\theta \to 0}\left(\frac{3}{1}\cdot\frac{\sin 3\theta}{3\theta}\right) = \frac{3}{1}\cdot 1 = 3$

(2) $\displaystyle\lim_{\theta \to 0}\frac{\tan \theta}{\theta} = \lim_{\theta \to 0}\left(\frac{\sin \theta}{\theta}\cdot\frac{1}{\cos \theta}\right) = 1\cdot 1 = 1$　（$\because \cos 0 = 1$）

5.3 三角関数・対数関数の導関数

例題 5.9 次の関数を微分せよ．
(1) $y = \sin^2 x$　　(2) $y = \cos 2x$

解 (1) $u = \sin x$ とおくと，$y = u^2$ である．合成関数の微分法を用いて，
$$y' = \frac{dy}{du} \cdot \frac{du}{dx} = 2u^{2-1} \cdot (\sin x)' = 2\sin x \cos x$$

(2) $u = 2x$ とおくと，$y = \cos u$ である．
$$y' = \frac{dy}{du} \cdot \frac{du}{dx} = (\cos u)' \cdot (2x)' = -\sin 2x \cdot 2 = -2\sin 2x$$

例題 5.10 次の関数を微分せよ．
(1) $y = \tan(x^2 - 1)$　　(2) $y = \dfrac{1}{\cos x}$

解 (1) $u = x^2 - 1$ とおくと，$u' = 2x$
$$y' = (\tan u)' \cdot (u)' = \frac{2x}{\cos^2(x^2 - 1)}$$

(2) $u = \cos x$ とおくと，$u' = -\sin x$，$y = u^{-1}$ を微分すると，
$$y' = (u^{-1})' \cdot (u)' = -1(\cos^{-2} x) \cdot (-\sin x) = \frac{\sin x}{\cos^2 x}$$

例題 5.11 次の関数を微分せよ．
(1) $y = \log(x^2 + 1)$　　(2) $y = \log \dfrac{\sqrt{x}}{x+1}$

解 (1) $u = x^2 + 1$ とおくと，$u' = 2x$
$$y' = \frac{dy}{du} \cdot \frac{du}{dx} = (\log u)' \cdot u' = \frac{2x}{x^2 + 1}$$

(2) $y = \log \dfrac{\sqrt{x}}{x+1} = \log \sqrt{x} - \log(x+1) = \dfrac{1}{2} \log x - \log(x+1)$
$$y' = \frac{1}{2} \cdot \frac{1}{x} - \frac{1}{x+1} = \frac{-x+1}{2x(x+1)}$$

練 習 問 題

5.11 $\displaystyle\lim_{\theta \to 0} \frac{\sin k\theta}{\theta}$ を求めよ．

5.12 $\displaystyle\lim_{\theta \to 0} \frac{\sin 3\theta}{\sin 2\theta}$ を求めよ．

5.13 $y = A\sin(\omega t + \theta)$ を t で微分せよ．ただし，A, ω, θ は定数とする．

ヒント $u = \omega t + \theta$ とおくと，$u' = \omega$

5.14 $y = \sin^n x$ を x で微分せよ．ただし n は定数とする．

ヒント $u = \sin x$ とおくと，$y = u^n$, $u' = \cos x$

5.15 次の三角関数を x で微分せよ．
 (1) $y = \sin x \cos x$　　　　(2) $y = x^2 \sin x$
 (3) $y = \tan(6x - \pi/2)$　　(4) $y = \cos^2(3x^2 + 1)$

ヒント (4) $u = 3x^2 + 1$ とおく．$y = \cos^2 u = (\cos u)^2$, $(\cos u)' = -\sin u$, $u' = 6x$

5.16 次の関数を t で微分せよ．
 (1) $y = \sin(\omega t + \theta)$　　(2) $y = \cos(2\omega t - \theta)$　　(3) $y = t\cos \omega t$

5.17 $y = \varepsilon^{2x-1}$ を微分せよ．

5.18 次の式を x で微分せよ．
 (1) $y = \log(1 + x^2)$　　(2) $y = \log\dfrac{1}{x}$

ヒント (1) $u = 1 + x^2$ とおくと，$u' = 2x$, $y = \log u$

5.19 次の式を x で微分せよ．
 (1) $y = \log(a - 2x)$　　(2) $y = \log \sin x$

5.4 微分の応用

(a) 関数の極大・極小

図5・4の$y = f(x)$の曲線は，xの値が増加するとき，$f(x)$は増加→極大→減少→極小→増加を示すグラフである．図5・4には描かれていないが$f(x)$の曲線が，増加→傾き0→増加，または減少→傾き0→減少のような曲線になる場合，傾き0の点を**変曲点**という．

図5・4のグラフについて，$y = f(x)$の増加・減少の関係は，yを微分して$f'(x)$の正負の値から判断することができる．

$$f(x)が増加する区分ではf'(x) > 0$$
$$f(x)が減少する区間ではf'(x) < 0$$

(b) 極大・極小の求め方

ある関数$f(x)$の極大または極小は次の手順により求めることができる．

① $f(x)$を微分して$f'(x)$を求める．
② $f'(x) = 0$とおいて，その根aを求める．
③ $f'(x)$をさらに微分して$f''(x)$を求める．
④ $f''(a) > 0$なら$f(a)$は極小値である．
　$f''(a) < 0$なら$f(a)$は極大値である．
　$f''(a) = 0$なら点$\{a, f(a)\}$は変曲点である．

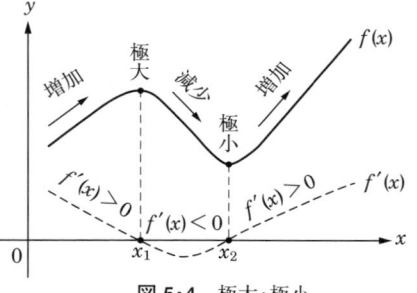

図5・4 極大・極小

(c) 速度・加速度

一般に物体の運動は，外部から力が加わるとき速度が変化する．物体の位置xを時刻tの関数とすれば，

$$x = f(t)$$

で表される．物体の位置xの時間tに対する変化率dx/dtは速度v〔m/s〕を表し，また，速度vの時間tに対する変化率は加速度a〔m/s^2〕を表す．

$$v = \frac{dx}{dt} = f'(t) \tag{5・22}$$

$$a = \frac{dv}{dt} = f''(t) \tag{5・23}$$

(d) 電流

導体の断面を Δt〔s〕の間に通過する電気量を Δq とするときの平均の電流 i〔A〕は，$\Delta t \to 0$ の極限値をとり次式で表す．

$$i = \frac{dq}{dt} \tag{5・24}$$

(e) 静電容量

コンデンサに蓄えられた電荷を q〔C〕，両端の電圧を v〔V〕とすれば，$q = Cv$ の関係があり，C は定数で**静電容量**〔F〕という．q を表す式を時間 t〔s〕で微分すると，平均電流 i〔A〕が得られる．

$$i = \frac{dq}{dt} = C\frac{dv}{dt} \tag{5・25}$$

(f) 自己誘導

コイルに流れる電流が変化すると，コイルの両端に逆方向の誘導起電力 e〔V〕を生じる．この e は，コイルに流れる電流 i〔A〕の時間的変化に比例する．すなわち，

$$e = L\frac{di}{dt} \tag{5・26}$$

となる．L は定数で**自己インダクタンス**〔H〕という．

例題 5.12 $f(x) = 2x^3 + 3x^2 - 12x - 4$ の極値を求めよ．

解
$f'(x) = 6x^2 + 6x - 12 = 6(x-1)(x+2)$
$(x-1)(x+2) = 0$ とおくと，$x = 1, -2$
$f''(x) = 12x + 6$
$f''(1) = 12 + 6 = 18 > 0$
∴ $x = 1$ のとき極小
$f''(-2) = -24 + 6 = -18 < 0$
∴ $x = -2$ のとき極大
$f(1) = 2 + 3 - 12 - 4 = -11$
$f(-2) = -16 + 12 + 24 - 4 = 16$

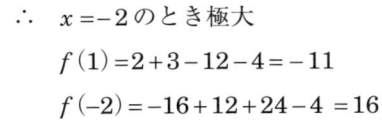

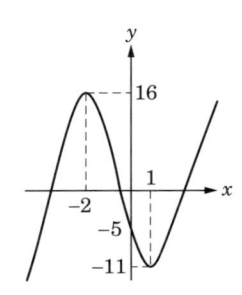

答 $x = 1$ のとき極小値は -11
$x = -2$ のとき極大値は 16

5.4 微分の応用

例題 5.13 次の回路において，$i = I_m \sin \omega t$ のとき，e と i との関係を示せ．ただし，$e = L(di/dt)$ である．

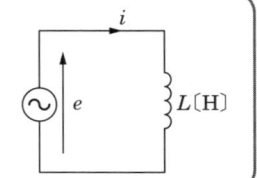

解 電流 i の変化率 (di/dt) は，電流 i を時間 t で微分する．

$$\frac{di}{dt} = (I_m \sin \omega t)' = \omega I_m \cos \omega t = \omega I_m \sin\left(\omega t + \frac{\pi}{2}\right)$$

$$\therefore \quad e = L \frac{di}{dt} = \omega L I_m \sin\left(\omega t + \frac{\pi}{2}\right) = E_m \sin\left(\omega t + \frac{\pi}{2}\right)$$

ゆえに，e は i より $\pi/2$ [rad] だけ位相が進んでいる．逆に e を基準に考えると，i は $\pi/2$ [rad] だけ位相が遅れる．また，電圧の最大値は $E_m = \omega L I_m$ である．

例題 5.14 起電力 E [V]，内部抵抗 r [Ω] の電源に抵抗 R [Ω] の負荷を接続したとき，負荷の電力が最大になるには，R をいくらにしたらよいか．

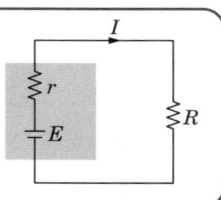

解 R で消費される電力 P [W] は，

$$P = I^2 R = \left(\frac{E}{r+R}\right)^2 R = \frac{E^2 R}{(r+R)^2}$$

上式において，R の値が変わると，P が変化する．そこで P を R について微分する．

$$\frac{dP}{dR} = E^2 \frac{(r+R)^2 - 2R(r+R)}{(r+R)^4} = \frac{E^2(r-R)}{(r+R)^3}$$

ここで，$\dfrac{r-R}{(r+R)^3} = 0$ とおくと，$R = r$（極値）

ゆえに，$R = r$ のとき消費電力は最大になる．

なお，1.6 節では微分を使わないで最大・最小定理が説明されている．

練習問題

5.20 $y = x^3 + 3x^2 - 9x - 2$ の関係について，$x = -4$，$x = 0$ のときの増減を調べよ．

5.21 $y = x^3 - 6x^2 + 9x - 3$ の極値をを求めよ．

5.22 初速度 v_0〔m/s〕で真上に投げた物体の t〔s〕後における高さ h〔m〕は，
$$h = v_o t - \frac{1}{2}gt^2$$
である．$v_0 = 30$m/s，$t = 2$s のときの速度 v〔m/s〕を求めよ．ただし，$g = 9.8$m/s^2 とする．

5.23 1辺が20cmの正方形の厚紙がある．その四隅から正方形の部分を切り取り，箱をつくる．箱の容積を最大にするには，切り取る正方形の1辺の長さは何cmとしたらよいか．
ヒント 切り取る辺の長さを x とすると，その体積 V〔cm^3〕は，$V = x(20 - 2x)^2$

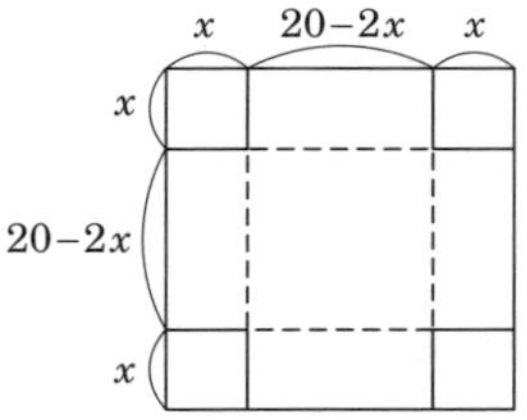

5.24 図のように，相互インダクタンス M の回路に，$i_1 = I_m \sin \omega t$〔A〕の電流を流した．二次回路の起電力 e_2〔V〕を求めよ．

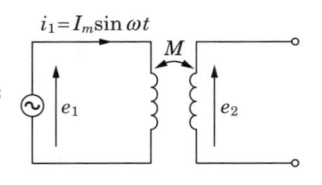

5.25 図のようにab間の抵抗が R〔Ω〕で，接触子cをもつ抵抗がある．電源電圧 E〔V〕を一定にして，接触子cを移動したとき，全回路を流れる電流 I〔A〕を最小にする接触子cの位置を求めよ．
ヒント ac間の抵抗を x〔Ω〕，cd間の抵抗を $R-x$〔Ω〕として，電流を I〔A〕を求める式は，
$$I = \frac{E}{\dfrac{x(R-x)}{R}} = \frac{ER}{x(R-x)} = \frac{ER}{xR - x^2}$$

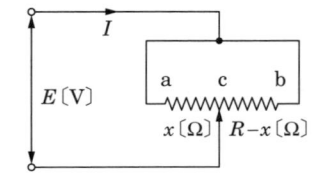

5.5 不定積分の計算

(a) 不定積分と積分定数

関数 $y=x^2$ を微分すると，$y'=2x$ になるが，ここで $2x$ が与えられたとき，微分する前の関数 y を求めることを**積分**するという．ここでは，微分することの逆の演算について考える．微分すると $f(x)$ になる関数の1つを $F(x)$，定数を C とすると，

$$\{F(x)+C\}' = F'(x) = f(x)$$

で表せる．微分すると $f(x)$ となる関数を関数 $f(x)$ の**不定積分**といい，記号

$$\int f(x)dx$$

で表す．不定積分は，

$$\int f(x)dx = F(x) + C \tag{5・27}$$

と書くことができ，C を**積分定数**という．なお，$\int$ は積分記号でインテグラルと読む．

(b) 積分の基本公式

微分の基本公式を逆演算して求めたものが次のような積分の公式である．

① $(kx)' = k$ より $\int kdx = kx + C$ (5・28)

② $(x^{n+1})' = (n+1)x^n$ より $\int x^n dx = \dfrac{1}{n+1}x^{n+1} + C$ (5・29)

③ $(\cos x)' = -\sin x$ より $\int \sin x dx = -\cos x + C$ (5・30)

④ $(\sin x)' = \cos x$ より $\int \cos x dx = \sin x + C$ (5・31)

⑤ $(\tan x)' = \sec^2 x$ より $\int \sec^2 x dx = \tan x + C$ (5・32)

⑥ $(\log x)' = \dfrac{1}{x}$ より $\int \dfrac{dx}{x} = \log|x| + C$ (5・33)

⑦ $(\varepsilon^x)' = \varepsilon^x$ より $\int \varepsilon^x dx = \varepsilon^x + C$ (5・34)

(c) 置換積分

置換積分は微分法の中の合成関数の微分法と同じ考え方で，積分変換を別の積分変数に替えて，基本公式にあてはめて求める方法である．つまり，$F(x) = \int f(x)dx$

より，x で微分すると，$F'(x) = f(x)$

また，$x = g(u)$ とおくと，$F(x) = F\{g(u)\}$，これを u で微分すると，

$$\frac{d}{du}F(x) = \frac{d}{du}F(x) \cdot \frac{dx}{du} = F'(x) \cdot g'(u)$$
$$= f(x) \cdot g'(u) = f\{g(u)\}g'(u) \tag{5·35}$$

式 (5·35) を u について積分すると，

$$F(x) = \int f\{g(u)\}g'(u)du \tag{5·36}$$

例題 5.15 次の不定積分を求めよ．

(1) $\int x^2 dx$ (2) $\int 3x^4 dx$ (3) $\int (3x^2 + x + 1)dx$
(4) $\int \frac{1}{x^2} dx$ (5) $\int x\sqrt{x}\, dx$ (6) $\int \frac{1}{\sqrt[3]{x}} dx$

解

(1) $\int x^2 dx = \frac{1}{2+1}x^{2+1} + C = \frac{x^3}{3} + C$

(2) $\int 3x^4 dx = \frac{3}{5}x^5 + C$

(3) $\int (3x^2 + x + 1)dx = x^3 + \frac{x^2}{2} + x + C$

(4) $\int \frac{1}{x^2} dx = \int x^{-2} dx = \frac{1}{-1}x^{-1} + C = -\frac{1}{x} + C$

(5) $\int x\sqrt{x}\, dx = \int x \cdot x^{\frac{1}{2}} dx = \int x^{\frac{3}{2}} dx = \frac{1}{\frac{3}{2}+1}x^{\frac{5}{2}} + C = \frac{2}{5}x^2\sqrt{x} + C$

(6) $\int \frac{1}{\sqrt[3]{x}} dx = \int x^{-\frac{1}{3}} dx = \frac{1}{-\frac{1}{3}+1}x^{-\frac{1}{3}+1} + C = \frac{3}{2}x^{\frac{2}{3}} + C = \frac{3}{2}\sqrt[3]{x^2} + C$

例題 5.16 次の不定積分を求めよ．

(1) $\int a\cos\theta\, d\theta$ (2) $\int (2\cos\theta - \sin\theta)d\theta$

解 (1) $\int a\cos\theta\, d\theta = a\sin\theta + C$ (2) $\int (2\cos\theta - \sin\theta)d\theta = 2\sin\theta + \cos\theta + C$

5.5 不定積分の計算

例題 5.17 $\int (a+bx)^3 dx$ を積分せよ．

解 $a+bx=u$ とおくと，$x=u/b-a/b$ より，

$$\frac{dx}{du}=\frac{1}{b} \quad \therefore \quad dx=\frac{1}{b}du$$

$$\int (a+bx)^3 dx = \int u^3 \cdot \frac{du}{b} = \frac{1}{(3+1)b}u^{3+1}+C = \frac{1}{4b}(a+bx)^4+C$$

例題 5.18 $\int \sin(\omega t+\theta) dt$ を積分せよ．

解 $\omega t+\theta=u$ とおいて，微分すると，

$$\omega dt = du \quad \therefore \quad dt=\frac{du}{\omega}$$

$$\int \sin(\omega t+\theta) dt = \frac{1}{\omega}\int \sin u\, du = \frac{1}{\omega}(-\cos u)+C = -\frac{1}{\omega}\cos(\omega t+\theta)+C$$

例題 5.19 次の不定積分を求めよ．

$$\int \frac{1}{5-x} dx$$

解 $5-x=u$ とおいて，両辺を微分する．

$$x=5-u, \quad \frac{dx}{du}=-1 \rightarrow dx=-du$$

$$\int \frac{dx}{5-x} = \int \frac{-du}{u} = -\int \frac{-du}{u} = -\log u + C = -\log(5-x)+C$$

例題 5.20 次の不定積分を求めよ．

$$\int \frac{1}{(3-x)^2} dx$$

解 $3-x=u$ とおいて，微分すると，

$$x=3-u, \quad \frac{dx}{du}=-1 \rightarrow dx=-du$$

$$\int \frac{dx}{(3-x)^2} = \int \frac{-du}{u^2} = -\int u^{-2} du = -\frac{u^{-2+1}}{-2+1}+C = u^{-1}+C = \frac{1}{3-x}+C$$

練習問題

5.26 次の不定積分を求めよ．

(1) $\int 30x^4 dx$ (2) $\int (15x^4 + 16x^3)dx$ (3) $\int \dfrac{1}{x^{2.5}} dx$

(4) $\int (x-1)(x+1) dx$ (5) $\int 6x^5 dx$ (6) $\int \sqrt[3]{x^2}\, dx$

5.27 次の不定積分を求めよ．

(1) $\int (1-2x)^4 dx$ (2) $\int \dfrac{1}{3x+2} dx$ (3) $\int \varepsilon^{-x} dx$

(4) $\int \sqrt{2x-1}\, dx$ (5) $\int \dfrac{3x^2 - 2x}{x} dx$ (6) $\int \dfrac{1}{3x-2} dx$

5.28 次の関数を積分せよ．

(1) $\sin 5x$ (2) $\cos(2x+1)$ (3) $\sin^2 x$

(4) $\sec^2 x$ (5) $\cos^2 x$ (6) $4\cos^2 2x$

ヒント （3） $\sin^2 x = \dfrac{1-\cos 2x}{2}$ を利用する．

（5） $\cos^2 x = \dfrac{1+\cos 2x}{2}$ を利用する．

5.29 $\int \left(4\varepsilon^t - \dfrac{3}{t}\right) dt$ を求めよ．

5.30 $\int \dfrac{x^3 + x^2 + x + 1}{x^2} dx$ を求めよ．

5.6 定積分とその応用

(a) 定積分の計算法

図5·5に示す関数 $y=f(x)$ が区間 $[a, b]$ で $f(x) \geqq 0$ であるとき，曲線 $f(x)$ と x 軸および二直線 $x=a$，$x=b$ で囲まれた面積 S は，

$$S = \int_a^b f(x)dx \qquad (5\cdot 35)$$

で表される．すなわち，$f(x)$ の不定積分の1つを $F(x)$ とするとき面積 S は，$F(b)-F(a)$ から計算できる．定積分の式は，

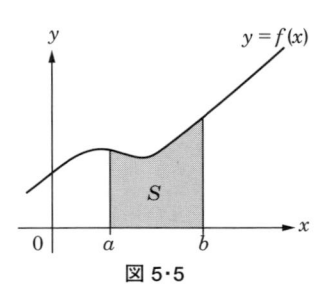

図 5·5

$$\int_a^b f(x)dx = [F(x)]_a^b = F(b)-F(a) \qquad (5\cdot 36)$$

で表される．なお，この定積分を求めることを **$f(x)$ を a から b まで積分する** という．なお，a, b を **積分限界**，a を下限，b を上限という．

(b) 定積分の性質

定積分についても，不定積分の場合と同様に次の性質がある．

① $\int_a^b k f(x)dx = k \int_a^b f(x)dx \quad (k: 定数) \qquad (5\cdot 37)$

② $\int_a^b \{f(x) \pm g(x)\}dx = \int_a^b f(x)dx \pm \int_a^b g(x)dx \qquad (5\cdot 38)$

③ $\int_a^b f(x)dx = \int_a^c f(x)dx + \int_c^b f(x)dx \qquad (5\cdot 39)$

例題 5.21 図のように，$y=x^2$ のグラフがある．曲線 $y=x^2$ と x 軸および二直線 $x=1$，$x=2$ で囲まれた面積 S を求めよ．

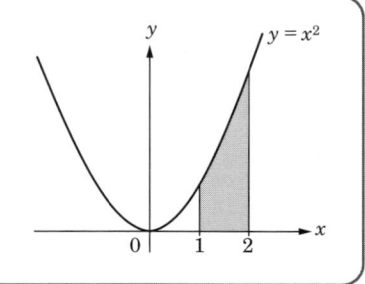

解

$$S = \int_1^2 x^2 dx = \left[\frac{x^3}{3}\right]_1^2 = \frac{2^3}{3} - \frac{1^3}{3} = \frac{7}{3}$$

第5章 微分・積分の基礎

例題 5.22 正弦波の上半分と x 軸とで囲まれた部分の面積を求めよ.

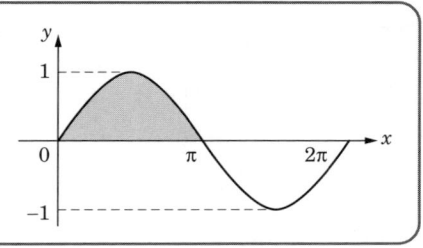

解 図のように,積分限界は0からπまでで, $\sin x \geqq 0$ である. 面積 S は,
$$S = \int_0^\pi \sin x \, dx = [-\cos x]_0^\pi = -\cos\pi + \cos 0 = 2$$

例題 5.23 次の定積分を計算せよ.

(1) $\int_1^2 x^3 dx$ (2) $\int_1^3 (2t^2 - 5) dt$ (3) $\int_1^5 t^{-2} dt$ (4) $\int_{-1}^1 \frac{1}{2x+3} dx$

解

(1) $\int_1^2 x^3 dx = \left[\frac{x^4}{4}\right]_1^2 = \frac{2^4}{4} - \frac{1^4}{4} = \frac{15}{4}$

(2) $\int_1^3 (2t^2 - 5) dt = \left[\frac{2}{3} t^3 - 5t\right]_1^3 = \frac{2}{3} \times 27 - 5 \times 3 - \left(\frac{2}{3} - 5\right) = \frac{22}{3}$

(3) $\int_1^5 t^{-2} dt = [-t^{-1}]_1^5 = -\frac{1}{5} + 1 = \frac{4}{5}$

(4) $\int_{-1}^1 \frac{1}{2x+3} dx = \left[\frac{1}{2} \log(2x+3)\right]_{-1}^1 = \frac{1}{2}(\log 5 - \log 1) = \frac{1}{2} \log 5$ ($\because \log 1 = 0$)

例題 5.24 次の定積分を計算せよ.

(1) $\int_0^{\frac{\pi}{4}} \sin 2\theta \, d\theta$ (2) $\int_0^{\frac{\pi}{2}} \cos^2 \theta \, d\theta$

解

(1) $\int_0^{\frac{\pi}{4}} \sin 2\theta \, d\theta = \left[-\frac{1}{2} \cos 2\theta\right]_0^{\frac{\pi}{4}} = -\frac{1}{2} \cos \frac{\pi}{2} + \frac{1}{2} \cos 0 = -\frac{1}{2} \times 0 + \frac{1}{2} \times 1 = \frac{1}{2}$

(2) $\int_0^{\frac{\pi}{2}} \cos^2 \theta \, d\theta = \int_0^{\frac{\pi}{2}} \frac{1 + \cos 2\theta}{2} d\theta = \left[\frac{\theta}{2} + \frac{\sin 2\theta}{4}\right]_0^{\frac{\pi}{2}}$
$= \left(\frac{\pi}{4} + \frac{\sin \pi}{4}\right) - \left(0 + \frac{\sin 0}{4}\right) = \frac{\pi}{4}$

5.6 定積分とその応用

例題 5.25 瞬時値 $i = I_m \sin\theta$ で表される正弦波交流の平均値 I_a を求めよ．

解 正弦波交流は対称波であるから平均値を求める場合，半周期について計算する．半周期の面積 A は，

$$A = \int_0^\pi I_m \sin\theta \, d\theta$$

ゆえに，平均値 I_a は，

$$I_a = \frac{1}{\pi}\int_0^\pi I_m \sin\theta \, d\theta = \frac{I_m}{\pi}\int_0^\pi \sin\theta \, d\theta$$

$$= \frac{I_m}{\pi}[-\cos\theta]_0^\pi = \frac{I_m}{\pi}\{-\cos\pi + \cos 0\} = \frac{2}{\pi}I_m$$

答 $I_a = \dfrac{2}{\pi}I_m$

例題 5.26 瞬時値 $i = I_m \sin\omega t$ で表される正弦波交流の実効値 I を求めよ．

解 交流の実効値は，その瞬時値の2乗の1サイクル間の平均の平方根で表される．ゆえに，$i = I_m\sin\omega t$ の2乗は，

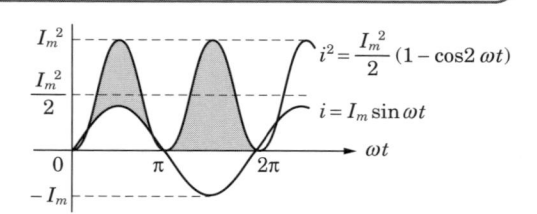

$$i^2 = I_m{}^2 \sin^2\omega t = \frac{I_m{}^2}{2}(1-\cos 2\omega t) = \frac{I_m{}^2}{2} - \frac{I_m{}^2}{2}\cos 2\omega t$$

$$I = \sqrt{i^2 \text{の平均}} = \sqrt{\frac{I_m{}^2}{2}} = \frac{I_m}{\sqrt{2}}$$

これを積分を用いて求める．$\omega t = \theta$ とすると，

$$I = \sqrt{\frac{1}{2\pi}\int_0^{2\pi} i^2 \, d\theta} \quad \cdots\cdots\cdots\cdots\cdots\cdots ①$$

$$\int_0^{2\pi} i^2 \, d\theta = \int_0^{2\pi} I_m{}^2 \sin^2\theta \, d\theta = \frac{I_m{}^2}{2}\int_0^{2\pi}(1-\cos 2\theta)d\theta = \frac{I_m{}^2}{2}\left[\theta - \frac{1}{2}\sin 2\theta\right]_0^{2\pi}$$

$$= \frac{I_m{}^2}{2}\left\{2\pi - \frac{1}{2}\sin 4\pi - \left(0 - \frac{1}{2}\sin 0\right)\right\} = \pi I_m{}^2 \quad \cdots\cdots\cdots ②$$

式②を式①へ代入すると，

$$I = \sqrt{\frac{1}{2\pi}\cdot \pi I_m{}^2} = \frac{I_m}{\sqrt{2}}$$

答 $\dfrac{I_m}{\sqrt{2}}$

第5章 微分・積分の基礎

練習問題

5.31 次の定積分を計算せよ．

(1) $\int_0^9 \sqrt{x}\,dx$ (2) $\int_{\frac{\pi}{6}}^{\frac{\pi}{2}} \cos\theta\,d\theta$ (3) $\int_1^4 \frac{1}{\sqrt{x}}\,dx$ (4) $\int_2^4 \frac{1}{x}\,dx$

(5) $\int_0^1 \varepsilon^t\,dt$ (6) $\int_{\frac{\pi}{3}}^{\pi} \sin\theta\,d\theta$ (7) $\int_{-1}^2 (x^2 - 4x + 1)\,dx$ (8) $\int_1^\varepsilon \frac{x-1}{x}\,dx$

5.32 図のような三角波の実効値を求めよ．

ヒント 実効値は1/4周期で計算する．図の直線の方程式は，

$$e = \frac{E_0}{T}t \quad \left(\text{傾きが}\frac{E_0}{T}\right)$$

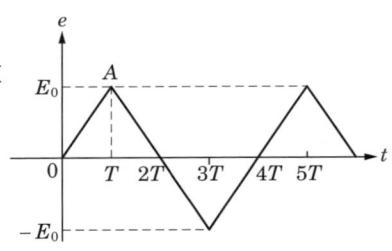

5.33 図1のように，サイリスタを用いた単相半波整流回路がある．電源電圧 $e = \sqrt{2}E\sin\theta$ で，制御角を α としたときの負荷の平均電圧 E_d を求めよ．

ヒント 半波整流波形は図2のようになる．

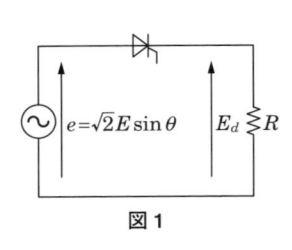

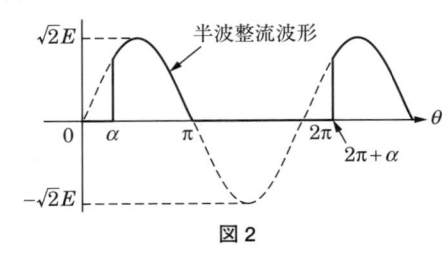

図1

図2

5.34 図のようなサイリスタを用いた単相ブリッジ順変換回路があり，純抵抗負荷が接続されている．制御角 α のときの負荷の平均電圧 E_d を求めよ．

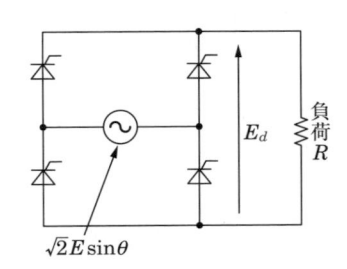

5章　章末問題

●1. 次の関数を導関数の式 $y' = u'v + uv'$ を用いて微分せよ．また式を展開して微分したときの値に一致することを確かめよ．

(1) $y = (x^2 + a^2)(x^2 - a^2)$　　(2) $y = (3 - 2x)^2$

●2. 次の式を微分せよ．

(1) $y = (x^2 + 1)(3x - 1)$　　(2) $y = \dfrac{2x}{x^2 + 4}$　　(3) $y = \dfrac{5}{2x^2}$

(4) $y = \dfrac{1}{2(x^2 + 4)^2}$　　(5) $y = \sqrt[3]{x^3 - 1}$　　(6) $y = 2\sqrt{x}(1 - x^2)$

●3. 次の関数を微分せよ．

(1) $y = \sin 3x \cos 3x$　　(2) $y = (x \sin x)^3$　　(3) $y = \tan^2 3x$

●4. 次の関数を微分せよ．

(1) $y = x \log x$　　(2) $y = (\log x)^2$　　(3) $y = 10^x$

●5. 次の不定積分を求めよ．

(1) $\displaystyle\int 10x^3 \, dx$　　(2) $\displaystyle\int (25x^4 + 16x^3) \, dx$　　(3) $\displaystyle\int \dfrac{1}{x^{1.7}} \, dx$

(4) $\displaystyle\int x(x+1)(x-1) \, dx$　　(5) $\displaystyle\int (3x^2 + 2\varepsilon^x) \, dx$　　(6) $\displaystyle\int \left(\dfrac{1}{x} - \sin x\right) dx$

(7) $\displaystyle\int \dfrac{1}{\sqrt{3x - 4}} \, dx$　　(8) $\displaystyle\int \dfrac{1}{2 - 3x} \, dx$

●6. 曲線 $y = x^2 - 2$ と直線 $y = x$ で囲まれた図形の面積を求めよ．

ヒント　2つの方程式のグラフは図のように表せる．求める面積は ▨ の部分である．

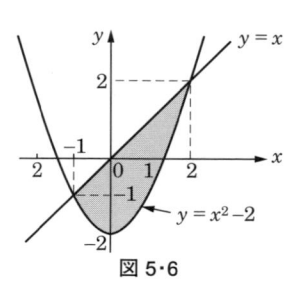

図 5・6

練習問題・章末問題の解答

第1章

練習問題

1.1 (1) 0.75　　(2) 0.4$\dot{6}$　　(3) $\dot{2}$.8571$\dot{4}$　　(4) 3.1$\dot{6}$

1.2

	最大公約数	最小公倍数
(1)	12	144
(2)	3	180
(3)	$3ab^2$	$18a^2b^3$
(4)	$x(x-3)$	$x^2(x-3)(x+1)$

1.3 (1) $0.3 = \dfrac{0.3}{1} = \dfrac{0.3 \times 10}{1 \times 10} = \dfrac{3}{10}$

(2) $0.25 = \dfrac{0.25}{1} = \dfrac{0.25 \times 100}{1 \times 100} = \dfrac{25 \div 25}{100 \div 25} = \dfrac{1}{4}$　　（25と100の最大公約数は25）

(3) $16.5 = \dfrac{16.5}{1} = \dfrac{16.5 \times 10}{1 \times 10} = \dfrac{165 \div 5}{10 \div 5} = \dfrac{33}{2}$　　（165と10の最大公約数は5）

(4) $-2.48 = -\dfrac{2.48}{1} = -\dfrac{2.48 \times 100}{1 \times 100} = -\dfrac{248 \div 4}{100 \div 4} = -\dfrac{62}{25}$　　（248と100の最大公約数は4）

1.4 (1) $\begin{array}{r|rr} 1 & 7 & 12 \\ \hline & 7 & 12 \end{array}$　　　　(2) $\begin{array}{r|rrr} 4 & 3 & 4 & 8 \\ \hline & 3 & 1 & 2 \end{array}$

　　　答　$1 \times 7 \times 12 = 84$　　　　　答　$4 \times 3 \times 1 \times 2 = 24$

(3) $\begin{array}{r|rr} 2 & 12 & 2x \\ \hline & 6 & x \end{array}$　　　　(4) $\begin{array}{r|rrr} x & x & x(x-1) & 3x \\ \hline & 1 & x-1 & 3 \end{array}$

　　　答　$2 \times 6 \times x = 12x$　　　　　答　$x \times 1 \times (x-1) \times 3 = 3x(x-1)$

1.5 $I = \dfrac{V_1}{R_1} = \dfrac{50}{200} = 0.25$　　　　　　　　　　　　　答　0.25A

$E = I(R_1 + R_2) = 0.25(200 + 300) = 125$　　　　　　　答　125V

1.6 $V_1 = IR_1 = 4 \times 40 = 160\text{V}$

$V_2 = V - V_1 = 200 - 160 = 40\text{V}$　　　　　　　　　　答　40V

1.7 (1) $\dfrac{3 \times 3}{8 \times 3} + \dfrac{7 \times 2}{12 \times 2} = \dfrac{9 + 14}{24} = \dfrac{23}{24}$

(2) $\dfrac{5 \times 4}{6 \times 4} - \dfrac{11 \times 3}{8 \times 3} = \dfrac{20 - 33}{24} = -\dfrac{13}{24}$

(3) $\dfrac{15}{7} \times \dfrac{6}{5} = \dfrac{\overset{3}{\cancel{15}} \times 6}{7 \times \underset{1}{\cancel{5}}} = \dfrac{18}{7}$

練習問題・章末問題の解答

(4) $\dfrac{\overset{3}{\cancel{9}}}{4} \times \dfrac{5}{\underset{2}{\cancel{6}}} = \dfrac{3 \times 5}{4 \times 2} = \dfrac{15}{8}$

1.8 (1) $\dfrac{b}{ab} + \dfrac{a}{ab} = \dfrac{a+b}{ab}$

(2) $\dfrac{c^2}{ac} - \dfrac{a(a-c)}{ac} = \dfrac{-a^2 + ac + c^2}{ac}$

1.9 (1) $\dfrac{1}{\dfrac{3 \times 3}{4 \times 3} + \dfrac{2 \times 4}{3 \times 4}} = \dfrac{1}{\dfrac{9+8}{12}} = \dfrac{12}{17}$

(2) $\dfrac{1}{\dfrac{2 \times 5}{5} + \dfrac{2}{5}} = \dfrac{1}{\dfrac{10+2}{5}} = \dfrac{5}{12}$

(3) $\dfrac{\dfrac{b}{c}}{\dfrac{b}{ab} + \dfrac{a}{ab}} = \dfrac{\dfrac{d}{c}}{\dfrac{a+b}{ab}} = \dfrac{d}{c} \times \dfrac{ab}{(a+b)} = \dfrac{abd}{c(a+b)}$

(4) $\dfrac{1}{\dfrac{R_2 R_3 + R_1 R_3 + R_1 R_2}{R_1 R_2 R_3}} = \dfrac{R_1 R_2 R_3}{R_1 R_2 + R_2 R_3 + R_3 R_1}$

1.10 $R_0 = \dfrac{1}{\dfrac{1}{20} + \dfrac{1}{30}} = \dfrac{1}{\dfrac{30+20}{20 \times 30}} = \dfrac{600}{50} = 12$ 　　　答　$R_0 = 12\Omega$

1.11 $C_0 = \dfrac{1}{\dfrac{1}{2} + \dfrac{1}{2+3}} = \dfrac{1}{\dfrac{5+2}{10}} = \dfrac{10}{7} \fallingdotseq 1.43$ 　　　答　$C_0 = 1.43\mu\text{F}$

1.12 (1) $5a - 3b + 6 - 2 \times 2a - 10 \times (-b) - 10 = (5-4)a + (-3+10)b + 6 - 10$
$= a + 7b - 4$

(2) $5x^2 - (6x-2)(x^2 - 3x + 2) = 5x^2 - (6x^3 - 18x^2 + 12x - 2x^2 + 6x - 4)$
$= 5x^2 - 6x^3 + 18x^2 - 12x + 2x^2 - 6x + 4$
$= -6x^3 + (5 + 18 + 2)x^2 + (-12 - 6)x + 4 = -6x^3 + 25x^2 - 18x + 4$

(3) $(2+1)x^2 + (2-2)xy + (-3+1)y^2 = 3x^2 - 2y^2$

(4) $\left(\dfrac{2}{3} - 1\right)x^2 + \left(\dfrac{1}{2} + \dfrac{3}{4}\right)xy + \dfrac{1}{3}y^2 = -\dfrac{1}{3}x^2 + \dfrac{5}{4}xy + \dfrac{1}{3}y^2$

1.13 (1) $(2x-3)(2x-3) = 4x^2 - 6x - 6x + 9 = 4x^2 - 12x + 9$

(2) $(x^2 - x + 1)(x^2 + x + 1) = x^4 + x^3 + x^2 - x^3 - x^2 - x + x^2 + x + 1$
$= x^4 + (1-1)x^3 + (1-1+1)x^2 + (-1+1)x + 1 = x^4 + x^2 + 1$

(3) $-3x^3 + 18x^2 + 12x + 2x^2 - 12x - 8$

$$= -3x^3 + (18+2)x^2 + (12-12)x - 8 = -3x^3 + 20x^2 - 8$$

(4) $-y^3 + \dfrac{3}{8}y^4 + \dfrac{27}{4}y^5 + \dfrac{2}{9}y^2 - \dfrac{1}{12}y^3 - \dfrac{3}{2}y^4$

$$= \dfrac{27}{4}y^5 + \left(\dfrac{3}{8} - \dfrac{3}{2}\right)y^4 - \left(1 + \dfrac{1}{12}\right)y^3 + \dfrac{2}{9}y^2 = \dfrac{27}{4}y^5 - \dfrac{9}{8}y^4 - \dfrac{13}{12}y^3 + \dfrac{2}{9}y^2$$

1.14 (1) $2x \times (-2x) + 2xy + 2xy - y^2 = -4x^2 + 4xy - y^2$

(2) $a^3 - 3 \times a^2 \times 3b + 3a \times (3b)^2 - (3b)^3 = a^3 - 9a^2b + 27ab^2 - 27b^3$

(3) $(3x+1)\{(3x)^2 - 3x \times 1 + 1^2\} = (3x)^3 + 1^3 = 27x^3 + 1$

(4) $(4a-5b)\{(4a)^2 + 4a \times 5b + (5b)^2\} = 64a^3 - 125b^3$

1.15 相互インダクタンス M は，ヒントより，

$$L_{ad} - L_{ac} = (L_1 + L_2 + 2M) - (L_1 + L_2 - 2M) = 4M$$

$$\therefore M = \dfrac{L_{ad} - L_{ac}}{4} = \dfrac{50 - 18}{4} = 8$$

答 $M = 8\text{mH}$

1.16 (1) $\sqrt{27} + \sqrt{48} = \sqrt{9 \times 3} + \sqrt{16 \times 3} = 3\sqrt{3} + 4\sqrt{3} = 7\sqrt{3}$

(2) $\left(4 - \sqrt{3}\right)^2 = 4^2 - 2 \times 4\sqrt{3} + 3 = 19 - 8\sqrt{3}$

(3) $\dfrac{\sqrt{32}}{4} + \dfrac{\sqrt{100}}{\sqrt{2}} - 2\sqrt{2} = \dfrac{\sqrt{16 \times 2}}{4} + \sqrt{\dfrac{100}{2}} - 2\sqrt{2}$

$$= \dfrac{\overset{1}{\cancel{4}}\sqrt{2}}{\underset{1}{\cancel{4}}} + \sqrt{25 \times 2} - 2\sqrt{2} = (1 + 5 - 2)\sqrt{2} = 4\sqrt{2}$$

(4) $\sqrt{75} - \dfrac{6}{\sqrt{3}} = \sqrt{25 \times 3} - \dfrac{6\sqrt{3}}{\sqrt{3} \times \sqrt{3}} = 5\sqrt{3} - \dfrac{6}{3}\sqrt{3} = (5-2)\sqrt{3} = 3\sqrt{3}$

1.17 (1) $\dfrac{\sqrt{3}}{2+\sqrt{3}} = \dfrac{\sqrt{3}(2-\sqrt{3})}{(2+\sqrt{3})(2-\sqrt{3})} = \dfrac{2\sqrt{3}-3}{2^2-3} = -3 + 2\sqrt{3}$

(2) $\dfrac{\sqrt{3}+\sqrt{5}}{\sqrt{5}-\sqrt{3}} = \dfrac{(\sqrt{3}+\sqrt{5})(\sqrt{5}+\sqrt{3})}{(\sqrt{5}-\sqrt{3})(\sqrt{5}+\sqrt{3})} = \dfrac{\sqrt{3 \times 5} + \sqrt{3 \times 3} + \sqrt{5 \times 5} + \sqrt{5 \times 3}}{5-3}$

$$= \dfrac{3 + 5 + 2\sqrt{15}}{2} = 4 + \sqrt{15}$$

1.18 $I = \sqrt{\dfrac{P}{R}} = \sqrt{\dfrac{4\,000}{20}} = \sqrt{200} = 10\sqrt{2} \fallingdotseq 14.1$ 　　答 14.1A

1.19 $I = \sqrt{\dfrac{2\pi dF}{\mu_0}} = \sqrt{\dfrac{\cancel{2\pi} \times \cancel{2} \times 10^{-2} \times 5 \times 10^{-3}}{\cancel{4\pi} \times 10^{-7}}} = \sqrt{5 \times 10^{-2-3+7}}$

練習問題・章末問題の解答

$$= \sqrt{5 \times 10^2} = 10\sqrt{5} \fallingdotseq 22.4$$

答　22.4A

1.20　$I = \dfrac{E}{\sqrt{R^2 + X_L^2}} = \dfrac{100}{\sqrt{50^2 + 50^2}} = \dfrac{100}{50\sqrt{2}} \fallingdotseq \dfrac{2}{1.41} \fallingdotseq 1.42$

答　1.42A

1.21　（ア）5　　（イ）2　　（ウ）−6　　（エ）−6　　（オ）−4
　　　　（カ）3　　（キ）−9　　（ク）1　　（ケ）4　　（コ）−5

1.22　（ア）4　　（イ）$\dfrac{4}{3}$　　（ウ）3　　（エ）$\dfrac{1}{2}$　　（オ）$\dfrac{3}{2}$
　　　　（カ）$\dfrac{1}{3}$　　（キ）2　　（ク）$\dfrac{2}{3}$　　（ケ）4

1.23　$m_1 = 0.5\text{mWb} = 0.5 \times 10^{-3}\text{Wb}, \quad m_2 = -3\text{mWb} = -3 \times 10^{-3}\text{Wb}$
　　　　$r = 5\text{cm} = 5 \times 10^{-2}\text{m}$，の値を下式に代入する．

$$F = \dfrac{m_1 m_2}{4\pi\mu_0 r^2} = \dfrac{0.5 \times 10^{-3} \times (-3 \times 10^{-3})}{4 \times 3.14 \times 4 \times 3.14 \times 10^{-7} \times (5 \times 10^{-2})^2} = \dfrac{0.5 \times (-3) \times 10^{-3-3}}{4 \times 3.14 \times 4 \times 3.14 \times 25 \times 10^{-7-4}}$$

$$= -\dfrac{0.5 \times 3}{4 \times 3.14 \times 4 \times 3.14 \times 25} \times 10^{-6+11} \fallingdotseq -0.00038 \times 10^5 = -38$$

答　38N（符号が−であるから吸引力）

1.24　$A = 20\text{cm}^2 = 20 \times (10^{-2}\text{m})^2 = 20 \times 10^{-4}\text{m}^2$

$d = 0.5\text{mm} = 0.5 \times 10^{-3}\text{m}$ の値を下式に代入する．

$$C = 8.845 \times 10^{-12} \dfrac{\varepsilon_s A}{d} = 8.845 \times 10^{-12} \times \dfrac{10 \times 20 \times 10^{-4}}{0.5 \times 10^{-3}} \fallingdotseq 3.54 \times 10^{-10} = 354 \times 10^{-12}$$

答　354pF

1.25　分子，分母をRで割ると，

$$\dfrac{1}{R + 8 + \dfrac{16}{R}} \quad \cdots\cdots ①$$

式①の分母のRと$\dfrac{16}{R}$の積は$R \times \dfrac{16}{R} = 16$（一定）となるので2数の和は，

$$R + \dfrac{16}{R} = \left(\sqrt{R} - \dfrac{4}{\sqrt{R}}\right)^2 + 2 \times 4 \quad \cdots\cdots ②$$

式②が最小になる条件は $\left(\sqrt{R} - 4/\sqrt{R}\right) = 0$ であるから，

　　　∴　$R = 4$

$R = 4$のとき，式①の分母が最小になるので，式①の最大値は，

$$\dfrac{1}{4 + 8 + \dfrac{16}{4}} = \dfrac{1}{16}$$

答　$\dfrac{1}{16}$

1.26 式①の分子，分母をRで割ると，

$$P = \frac{E^2}{R+2r+\frac{r^2}{R}} = \frac{200^2}{R+2\times 0.5+\frac{0.5^2}{R}} \cdots\cdots\cdots\cdots\cdots\cdots ②$$

式②の分母について，2数の積は$R\times 0.5^2/R = 0.25$（一定）であるから，$R=0.5^2/R$のとき最小となり，Rがこの値のときPは最大になる．

したがって，$R=\sqrt{0.25}=0.5$のときのP〔W〕は，

$$P = \frac{E^2}{R+2r+\frac{r^2}{R}} = \frac{200^2}{0.5+1+\frac{0.5^2}{0.5}} = \frac{200^2}{2} = 20\,000 = 20\times 10^3$$

答　20kW

1.27 〔ヒント〕で求めた式①の近似式の第2項まで求めると，

$$(1+x)^n \fallingdotseq 1+nx$$

$$\frac{F_2}{F_1} = 1.05^{3.6} = (1+0.05)^{3.6} \fallingdotseq 1+3.6\times 0.05$$

$$= 1.18$$

答　1.18倍

1.28　$P = \dfrac{V^2}{R} = \dfrac{V^2}{\frac{\rho l}{S}} = \dfrac{SV^2}{\rho l} = 600\text{W}$

4％短いニクロム線の長さ $l'=l(1-0.04)$のときの電力P'〔W〕は，

$$P' = \frac{V^2}{R'} = \frac{SV^2}{\rho l} \times \frac{1}{(1-0.04)} = \frac{600}{(1-0.04)}$$

$$= 600\times(1-0.04)^{-1} = 600\{1-(-1)\times 0.04\} = 624$$

答　624W

章末問題

● **1.** (1) 最大公約数　12　　最小公倍数　288
　　(2) 最大公約数　6　　最小公倍数　72

● **2.** (1) $\dfrac{\frac{3y-4}{12xy}}{\frac{2+y}{4xy}} = \dfrac{3y-4}{12xy}\times\dfrac{4xy}{y+2} = \dfrac{3y-4}{3y+6}$

(2) $\dfrac{\frac{b^2c+ac^2+a^2b}{abc}}{\frac{a^2+b^2+c^2}{abc}} = \dfrac{a^2b+b^2c+c^2a}{abc}\times\dfrac{abc}{a^2+b^2+c^2} = \dfrac{a^2b+b^2c+c^2a}{a^2+b^2+c^2}$

● **3.** (1) $\dfrac{4(3-\sqrt{5})}{(3+\sqrt{5})(3-\sqrt{5})} = \dfrac{4(3-\sqrt{5})}{9-5} = 3-\sqrt{5}$

練習問題・章末問題の解答

(2) $\dfrac{(\sqrt{3}+\sqrt{2})^2}{(\sqrt{3}-\sqrt{2})(\sqrt{3}+\sqrt{2})}=\dfrac{3+2+2\sqrt{6}}{3-2}=5+2\sqrt{6}$

(3) $\dfrac{a+\sqrt{a^2-1}}{(a-\sqrt{a^2-1})(a+\sqrt{a^2-1})}=\dfrac{a+\sqrt{a^2-1}}{a^2-(a^2-1)}=a+\sqrt{a^2-1}$

● **4.** (1) 抵抗の合成は，直列は和，並列は和分の積で求める．この回路の場合は，右側の抵抗から合成するので，1Ωの直列で2Ω．次に2Ωの並列で1Ω．1Ωの直列で2Ω．最後は2Ωの並列で1Ω．　　　　　　　　　　　　　　　　　　答　1Ω

(2) 6Ωと12Ωの和分の積で4Ω．4Ωの直列で8Ω．8Ωの並列で4Ω

答　4Ω

● **5.**　　$I=\dfrac{E}{\sqrt{R^2+X_C^2}}=\dfrac{100}{\sqrt{10^2+20^2}}=\dfrac{100}{\sqrt{500}}\fallingdotseq 4.47$

答　4.47A

● **6.**　　$\dfrac{1}{\dfrac{1}{C_1}+\dfrac{1}{C_2}+\dfrac{1}{C_3}+\dfrac{1}{C_4}}=\dfrac{1}{\dfrac{1}{1}+\dfrac{1}{2}+\dfrac{1}{3}+\dfrac{1}{4}}=\dfrac{1}{\dfrac{12+6+4+3}{12}}=\dfrac{12}{25}=0.48$

答　0.48μF

(2) 静電容量の合成は，並列は和，直列は和分の積で求める．この回路の静電容量の合成は，回路の右側から合成していく．まず1μFの並列合成は2μF．次に2μFの直列合成は1μF．このようにして合成していくと最後は2μFとなる．　　答　2μF

第2章

練習問題

2.1　$t=20$，$T=75$，$R_t=100$，$R_T=123.6$ の値をヒントの式に代入する．
$$123.6=100\{1+\alpha_{20}(75-20)\} \quad \cdots\cdots\cdots（一次方程式）$$
両辺を100で割り，左辺と右辺を入れ替える．
$$1+\alpha_{20}\times 55=1.236$$
1を移項し，両辺を55で割る．
$$\therefore\ \alpha_{20}=\dfrac{1.236-1}{55}=0.0043$$

答　4.3×10^{-3}〔℃$^{-1}$〕

2.2　平衡条件より，
$$20\times(30+100-r)=40\times(45+r)$$
$$600+2\,000-20r=1\,800+40r$$
2 600と40rを移項する．

$$-20r - 40r = 1800 - 2600$$

両辺を-60で割る．

$$r = \frac{-800}{-60} = 13.3$$

答　13.3Ω

2.3 ループ電流I〔A〕を求め，次に20Ωに生じる電圧降下V'〔V〕を計算する．

$$I = \frac{E_1 - E_2}{R_1 + R_2} = \frac{8 - 3}{20 + 30} = 0.1\text{A}$$

$$V' = IR_1 = 0.1 \times 20 = 2\text{V}$$

$$V = 8 - V' = 8 - 2 = 6\text{V}$$

答　6V

2.4 (1)
$$2x + 3y = 2 \cdots\cdots① $$
$$3x - 2y = 16 \cdots\cdots②$$
式①×2，式②×3とする．
$$\begin{array}{r}4x + 6y = 4 \\ +)\ 9x - 6y = 48 \\ \hline 13x = 52\end{array}$$
$$\therefore\ x = \frac{52}{13} = 4 \cdots\cdots③$$
式③を式①へ代入する．
$$2 \times 4 + 3y = 2$$
$$\therefore\ y = -\frac{6}{3} = -2$$
答　$x = 4$，$y = -2$

(2)
$$-7x + 2y = -1 \cdots\cdots①$$
$$5x + 3y = 14 \cdots\cdots②$$
式①×3，式②×2とする．
$$\begin{array}{r}-21x + 6y = -3 \\ -)\ 10x + 6y = 28 \\ \hline -31x = -31\end{array}$$
$$\therefore\ x = 1 \cdots\cdots③$$
式③を式①へ代入する．
$$-7 + 2y = -1$$
$$\therefore\ y = \frac{6}{2} = 3$$
答　$x = 1$，$y = 3$

(3)
$$3I_1 + 2I_2 = 16 \cdots\cdots①$$
$$I_1 + 8I_2 = 20 \cdots\cdots②$$
式②より，I_1を解くと，
$$I_1 = 20 - 8I_2 \cdots\cdots③$$
式③を式①へ代入する．
$$3(20 - 8I_2) + 2I_2 = 16$$
$$\therefore\ I_2 = \frac{44}{22} = 2 \cdots\cdots④$$
式④を式②へ代入する．
$$I_1 + 8 \times 2 = 20$$
$$\therefore\ I_1 = 20 - 6 = 4 \cdots\cdots⑤$$
答　$I_1 = 4$，$I_2 = 2$

(4)
$$4I_1 + 2I_2 = 16 \cdots\cdots①$$
$$5I_1 - 4I_2 = 7 \cdots\cdots②$$
式①より，I_2を解くと，
$$I_2 = 8 - 2I_1 \cdots\cdots③$$
式③を式②へ代入する．
$$5I_1 - 4(8 - 2I_1) = 7$$
$$\therefore\ I_1 = \frac{39}{13} = 3 \cdots\cdots④$$
式④を式①へ代入する．
$$4 \times 3 + 2I_2 = 16$$
$$\therefore\ I_2 = \frac{4}{2} = 2 \cdots\cdots⑤$$
答　$I_1 = 3$，$I_2 = 2$

練習問題・章末問題の解答

2.5 ヒントの式②を整理すると，
$$0 = 4I - 6I_1 \quad \cdots\cdots②'$$
式①×2，式②′×1にしてから減算する．
$$\begin{array}{r} 24 = 4I + 4I_1 \\ -)0 = 4I - 6I_1 \\ \hline 24 = 10I_1 \end{array}$$

$$\therefore\ I_1 = \frac{24}{10} = 2.4\mathrm{A} \quad \cdots\cdots③$$

式③の値を式②′に代入する．
$$I = \frac{14.4}{4} = 3.6\mathrm{A}$$

答 $I - I_1 = 3.6 - 2.4 = 1.2\mathrm{A}$

2.6 ヒントの式①，式②を整理する．次に式①×1，式②×2にしてから減算する．
$$\begin{array}{r} 2I_1 - 4I_2 = -2 \\ -)\,2\times I_1 + 5\times 2I_2 = 2\times 6 \\ \hline (-4-10)I_2 = -2-12 \end{array}$$

$$\therefore\ I_2 = \frac{-14}{-14} = 1\mathrm{A}$$

この値を式①に代入すると，
$$-2 = 2I_1 - 4\times 1$$
$$\therefore\ I_1 = \frac{4-2}{2} = 1$$

答 $I_1 = 1\mathrm{A}$, $I_2 = 1\mathrm{A}$, $I_1 + I_2 = 2\mathrm{A}$

2.7 x, y を求める行列式は次式を展開して求める．

$$D = \begin{vmatrix} 5 & -2 \\ -2 & 1 \end{vmatrix} = 5\times 1 - 2\times 2 = 1$$

$$x = \frac{\begin{vmatrix} 6 & -2 \\ 1 & 1 \end{vmatrix}}{D} = \frac{6\times 1 - (-2)\times 1}{1} = 8 \quad y = \frac{\begin{vmatrix} 5 & 6 \\ -2 & 1 \end{vmatrix}}{D} = \frac{5\times 1 - (-2)\times 6}{1} = 17$$

答 $x = 8$, $y = 17$

2.8 電流 I_1, I_2, および $I_1 + I_2$ は次式の行列式になるので展開して求める．

$$D = \begin{vmatrix} 8 & 2 \\ 2 & 4 \end{vmatrix} = 8\times 4 - 2\times 2 = 28$$

$$I_1 = \frac{\begin{vmatrix} 10 & 2 \\ 6 & 4 \end{vmatrix}}{D} = \frac{10 \times 4 - 6 \times 2}{28} = 1 \quad I_2 = \frac{\begin{vmatrix} 8 & 10 \\ 2 & 6 \end{vmatrix}}{D} = \frac{8 \times 6 - 10 \times 2}{28} = 1$$

答 $I_1 = 1\text{A}$, $I_2 = 1\text{A}$, $I_1 + I_2 = 2\text{A}$

2.9 電流 I_1, I_2, および I_3 は次式の行列式になるので展開して求める．

$$D = \begin{vmatrix} 1 & 1 & -1 \\ 0.2 & -0.8 & 0 \\ 0 & 0.8 & 0.2 \end{vmatrix} = 1 \times (-0.8) \times 0.2 + 0.2 \times 0.8 \times (-1) - 0.2 \times 1 \times 0.2 = -0.36$$

$$I_1 = \frac{1}{D} \times \begin{vmatrix} 0 & 1 & -1 \\ -2 & -0.8 & 0 \\ 16 & 0.8 & 0.2 \end{vmatrix} = \frac{1.6 - 12.8 + 0.4}{-0.36} = 30$$

$$I_2 = \frac{1}{D} \times \begin{vmatrix} 1 & 0 & -1 \\ 0.2 & -2 & 0 \\ 0 & 16 & 0.2 \end{vmatrix} = \frac{-0.4 - 3.2}{-0.36} = 10$$

$$I_3 = \frac{1}{D} \times \begin{vmatrix} 1 & 1 & 0 \\ 0.2 & -0.8 & -2 \\ 0 & 0.8 & 1.6 \end{vmatrix} = \frac{-12.8 + 1.6 - 3.2}{-0.36} = 40$$

答 $I_1 = 30\text{mA}$, $I_2 = 10\text{mA}$, $I_3 = 40\text{mA}$

2.10 (1) $4x^2 = 64$
$x^2 = 16$
$x = \pm 4$
答 $x = 4$, $x = -4$

(2) $x - 2 = \pm\sqrt{9}$
$x = 2 \pm 3$
答 $x = 5$, $x = -1$

(3) $(x-1)(x-1) = 0$
答 $x = 1$(重複解)

(4) $(x-2)(x+2) = 0$
答 $x = 2$, $x = -2$

2.11 (1) $x = \dfrac{2 \pm \sqrt{4+4}}{2}$
$= \dfrac{2 \pm 2\sqrt{2}}{2}$
$= 1 \pm \sqrt{2}$
答 $(x - 1 - \sqrt{2})(x - 1 + \sqrt{2})$

(2) $x = \dfrac{-1 \pm \sqrt{1 + 4 \times 20}}{2}$
$= \dfrac{-1 \pm 9}{2}$
$= 4, \ -5$
答 $(x-4)(x+5)$

(3) $y = \dfrac{-1 \pm \sqrt{1+24}}{4}$

$= \dfrac{-1 \pm 5}{4}$

$= 1, \ -\dfrac{3}{2}$

答 $(y-1)\left(y+\dfrac{3}{2}\right)$

(4) $x = \dfrac{14y \pm \sqrt{196y^2 - 4 \times 49y^2}}{2}$

$= \dfrac{14y \pm \sqrt{0}}{2}$

$= 7y$ （重複解）

答 $(x-7y)^2$

2.12 力率の式に題意の数値を代入する．

$$0.6 = \dfrac{R}{\sqrt{R^2 + 40^2}}$$

両辺を2乗して，式を移項する．

$$0.6^2 = \dfrac{R^2}{R^2 + 40^2}$$

$$0.6^2(R^2 + 40^2) = R^2$$

$$0.64R^2 = 576$$

∴ $R = \pm 30$ 　　　　　　　　答 $R = 30\Omega$（負の抵抗はない）

2.13 図(1)の電力 　$P_1 = \dfrac{E^2}{R_0} = E^2\left(\dfrac{1}{R_1} + \dfrac{1}{R_2}\right) = E^2\left(\dfrac{1}{1} + \dfrac{1}{R}\right)$ ……………①

図(2)の電力 　$P_2 = \dfrac{E^2}{R_0} = \dfrac{E^2}{R_1 + R_2} = \dfrac{E^2}{1+R}$ ……………②

$P_1 = 6P_2$ より

$$E^2\left(\dfrac{1}{1} + \dfrac{1}{R}\right) = 6 \times \dfrac{E^2}{1+R}$$

$$1 + \dfrac{1}{R} = \dfrac{6}{1+R}$$

$$\dfrac{R+1}{R} = \dfrac{6}{1+R}$$

$$(R+1)(R+1) = 6R$$

$$R^2 - 4R + 1 = 0$$

$$R = \dfrac{4 \pm \sqrt{16 - 4 \times 1}}{2} = \dfrac{4 \pm 2\sqrt{3}}{2} = 2 \pm 1.73$$

答 $R = 3.73\Omega$，$R = 0.27\Omega$（問題の条件に当てはまる抵抗値は2つある）

2.14 6と4の最小公倍数は12である．

$$x : y = 10 : 12, \quad y : z = 12 : 9$$

$$\therefore \quad x : y : z = 10 : 12 : 9$$

答　$10 : 12 : 9$

2.15 (1) ヒントより $y = ax$ で，$x = -2$ のとき $y = 6$ であるから，

$$6 = a \times (-2) \quad \therefore \quad a = -3$$

よって　$y = -3x$

答　$y = -3x$

(2) ヒントより $y = a/x$ で，$x = 3$ のとき $y = -6$ であるから，

$$-6 = \frac{a}{3} \quad \therefore \quad a = -18$$

よって　$y = -\dfrac{18}{x}$

答　$y = -\dfrac{18}{x}$

2.16 ヒントの式①，②より，

$$\frac{I_1}{\frac{1}{R_1}} = \frac{I_2}{\frac{1}{R_2}} = \frac{I_3}{\frac{1}{R_3}} = \frac{I_1 + I_2 + I_3}{\frac{1}{R_1} + \frac{1}{R_2} + \frac{1}{R_3}} = \frac{24}{\frac{1}{2} + \frac{1}{3} + \frac{1}{6}} = \frac{24}{\frac{3+2+1}{6}} = 24$$

$$\therefore \quad I_1 = 24 \times \frac{1}{R_1} = 24 \times \frac{1}{2} = 12$$

$$\therefore \quad I_2 = 24 \times \frac{1}{R_2} = 24 \times \frac{1}{3} = 8$$

$$\therefore \quad I_3 = 24 \times \frac{1}{R_3} = 24 \times \frac{1}{6} = 4$$

答　$I_1 = 12\text{A}, \quad I_2 = 8\text{A}, \quad I_3 = 4\text{A}$

2.17 オームの法則より，電圧が一定に加わっていると，抵抗の比は流れる電流に反比例するから，

$$r_1 : r_2 = \frac{1}{I_1} : \frac{1}{I_2} = \frac{1}{1} : \frac{1}{2}$$

内項の積は外項の積に等しいから，

$$\frac{r_1}{2} = \frac{r_2}{1} \quad \therefore \quad r_1 = 2r_2 \quad \cdots\cdots\cdots\cdots\cdots\cdots\cdots\cdots\cdots\cdots\cdots\text{①}$$

r_1, r_2 の並列合成抵抗は $(r_1 r_2)/(r_1 + r_2) = 2\Omega$ であるから，
式①を代入すると，

$$\frac{2r_2 r_2}{2r_2 + r_2} = 2 \quad \therefore \quad r_2 = 3$$

この値を式①へ代入すると，$\therefore \quad r_1 = 6$

答　$r_1 = 6\Omega, \quad r_2 = 3\Omega$

2.18　① $y = x - 1$　　② $y = \dfrac{2}{3}x + 2$　　③ $x = 1.5$

　　　　④ $y = -\dfrac{2}{3}x + 2$　　⑤ $y = -\dfrac{1}{2}x - 1$

練習問題・章末問題の解答

2.19 ヒントの式をグラフで表すと図のようになる．
$$R_{50}=R_t\{1+a_t(T-t)\}$$
$$=20\{1+0.0039(50-0)\}$$
$$=20\times 1.195=23.9$$

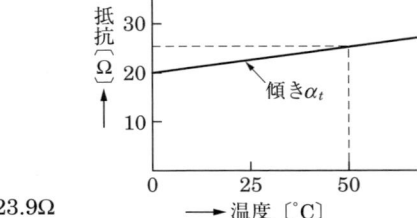

答　$R_{50}=23.9\Omega$

2.20 最大電力は，与えられた式 $P=1700-50t$ から $t=0$ として，
$$1700-50\times 0=1700\text{ kW}$$
最小電力は，$t=24$ として，
$$1700-50\times 24=500\text{kW}$$
受電最大電力は，
$$P_M=1700-1000=700\text{kW}$$
受電時間は負荷電力と自社供給電力と等しくなる時間 t で求める．
$$1700-50t=1000$$
$$50t=1700-1000$$
$$\therefore\quad t=700/50=14\text{h}$$
受電電力量 $W=700\times 14\times(1/2)=4900\text{kWh}$（ヒントのグラフに示す斜線部の面積）

答　$P_M=700\text{kW}$，$W=4900\text{kWh}$

2.21 $M=40\times 10^{-3}\text{[H]}$，$\Delta t=5\times 10^{-3}\text{[s]}$ を次式に代入する．
$$e_A=M\frac{\Delta I_B}{\Delta t}=40\times 10^{-3}\times\frac{20}{5\times 10^{-3}}=160$$

答　160V

2.22 (1) 式を移項して　　　　　　(2) 式を移項して
　　　$x<4+2$　　答　$x<6$　　　$3-7\geqq 4x$　　答　$x\leqq -1$
(3) 式を移項して　　　　　　(4) 式を移項して
　　　$4x-6x>2+3$　　　　　　　　$5-2\leqq 9x-7x$
　　　$-2x>5$　　答　$x<-\dfrac{5}{2}$　　$3\leqq 2x$　　答　$x\geqq \dfrac{3}{2}$

2.23 (1) ①式のグラフは図1のようになる．(2) ②式のグラフは図2のようになる．
　　　y の値が $y>0$ になる x の範囲は，　　y の値が $y\leqq 0$ になる x の範囲は，
　　　　　　答　$-1>x$, $2<x$　　　　　　　　　答　$-2\leqq x\leqq 5$

図1

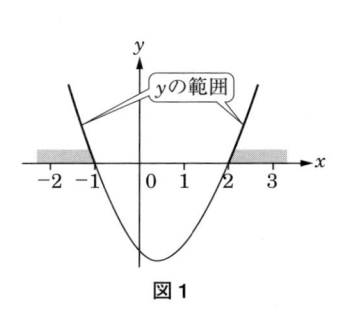

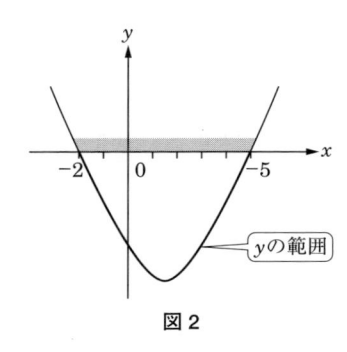

図2

2.24

(1) $y = \left(x + \dfrac{4}{2}\right)^2 - \dfrac{16 - 4 \times 3}{4} = (x+2)^2 - 1$

答　$x = -2$，頂点 $(-2, -1)$

(2) $y = 3\left(x - \dfrac{6}{2 \times 3}\right)^2 - \dfrac{36 - 4 \times 3 \times 5}{4 \times 3} = 3(x-1)^2 + 2$

答　$x = 1$，頂点 $(1, 2)$

(3) $y = -2\left(x + \dfrac{6}{2 \times (-2)}\right)^2 - \dfrac{36 - 4 \times (-2) \times (-1)}{4 \times (-2)} = -2\left(x - \dfrac{3}{2}\right)^2 + \dfrac{7}{2}$

答　$x = \dfrac{3}{2}$，頂点 $\left(\dfrac{3}{2},\ \dfrac{7}{2}\right)$

2.25 $t = 0 \sim 6\mathrm{s}$ のときの h の値を式①に代入して計算する．t と h の関係をグラフにすると図のようになる．

t〔s〕	0	1	2	3	4	5	6
h〔m〕	0	25.1	40.4	45.9	41.6	27.5	3.6

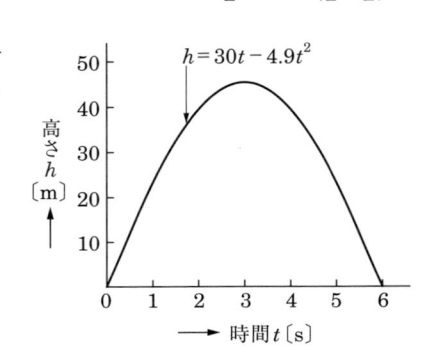

$h = 30t - 4.9t^2$

練習問題・章末問題の解答

章末問題

● 1. $m = \dfrac{V}{V_v} = \dfrac{500}{100} = 5$ 倍

$R_m = r(m-1) = 100 \times 10^3 (5-1) = 400 \times 10^3$ 答 400kΩ

● 2. $44 = 2I_1 + 5(I_1 + I_2) \rightarrow 44 = 7I_1 + 5I_2$ ……………①

$52 = 2I_2 + 5(I_1 + I_2) \rightarrow 52 = 5I_1 + 7I_2$ ……………②

式①×7 − 式②×5 の計算をする．

$308 = 49I_1 + 35I_2$
$\underline{-)260 = 25I_1 + 35I_2}$
$48 = 24I_1$

∴ $I_1 = 2$A ………………………………………………③

式③を式①へ代入すると，$I_2 = 6$A 答 $I_1 + I_2 = 8$A

● 3. 電線の抵抗 R〔Ω〕は，

$R = \rho \dfrac{l}{\pi r^2}$ （ρ：抵抗率〔Ω·m〕，l：長さ〔m〕，r：半径〔m〕）

r を $\dfrac{1}{2}$ 倍，l を 2 倍にしたときの抵抗を R'〔Ω〕とすると，

$R' = \rho \dfrac{2l}{\pi \left(\dfrac{r}{2}\right)^2} = 8\rho \dfrac{l}{\pi r^2} = 8R$

答 8倍

● 4. 電源電圧 V_1〔V〕の電圧分布は図のようになる．電圧比は，抵抗比であるから，

$R : R_v = (V_1 - V_2) : V_2$

$RV_2 = R_v(V_1 - V_2)$

答 $R_v = \dfrac{V_2}{V_1 - V_2} \times R$〔Ω〕

● 5. $\dfrac{V}{R} = \dfrac{200}{R} \leqq 5$

両辺に R を掛けて

$200 \leqq 5R$ 答 $R \geqq 40$Ω（40Ω以上の抵抗）

第3章

練習問題

3.1 (1) $\sin A = \dfrac{3}{5}$，$\tan A = \dfrac{3}{4}$ (2) $\cos B = \dfrac{\sqrt{3}}{2}$，$\tan B = \dfrac{1}{\sqrt{3}}$

3.2 (1) $\cos\theta=\frac{1}{2} \to \theta=60°$　　(2) $\sin\theta=0.87 \fallingdotseq \frac{\sqrt{3}}{2} \to \theta=60°$

　　(3) $\tan\theta=\frac{1}{1} \to \theta=45°$　　(4) $\cos\theta=0.7 \fallingdotseq \frac{1}{\sqrt{2}} \to \theta=45°$

3.3 (1)　0.342　　(2)　0.342　　(3)　76°　　(4)　55°

3.4 力率 $\cos\theta=P/S$ より，

$$P=S\cos\theta=120\times0.6=72\text{kW}$$

無効電力 Q は，三平法の定理 $S^2=P^2+Q^2$ より，

$$Q=\sqrt{S^2-P^2}=\sqrt{120^2-72^2}=\sqrt{9\,216}=96\text{kvar}$$

　　　　　　　　　　　　　　　　　　　　　　　　答　72kW，96kvar

3.5 (1)　$4\sin150°=4\sin(180°-30°)=4\sin30°=4\times\frac{1}{2}=2$

　　(2)　$\cos120°=\cos(180°-60°)=-\cos60°=-\frac{1}{2}$

3.6 $\sin^2\theta=1-\cos^2\theta=1-\left(-\frac{4}{5}\right)^2=1-\frac{16}{25}=\frac{9}{25}$

$$\sin\theta=\pm\sqrt{\frac{9}{25}}=\pm\frac{3}{5}$$

ここで，$270°<\theta<360°$ であるから　$\sin\theta<0$

　　∴　$\sin\theta=-\frac{3}{5}$

式 (2・7) より，

$$\tan\theta=\frac{\sin\theta}{\cos\theta}=\frac{-\frac{3}{5}}{\frac{4}{5}}=-\frac{3}{4}$$　　　　　答　$\sin\theta=-\frac{3}{5}$，$\tan=-\frac{3}{4}$

3.7 角度と高さの関係は，図のようになる．
BC の距離は，$x\tan45°$ である．

$$20+x\tan45°=x\tan60°$$
$$x(\tan60°-\tan45°)=20$$

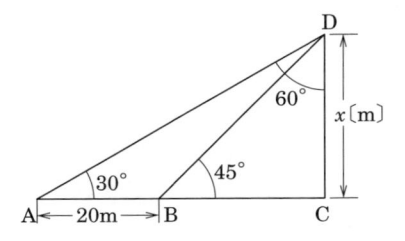

∴　$x=\dfrac{20}{\tan60°-\tan45°}=\dfrac{20}{\sqrt{3}-1}\fallingdotseq27.3$

　　　　　　　　　　　　　　　　　　　　　答　27.3m

3.8 ac 間，bc 間の距離 r〔m〕を求める．

$$r=2\cos45°=2\times\frac{1}{\sqrt{2}}=\sqrt{2}\text{ m}$$

ac間，bc間の電荷による静電力F〔N〕を求める．

$$F = \frac{9 \times 10^9 \times 10 \times 10^{-6} \times 10 \times 10^{-6}}{(\sqrt{2})^2} = 0.45 \text{ N}$$

2つの静電力の合成F_0は，次式で求まる．

$$F_0 = 2F \cos 45° = 2 \times 0.45 \times \frac{1}{\sqrt{2}} ≒ 0.64$$

答　0.64N

3.9　$Q_C = P \tan \theta = P \times \dfrac{\sin \theta}{\cos \theta} = 400 \times \dfrac{\sqrt{1-0.8^2}}{0.8} = 300$

答　300 kvar

3.10　(1) $\dfrac{2}{3}\pi \times \dfrac{1}{2\pi} \times 360 = 120°$　　(2) $-\dfrac{\pi}{2} \times \dfrac{1}{2\pi} \times 360 = -90°$

(3) $\dfrac{2}{5}\pi \times \dfrac{1}{2\pi} \times 360 = 72°$　　(4) $-\dfrac{\pi}{9} \times \dfrac{1}{2\pi} \times 360 = -20°$

3.11　(1) $a = 10 \sin 60° = 10 \times \dfrac{\sqrt{3}}{2} ≒ 8.7 \text{m}$　　(2) $b = 4 \cos 45° = 4 \times \dfrac{1}{\sqrt{2}} ≒ 2.8 \text{m}$

(3) $a = 5 \tan 30° = 5 \times \dfrac{1}{\sqrt{3}} ≒ 2.9 \text{m}$　　(4) $a = 20 \sin 90° = 20 \text{m}$

3.12　$\dfrac{T'}{P} = \sin \dfrac{\pi}{6}$　　$\dfrac{9.8}{P} = \dfrac{1}{2}$

∴　$P = 9.8 \times 2 = 19.6 \text{kN}$

答　19.6kN

3.13　光源から点P間での距離l〔m〕は，

距離　$l = \dfrac{2.5}{\sin 30} = 2.5 \times 2 = 5 \text{m}$

ここで法線面照度E_nを求める．

$$E_n = \frac{I}{l^2} = \frac{1000}{5^2} = 40 \text{lx}$$

水平面照度E_hは，解き方のヒントの図より，

$E_h = E_n \sin 30° = 40 \times 1/2 = 20$

∴　水平面照度　$E_h = 20$

答　20lx

3.14　式（3・16）より，

$$\frac{c}{\sin C} = \frac{b}{\sin B}$$

$\sin B = \dfrac{b}{c} \sin C = \dfrac{7 \times \sin 40°}{6} ≒ 0.75$

∴　$\angle B = \sin^{-1} 0.75 ≒ 48.6°$

$$\boxed{\text{DEG } 7 \div 6 \times 40 \sin = \text{INV} \sin^{-1}}$$

$$\angle A = 180° - (\angle B + \angle C) = 180° - (48.6° + 40°) = 91.4°$$

$$a = \frac{b}{\sin B} \times \sin A = \frac{7 \times \sin 91.4°}{\sin 48.6°} \fallingdotseq 9.3$$

$$\boxed{\text{DEG } 7 \times 91.4 \sin \div 48.6 \sin =}$$

答　$a = 9.3$cm, $\angle A = 91.4°$, $\angle B = 48.6°$

3.15　求める T〔kN〕はヒントのベクトル図および正弦定理より，

$$\frac{T}{\sin B} = \frac{P}{\sin A}$$

$$T = \frac{\sin B}{\sin A} \times P = \frac{\sin 80° \times 20}{\sin 40°} \fallingdotseq 30.6$$

$$\boxed{\text{DEG } 80 \sin \times 20 \div 40 \sin =}$$

答　30.6kN

3.16　電流ベクトル図より，電流 I_3 を求めると，

$$I_3{}^2 = (I_2 + I_1 \cos\theta)^2 + (I_1 \sin\theta)^2$$

$$= I_1{}^2 + I_2{}^2 + 2I_1 I_2 \cos\theta$$

$$\therefore \quad \cos\theta = \frac{I_3{}^2 - I_1{}^2 - I_2{}^2}{2I_1 I_2}$$

負荷の電力 P〔W〕は，

$$P = VI_1 \cos\theta = I_2 R I_1 \cos\theta = \frac{I_2 R I_1 (I_3{}^2 - I_1{}^2 - I_2{}^2)}{2I_1 I_2} = \frac{R}{2}(I_3{}^2 - I_1{}^2 - I_2{}^2)$$

答　$P = \dfrac{R}{2}(I_3{}^2 - I_1{}^2 - I_2{}^2)$

3.17　(1)　$\sin 75° = \sin(30° + 45°) = \sin 30° \cos 45° + \cos 30° \sin 45°$

$$= \frac{1}{2} \times \frac{1}{\sqrt{2}} + \frac{\sqrt{3}}{2} \times \frac{1}{\sqrt{2}} = \frac{1 + \sqrt{3}}{2\sqrt{2}} \fallingdotseq 0.966$$

答　0.966

(2)　$\cos 75° = \cos(30° + 45°) = \cos 30° \cos 45° - \sin 30° \sin 45°$

$$= \frac{\sqrt{3}}{2} \times \frac{1}{\sqrt{2}} - \frac{1}{2} \times \frac{1}{\sqrt{2}} = \frac{\sqrt{3} - 1}{2\sqrt{2}} \fallingdotseq 0.26$$

答　0.26

練習問題・章末問題の解答

3.18 (1) 倍角の公式より，

$$\cos 2\alpha = 2\cos^2 \alpha - 1 \quad \therefore \quad \cos^2 \alpha = \frac{1+\cos 2\alpha}{2}$$

$$\cos^2 15° = \frac{1+\cos 30°}{2} = \frac{1+0.866}{2} \fallingdotseq 0.933$$

答　0.933

(2) 倍角の公式より，

$$\cos 2\alpha = 1 - 2\sin^2 \alpha \quad \therefore \quad \sin^2 \alpha = \frac{1-\cos 2\alpha}{2}$$

$$\sin^2 15° = \frac{1-\cos 30°}{2} = \frac{1-0.866}{2} \fallingdotseq 0.067$$

答　0.067

電卓での検算　(1) $\boxed{\text{DEG } 15 \cos x^2}$　0.9330

(2) $\boxed{\text{DEG } 15 \sin x^2}$　0.0669

3.19　$\sin\alpha = 1/\sqrt{2} \to \alpha = 45°,\ \cos\beta = 1/2 \to \beta = 60°$

(1) $\sin(\alpha-\beta) = \sin\alpha\,\cos\beta - \cos\alpha\,\sin\beta = \dfrac{1}{\sqrt{2}} \times \dfrac{1}{2} - \dfrac{1}{\sqrt{2}} \times \dfrac{\sqrt{3}}{2} = \dfrac{1-\sqrt{3}}{2\sqrt{2}}$

　　　$\fallingdotseq -0.26$　　　　　　　　　　　　　　　　　答　-0.26

(2) $\cos(\alpha+\beta) = \cos\alpha\,\cos\beta - \sin\alpha\,\sin\beta = \dfrac{1}{\sqrt{2}} \times \dfrac{1}{2} - \dfrac{1}{\sqrt{2}} \times \dfrac{\sqrt{3}}{2} = \dfrac{1-\sqrt{3}}{2\sqrt{2}}$

　　　$\fallingdotseq -0.26$　　　　　　　　　　　　　　　　　答　-0.26

(3) $\tan(\alpha+\beta) = \dfrac{\tan\alpha + \tan\beta}{1-\tan\alpha\,\tan\beta} = \dfrac{1+\sqrt{3}}{1-1\times\sqrt{3}}$

　　　$\fallingdotseq -3.73$　　　　　　　　　　　　　　　　　答　-3.73

3.20　磁極 N，S から点 P までの距離 r_1，r_2 は，

$$\frac{20}{\sin 90°} = \frac{r_1}{\sin 60°} = \frac{r_2}{\sin 30°} \text{ より}$$

$$r_1 = \frac{\sin 60°}{\sin 90°} \times 20 = \frac{\sqrt{3} \times 20}{2} = 10\sqrt{3}\,\text{cm}$$

$$r_2 = \frac{\sin 30°}{\sin 90°} \times 20 = \frac{1 \times 20}{2} = 10\,\text{cm}$$

磁界 H_N，H_S は，

$$H_N = 6.33 \times 10^4 \frac{m}{r_1^2} = \frac{6.33 \times 10^4 \times 4 \times 10^{-3}}{\left(10 \times \sqrt{3} \times 10^{-2}\right)^2} = 8.44 \times 10^3 \, [\text{A/m}]$$

$$H_S = 6.33 \times 10^4 \frac{m}{r_2^2} = \frac{6.33 \times 10^4 \times 4 \times 10^{-3}}{\left(10 \times 10^{-2}\right)^2} \fallingdotseq 25.3 \times 10^3 \, [\text{A/m}]$$

点Pにおける合成の磁界の大きさH [A/m]は,三平方の定理より,

$$H = \sqrt{H_N{}^2 + H_S{}^2} = \sqrt{\left(8.44 \times 10^3\right)^2 + \left(25.3 \times 10^3\right)^2} \fallingdotseq 2.67 \times 10^4$$

答 2.67×10^4 [A/m]

3.21 (1) $\sin\dfrac{2\pi}{3} = \sin\left(\dfrac{\pi}{2} + \dfrac{\pi}{6}\right) = \sin\dfrac{\pi}{2}\cos\dfrac{\pi}{6} + \cos\dfrac{\pi}{2}\sin\dfrac{\pi}{6} = 1 \times \dfrac{\sqrt{3}}{2} + 0 \times \dfrac{1}{2} = \dfrac{\sqrt{3}}{2}$

(2) $\cos\dfrac{2\pi}{3} = \cos\left(\dfrac{\pi}{2} + \dfrac{\pi}{6}\right) = \cos\dfrac{\pi}{2}\cos\dfrac{\pi}{6} - \sin\dfrac{\pi}{2}\sin\dfrac{\pi}{6} = 0 \times \dfrac{\sqrt{3}}{2} - 1 \times \dfrac{1}{2} = -\dfrac{1}{2}$

(3) $\sin\dfrac{9\pi}{4} = \sin\left(2\pi + \dfrac{\pi}{4}\right) = \sin 2\pi \cos\dfrac{\pi}{4} + \cos 2\pi \sin\dfrac{\pi}{4} = 0 \times \dfrac{1}{\sqrt{2}} + 1 \times \dfrac{1}{\sqrt{2}} = \dfrac{1}{\sqrt{2}}$

(4) $\cos\dfrac{15\pi}{12} = \cos\left(\pi + \dfrac{\pi}{4}\right) = \cos\pi \cos\dfrac{\pi}{4} + \sin\pi \sin\dfrac{\pi}{4} = -1 \times \dfrac{1}{\sqrt{2}} - 0 \times \dfrac{1}{\sqrt{2}} = -\dfrac{1}{\sqrt{2}}$

3.22 (1)を$\alpha = 45°$とすると,

$$\sin 22.5° = \sqrt{\frac{1 - \cos 45°}{2}} = \sqrt{\frac{1 - 1/\sqrt{2}}{2}} \fallingdotseq 0.38$$

(2)を$\alpha = 30°$とすると,

$$\cos 15° = \sqrt{\frac{1 + \cos 30°}{2}} = \sqrt{\frac{1 + \sqrt{3}/2}{2}} \fallingdotseq 0.97$$

関数電卓での検算

$\boxed{\text{DEG } 22.5 \sin}$ 0.383, $\boxed{\text{DEG } 15 \cos}$ 0.966

3.23 電力計P_1, P_2 [W] の計算式は,

$P_1 = V_{ab} I_a \cos(30° + \theta)$

$P_2 = V_{cb} I_c \cos(30° - \theta)$

線間電圧V_l, 線電流I_lとすると,

$V_l = V_{ab} = V_{cb}$, $I_l = I_a = I_c$

上式の関係より,三相電力P [W] は,次式のようになる.

$P = P_1 + P_2 = V_l I_l \cos(30° + \theta) + V_l I_l \cos(30° - \theta)$

練習問題・章末問題の解答

$$= V_l I_l \{\cos 30° \cos\theta - \sin 30° \sin\theta + \cos 30° \cos\theta + \sin 30° \sin\theta\}$$
$$= 2V_l I_l \cos 30° \cos\theta = 2V_l I_l \times \frac{\sqrt{3}}{2} \times \cos\theta = \sqrt{3} V_l I_l \cos\theta$$

答 $P = \sqrt{3} V_l I_l \cos\theta$

3.24 (1) $\theta = 100\pi \times 0.0025 = 0.25\pi \,(\text{rad}) = 45°$

$i = 5\sqrt{2} \sin 45° = 5\sqrt{2} \times \dfrac{1}{\sqrt{2}} = 5$

答 5A

(2) $\theta = 100\pi \times \dfrac{1}{300} = \dfrac{\pi}{3} \,(\text{rad}) = 60°$

$i = 5\sqrt{2} \sin 60° = 5\sqrt{2} \times \dfrac{\sqrt{3}}{2} \fallingdotseq 6.1$

答 6.1A

3.25 $f = 50\text{Hz}$ のときの ω は，$\omega = 2\pi f = 100\pi$ 　　答 $100\pi \,(\text{rad/s})$

$f = 60\text{Hz}$ のときの ω は，$\omega = 2\pi f = 120\pi$ 　　答 $120\pi \,(\text{rad/s})$

3.26 $T = \dfrac{1}{f} = \dfrac{1}{2\,500 \times 10^3} = 4 \times 10^{-7}$ 　　答 $0.4\mu\text{s}$

$\lambda = \dfrac{c}{f} = \dfrac{3 \times 10^8}{2\,500 \times 10^3} = 1.2 \times 10^{8-6}$ 　　答 120m

3.27 (1) $T = 20\text{ms}$

(2) $f = 1/T = 1/(20 \times 10^{-3}) = 50\text{Hz}$

(3) $V_{pp} = 100 + 100 = 200\text{V}$

(4) $e = E_m \sin\omega t = 100 \sin 2\pi \times 50t = 100 \sin 100\pi t \,(\text{V})$

(5) $e = 100 \sin 100\pi \times 2.5 \times 10^{-3} = 100 \sin \pi/4 = 100 \times 1/\sqrt{2} \fallingdotseq 70.7 \text{ V}$

(6) $e = 100 \sin 100\pi \times 15 \times 10^{-3} = 100 \sin 3\pi/2 = 100 \times (-1) = -100 \text{ V}$

3.28 回転角 $=$ 電気角 $\times \dfrac{2}{P} = \pi \times \dfrac{2}{4} = \dfrac{\pi}{2} \,(\text{rad})$ 　　答 $90°$

3.29 $T = \dfrac{1}{f} = \dfrac{1}{200 \times 10^6} = \dfrac{10^{-6}}{200} = 0.005 \times 10^{-6}$ 　　答 $0.005\mu\text{s}$

$\lambda = \dfrac{c}{f} = \dfrac{3 \times 10^8}{200 \times 10^6} = 1.5$ 　　答 1.5m

3.30 $\theta = \left(\omega t + \dfrac{\pi}{3}\right) - \left(\omega t - \dfrac{\pi}{4}\right) = \dfrac{\pi}{3} + \dfrac{\pi}{4} = \dfrac{7}{12}\pi$

答　$\dfrac{7}{12}\pi$〔rad〕進み

3.31 正弦波交流の瞬時式 e〔V〕は次式で表せる．

$$e = \sqrt{2}E\sin(\omega t + \theta)$$

題意より，f=60Hz，E=100V，t=5.2s，θ=π/4 を上式に代入すると，

$$e = \sqrt{2} \times 100\sin\left(2\pi \times 60 \times 5.2 + \dfrac{\pi}{4}\right) = \sqrt{2} \times 100\sin\left(2\pi \times \underbrace{312}_{0〔rad〕と同じ値} + \dfrac{\pi}{4}\right)$$

$$= \sqrt{2} \times 100\sin\dfrac{\pi}{4} = \sqrt{2} \times 100 \times \dfrac{1}{\sqrt{2}} = 100$$

答　100V

3.32 電圧 v〔V〕の位相に対する電流の位相の比を力率角 θ〔rad〕という．
ヒントの式より，

$$\theta = \dfrac{電流の位相 \angle \dfrac{\pi}{6}}{電圧の位相 \angle 0} = \dfrac{\pi}{6}〔rad〕$$

よって負荷の力率 $\cos$〔％〕は，

$$\cos\dfrac{\pi}{6} = \dfrac{\sqrt{3}}{2} \fallingdotseq 0.866$$

答　86.6％進み

3.33 (a) ヒントのベクトル図より合成値 I_0〔A〕は，

$$I_0 = \sqrt{{I_1}^2 + {I_2}^2} = \sqrt{{I_1}^2 + \left(\dfrac{I_1}{\sqrt{3}}\right)^2} = \sqrt{\dfrac{4}{3}{I_1}^2} = \dfrac{2}{\sqrt{3}}I_1$$

答　$\dfrac{2}{\sqrt{3}}I_1$〔A〕

(b) ヒントのベクトル図より，

$$\theta = \tan^{-1}\dfrac{I_2}{I_1} = \tan^{-1}\dfrac{\dfrac{I_1}{\sqrt{3}}}{I_1} = \tan^{-1}\dfrac{1}{\sqrt{3}} = 30°\quad(遅れ位相なので-30°となる)$$

$$\therefore\quad i = I_0\sin(\omega t + \theta) = \dfrac{2}{\sqrt{3}}I_1\sin(\omega t - 30°)\qquad 答\quad i = \dfrac{2}{\sqrt{3}}I_1\sin(\omega t - 30°)〔A〕$$

3.34 (1) $V_m = 100$V

$V = V_m/\sqrt{2} \fallingdotseq 70.7$V

$f = \omega/2\pi = 2\pi/2\pi = 1$Hz

(2) $V_m = 282$V

$V \fallingdotseq V_m/\sqrt{2} = 200$V

練習問題・章末問題の解答

$$f = \omega/2\pi = 300/(2\pi \times 4) = 11.9\text{Hz}$$

(3) $I_m = 0.5\text{A}$

$$I = I_m/\sqrt{2} \fallingdotseq 0.35\text{A}$$

$$f = \omega/2\pi = 200\pi/2\pi = 100\text{Hz}$$

(4) $I_m = A$ 〔A〕

$$I = I_m/\sqrt{2} = A/\sqrt{2} \text{〔A〕}$$

$$f = \omega/2\pi \text{〔Hz〕}$$

3.35 電源電圧の実効値 V 〔V〕は,

$$V = \frac{V_m}{\sqrt{2}} = \frac{282}{1.41} = 200\text{V}$$

回路を流れる電流 I 〔A〕(実効値)は,

$$I = \frac{V}{R} = \frac{200}{50} = 4$$

答 4A

3.36 平均電圧 V_a 〔V〕は,

$$(1/2)V_m = 100/2 = 50$$

答 $V_a = 50\text{V}$

波形率=実効値 V/平均値 V_a より,実効値 V=波形率$\times V_a$

$$V = 1.155 \times 50 \fallingdotseq 57.8$$

答 $V = 57.8\text{V}$

3.37 波形率の式を移項して,実効値を求める.

$$(\text{波形率})\frac{\pi}{2} = \frac{(\text{実効値})\ I}{(\text{平均値})\ \dfrac{I_m}{\pi}}$$

$$\therefore\ I = \frac{\pi}{2} \times \frac{I_m}{\pi} = \frac{10}{2} = 5$$

答 5A

3.38 (1) $-\dfrac{\pi}{3}$ 〔rad〕($-60°$)　　(2) $\dfrac{3}{4}\pi$ 〔rad〕($135°$)

(3) $-\dfrac{\pi}{4}$ 〔rad〕($-45°$)　　(4) $-\dfrac{\pi}{3}$ 〔rad〕($-60°$)

(5) 関数電卓より $\boxed{\text{RAD}\ 0.1\sin^{-1}}$ 0.1, $\boxed{\text{DEG}\ 0.1\sin^{-1}}$ 5.7°　答 0.1〔rad〕(5.7°)

(6) 関数電卓より $\boxed{\text{RAD}\ 0.7\ ^{+/-}\cos^{-1}}$ 2.3, $\boxed{\text{DEG}\ 0.7\ ^{+/-}\cos^{-1}}$ 134°

答 2.3〔rad〕($134°$)

3.39 $R:X_L = \sqrt{3}:1$ の関係のインピーダンス三角形は図のようになる.力率角 θ は,次式で計算される.

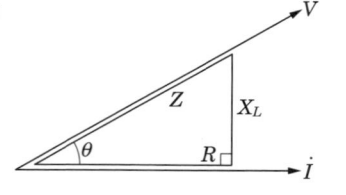

$$\theta = \tan^{-1}\frac{X_L}{R} = \tan^{-1}\frac{1}{\sqrt{3}} = 30°$$

答 30°

電圧 $\dot{V}$ と電流 $\dot{I}$ のベクトルは Z と R にそれぞれが平行になるように描く．題意より，電圧 $\dot{V}$ を基準ベクトルとすると電流 $\dot{I}$ のベクトルは時計方向（遅れ位相）に $30°$ ずれている．力率角は電圧と電流の位相角に等しい．

3.40
$$Z = \sqrt{R^2 + \left(\omega L - \frac{1}{\omega C}\right)^2} = \sqrt{8^2 + (8-2)^2} = \sqrt{100} = 10\,\Omega$$

$$I = \frac{V}{Z} = \frac{100}{10} = 10\,\text{A}$$

$$V_R = IR = 10 \times 8 = 80\,\text{V}$$

$$V_L = I\omega L = 10 \times 8 = 80\,\text{V}$$

$$V_C = I\frac{1}{\omega C} = 10 \times 2 = 20\,\text{V}$$

$$\theta = \tan^{-1}\frac{\omega L - \frac{1}{\omega C}}{R} = \tan^{-1}\frac{8-2}{8} = 36.8°$$

答　$V_R = 80\,\text{V}$, $V_L = 80\,\text{V}$, $V_C = 20\,\text{V}$, $\theta = 36.8°$

章末問題

● 1．図の三角形より，

(1) $\sin 135° = \dfrac{1/\sqrt{2}}{1} = \dfrac{1}{\sqrt{2}}$

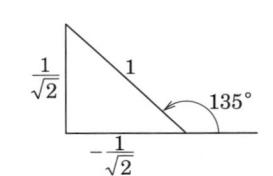

(2) $\cos 135° = \dfrac{-1/\sqrt{2}}{1} = -\dfrac{1}{\sqrt{2}}$

(3) $\tan 135° = \dfrac{1/\sqrt{2}}{-1/\sqrt{2}} = -1$

● 2．加法定理を用いて計算する．

(1) $\sin(\pi - \theta) = \sin\pi\,\cos\theta - \cos\pi\,\sin\theta = 0 \times \cos\theta - (-1) \times \sin\theta = \sin\theta$

答　$\sin\theta$

(2) $\cos\left(\dfrac{3}{2}\pi + \theta\right) = \cos\dfrac{3}{2}\pi\,\cos\theta - \sin\dfrac{3}{2}\pi\,\sin\theta = 0 \times \cos\theta - (-1) \times \sin\theta = \sin\theta$

答　$\sin\theta$

● 3．(1) $\sin 80° + \sin 40° = 2\sin\dfrac{80° + 40°}{2}\cos\dfrac{80° - 40°}{2} = 2\sin 60°\cos 20°$
$= \sqrt{3}\cos 20°$　　　答　$\sqrt{3}\cos 20°$

(2) $\cos 50° + \cos 40° = 2\cos\dfrac{50° + 40°}{2}\cos\dfrac{50° - 40°}{2} = \dfrac{2}{\sqrt{2}} \times \cos 5°$

答　$\sqrt{2} \times \cos 5°$

練習問題・章末問題の解答

● **4.** $\theta = \left(\omega t + \dfrac{\pi}{4}\right) - \left(\omega t - \dfrac{\pi}{4}\right) = \dfrac{\pi}{2}$ 答 $\dfrac{\pi}{2}$〔rad〕(進み位相)

● **5.** CA間の力F_{CA}とCB間の力F_{CB}はクーロンの法則より，次のように求まる．

$$F_{CA} = F_{CB} = 9 \times 10^9 \times \dfrac{3 \times 10^{-3} \times (-1) \times 10^{-3}}{3^2} = -3 \times 10^3 \text{〔N〕}$$

F_{CA}, F_{CB}は負の値で吸引力として働き，図のようなベクトル図で表され，その合成ベクトルF〔N〕は，

$$F = F_{CA}\cos 30° + F_{CB}\cos 30° = 2F_{CA}\cos 30° = 5.2 \times 10^3$$

答 5.2×10^3〔N〕

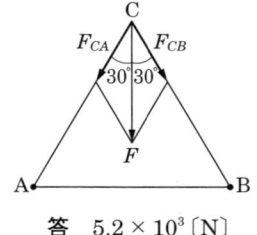

● **6.** 回路のインピーダンスZ〔Ω〕は，

$$Z = \sqrt{R^2 + X_L{}^2} = \sqrt{100 \times 3 + 100} = 20\,\Omega$$

電流の実効値I〔A〕は，

$$I = \dfrac{V}{Z} = \dfrac{200}{20} = 10\,\text{A}$$

誘導リアクタンスX_L〔Ω〕において，電流の位相θ〔rad〕は，電圧e〔V〕より遅れる．

$$\theta = \tan^{-1}\dfrac{X_L}{R} = \tan^{-1}\dfrac{10}{10\sqrt{3}} = \dfrac{\pi}{6}\text{〔rad〕}\quad(\text{遅れ位相})$$

∴ $i = 10\sqrt{2}\sin\left(\omega t + \dfrac{\pi}{4} - \dfrac{\pi}{6}\right)$ 答 $i = 10\sqrt{2}\sin\left(\omega t + \dfrac{\pi}{12}\right)$〔A〕

第4章
練習問題

4.1 (1) $3 + 5 + j(4+6) = 8 + j10$

(2) $4 + 2 + j(3-6) = 6 - j3$

(3) $6 - 2 + j(8+4) = 4 + j12$

(4) $-6 - j^2 16 + j12 + j8 = 10 + j20$

(5) $-j(15 - j^2 2 + j10 - j3) = -j(17 + j7) = 7 - j17$

(6) $j3(j10 + j^2 2) = -30 - j6$

4.2 (1) $-\dfrac{3 \times j}{j \times j} = \dfrac{j3}{1} = j3$

(2) $\dfrac{(1-j5)j}{j2 \times j} = \dfrac{5+j}{-2} = -\dfrac{5}{2} - j\dfrac{1}{2}$

(3) $\dfrac{(1+j)(1+j)}{(1-j)(1+j)} = \dfrac{1+j^2+j+j}{1+1} = \dfrac{j2}{2} = j$

(4) $\dfrac{(3+j3)(3-j2)}{(3+j2)(3-j2)} = \dfrac{9-j^2 6+j9-j6}{9+4} = \dfrac{15}{13}+j\dfrac{3}{13}$

4.3 それぞれの共役複素数を $\overline{\dot{I}}$，$\overline{\dot{Z}}$ とする．

(1) $\overline{\dot{I}} = -6+j3$ 　　　　(2) $\overline{\dot{Z}} = r+jx$

4.4 $\dot{Z} = \dot{Z}_1 + \dot{Z}_2 + \dot{Z}_3 = 3+j6+9+j5+4-j4 = 16+j7$

答　$16+j7\,[\Omega]$

4.5 $\dot{Z} = R+jX_L-jX_C = 5+j8-j2 = 5+j6$

答　$5+j6\,[\Omega]$

4.6 $\dot{I} = \dfrac{\dot{V}}{\dot{Z}} = \dfrac{100}{40+j30} = \dfrac{100(40-j30)}{(40+j30)(40-j30)} = \dfrac{4000-j3000}{40^2+30^2} = 1.6-j1.2$

答　$1.6-j1.2\,[A]$

4.7 (1) $|\dot{A}| = \sqrt{1^2+2^2} = \sqrt{5}$, 　$\theta = \tan^{-1}\dfrac{2}{1} \fallingdotseq 1.1$ rad （第1象限）

関数電卓　$\boxed{\text{RAD}\ \ 2\div 1 = \tan^{-1}}$　1.1

(2) $|\dot{B}| = \sqrt{(-3)^2+3^2} = 3\sqrt{2}$, 　$\theta = \tan^{-1}\left(\dfrac{3}{-3}\right) = \dfrac{3}{4}\pi\,[\text{rad}]$ （第2象限）

(3) $|\dot{C}| = \sqrt{(-1)^2+(-1)^2} = \sqrt{2}$, 　$\theta = \tan^{-1}\left(\dfrac{-1}{-1}\right) = \dfrac{5}{4}\pi\,[\text{rad}]$ （第3象限）

(4) $|\dot{D}| = \sqrt{4^2+(-3)^2} = 5$, 　$\theta = \tan^{-1}\left(\dfrac{-3}{4}\right) \fallingdotseq -0.64\,[\text{rad}]$ （第4象限）

$\boxed{\text{RAD}\ \ 3\div 4 = +/- \tan^{-1}}$　-0.64

4.8 (1) $|\dot{A}| = \sqrt{6^2+8^2} = 10$, 　$\theta = \tan^{-1}\dfrac{8}{6} \fallingdotseq 0.93$ rad

$\boxed{\text{RAD}\ 8\div 6 = \tan^{-1}}$　0.93

答　$\dot{A} = 10(\cos 0.93 + j\sin 0.93)$, 　$\dot{A} = 10\varepsilon^{j0.93}$

(2) $|\dot{B}| = \sqrt{10^2+(-10)^2} = 10\sqrt{2}$, 　$\theta = \tan^{-1}\left(\dfrac{-10}{10}\right) = -\dfrac{\pi}{4}\,[\text{rad}]$

答　$\dot{B} = 10\sqrt{2}\left\{\cos\left(-\dfrac{\pi}{4}\right) + j\sin\left(-\dfrac{\pi}{4}\right)\right\}$, 　$\dot{B} = 10\sqrt{2}\,\varepsilon^{j\left(-\frac{\pi}{4}\right)}$

(3) $|\dot{C}| = \sqrt{0+5^2} = 5$, 　$\theta = \tan^{-1}\dfrac{5}{0} = \dfrac{\pi}{2}\,[\text{rad}]$

答　$\dot{C} = 5\left(\cos\dfrac{\pi}{2} + j\sin\dfrac{\pi}{2}\right)$, 　$\dot{C} = 5\varepsilon^{j(\pi/2)}$

練習問題・章末問題の解答

(4) $|\dot{D}| = \sqrt{2^2 + 0} = 2, \quad \theta = \tan^{-1}\dfrac{0}{2} = 0 \quad \text{rad}$

答 $\dot{D} = 2(\cos 0 + j\sin 0), \quad \dot{D} = 2\varepsilon^{j0}$

4.9 (1) $|\dot{A}| = \sqrt{3^2 + 2^2} = \sqrt{13}$

$\theta = \tan^{-1}\dfrac{2}{3} \fallingdotseq 33.7°$ $\boxed{\text{DEG } 2 \div 3 = \tan^{-1}}\ 33.7$

(2) $|\dot{B}| = \sqrt{(-2)^2 + 3^2} = \sqrt{13}$

$\theta = \tan^{-1}\left(\dfrac{3}{-2}\right) \fallingdotseq 123.7°$ $\boxed{\text{DEG } 2 \div 3 = +/- \tan^{-1} + 180}\ 123.7$

(3) $|\dot{C}| = \sqrt{(-2)^2 + (-2)^2} = 2\sqrt{2}$

$\theta = \tan^{-1}\left(\dfrac{-2}{-2}\right) = 225°$ $\boxed{\text{DEG } 2 \div 2 = \tan^{-1} + 180}\ 225$

(4) $|\dot{D}| = \sqrt{3^2 + (-1)^2} = \sqrt{10}$

$\theta = \tan^{-1}\left(\dfrac{-1}{3}\right) \fallingdotseq -18.4°$ $\boxed{\text{DEG } 1 \div 3 = +/- \tan^{-1}}\ -18.4$

4.10 $\cos(\pi/2) = \cos(-\pi/2) = 0, \quad \sin(\pi/2) = 1, \quad \sin(-\pi/2) = -1$ であるから，

$\varepsilon^{j(\pi/2)} = \cos\dfrac{\pi}{2} + j\sin\dfrac{\pi}{2} = 0 + j \times 1 = j$

$\varepsilon^{j(-\pi/2)} = \cos\left(-\dfrac{\pi}{2}\right) + j\sin\left(-\dfrac{\pi}{2}\right) = 0 + j \times (-1) = -j$

4.11 (1) インピーダンスの両端電圧 $\dot{V}$〔V〕は，

$\dot{V} = \dot{I} \cdot \dot{Z} = (7 + j24)(4 - j3) = 28 - j^2 72 + j(96 - 21) = 100 + j75$

$\dot{V}$ の大きさ $V = \sqrt{100^2 + 75^2} = 125$ 答 125V

(2) $\dot{V} = \dot{I} \cdot \dot{Z} = (6 - j8)(4 - j3) = 24 + j^2 24 - j(18 + 32) = -j50$

$\dot{V}$ の大きさ $V = \sqrt{0 + 50^2} = 50$ 答 50V

4.12 (1) $-j^2 = -1 \times j^2 = -1 \times (-1) = 1$

(2) $j^{3+2} = j^5 = j \times j^4 = j$

(3) $\dfrac{1}{j} = \dfrac{j}{j \times j} = \dfrac{j}{-1} = -j$

(4) $j^3 = j^2 \times j = -1 \times j = -j$

4.13 $\dot{A}+\dot{B} = 10-j20-20+j15 = 10-20-j20+j15 = -10-j5$

$\dot{A}-\dot{B} = 10-j20-(-20+j15) = 10+20-j20-j15 = 30-j35$

4.14 合成ベクトル $\dot{A}+\dot{B}$, $\dot{B}-\dot{A}$ はそれぞれ図のようになる.

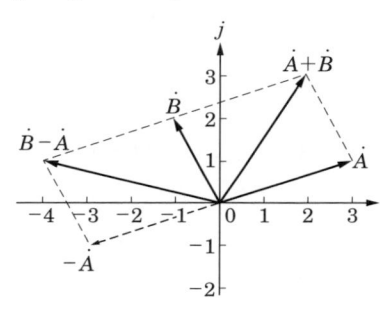

4.15 $\dot{I}_1 = 10\left(\cos\frac{\pi}{3}+j\sin\frac{\pi}{3}\right) \fallingdotseq 10(0.5+j0.87) = 5+j8.7$

$\dot{I}_2 = 20\left(\cos\frac{\pi}{6}+j\sin\frac{\pi}{6}\right) \fallingdotseq 20(0.87+j0.5) = 17.4+j10$

∴ $\dot{I}_0 = \dot{I}_1 + \dot{I}_2 = 5+j8.7+17.4+j10 = 22.4+j18.7$

$\dot{I}_0$ の大きさ $= \sqrt{22.4^2+18.7^2} \fallingdotseq 29.2$

$\theta = \tan^{-1}\frac{18.7}{22.4} \fallingdotseq 39.9$

答 29.2A, 39.9°

4.16 $\dot{I}_R = \frac{\dot{E}}{R} = \frac{100}{10} = 10\text{A}$

$\dot{I}_L = \frac{\dot{E}}{jX_L} = \frac{100}{j10} = -j10\text{A}$

$\dot{I}_C = \frac{\dot{E}}{-jX_C} = \frac{100}{-j20} = j5\text{A}$

$\dot{I}_O = \dot{I}_R + \dot{I}_L + \dot{I}_C = 10-j10+j5 = 10-j5\text{A}$

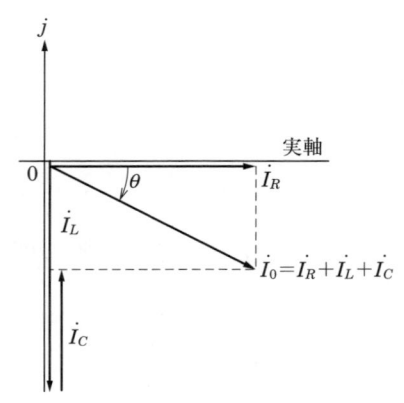

練習問題・章末問題の解答

4.17 $\dot{Z}_0 = \dfrac{\dot{Z}_1 \dot{Z}_2}{\dot{Z}_1 + \dot{Z}_2} = \dfrac{2 \times j4}{2 + j4} = \dfrac{j8(2-j4)}{(2+j4)(2-j4)}$

$= \dfrac{j16 - j^2 32}{4 + 16} = \dfrac{32}{20} + j\dfrac{16}{20} = 1.6 + j0.8$

$Z_0 = \sqrt{1.6^2 + 0.8^2} = \sqrt{3.2} \fallingdotseq 1.8$ 　　　　　　　　　　　　　　答　1.8Ω

4.18 (1) $\dot{V} = 100\angle -30° = 100\{\cos(-30°) + j\sin(-30°)\} \fallingdotseq 100(0.87 - j0.5) = 87 - j50$

答　$87 - j50〔V〕$

(2) $\dot{I} = 25\left(\cos\dfrac{\pi}{4} + j\sin\dfrac{\pi}{4}\right) \fallingdotseq 25(0.7 + j0.7) = 17.5 + j17.5$

答　$17.5 + j17.5〔A〕$

4.19 $\dot{I} = \dfrac{\dot{V}}{\dot{Z}} = \dfrac{100 + j0}{j4} = \dfrac{100 \times j}{j4 \times j} = \dfrac{j100}{-4} = -j25$

$I = \sqrt{0 + 25^2} = 25$ 　　　　　答　$25A$

ベクトル図は図のように電圧を基準ベクトルとし，電流の位相は90°遅れる．

4.20 グラフより

$\dot{I} = 5\varepsilon^{j(-\pi/3)} = 5\angle -\dfrac{\pi}{3}〔A〕$

これを三角関数表示で表せば，

$\dot{I} = 5\left\{\cos\left(-\dfrac{\pi}{3}\right) + j\sin\left(-\dfrac{\pi}{3}\right)\right\} \fallingdotseq 5(0.5 - j0.87) = 2.5 - j4.35$

答　$\dot{I} = 5\angle -\dfrac{\pi}{3}〔A〕$（極座標表示）　　$\dot{I} = 2.5 - j4.35〔A〕$（三角関数表示）

4.21 $\dot{I} = \dfrac{80 - j60}{4 + j3} = \dfrac{(80-j60)(4-j3)}{(4+j3)(4-j3)} = \dfrac{320 - j240 - j240 + j^2 180}{16 + 9}$

$= \dfrac{320 - 180}{25} - j\dfrac{240 + 240}{25} = 5.6 - j19.2$

答　$5.6 - j19.2〔A〕$

4.22 (1) $\dot{Z} = \dfrac{\dot{V}}{\dot{I}} = \dfrac{100}{4 - j3} = \dfrac{100(4+j3)}{(4-j3)(4+j3)} = \dfrac{400 + j300}{16 + 9} = 16 + j12〔\Omega〕$

(2) $\dot{Z} = \dfrac{\dot{V}}{\dot{I}} = \dfrac{80 - j60}{2 - j2} = \dfrac{(80-j60)(2+j2)}{(2-j2)(2+j2)} = \dfrac{160 - j^2 120 - j120 + j160}{4 + 4}$

$$= \frac{280+j40}{8} = 35+j5 \,[\Omega]$$

(3) $\dot{Z} = \dfrac{\dot{V}}{\dot{I}} = \dfrac{80+j60}{-6+j8} = \dfrac{(80+j60)(-6-j8)}{(-6+j8)(-6-j8)} = \dfrac{-480-j^2 480 - j360 - j640}{36+64}$

$$= \frac{-j1000}{100} = -j10 \,[\Omega]$$

(4) $\dot{Z} = \dfrac{\dot{V}}{\dot{I}} = \dfrac{20-j60}{4-j2} = \dfrac{(20-j60)(4+j2)}{(4-j2)(4+j2)} = \dfrac{80-j^2 120 - j240 + j40}{16+4}$

$$= \frac{200-j200}{20} = 10-j10 \,[\Omega]$$

4.23 座標表示で表すと,

$$\dot{V} = 50\angle 30°, \quad \dot{I} = 4\angle -30°$$

インピーダンス $\dot{Z}$ は,

$$\dot{Z} = \frac{\dot{V}}{\dot{I}} = \frac{50\angle 30°}{4\angle -30°} = 12.5\angle(30°+30°) = 12.5\angle 60° = 12.5(\cos 60° + j\sin 60°)$$

$$= 12.5\left(\frac{1}{2} + j\frac{\sqrt{3}}{2}\right) = 6.25 + j6.25\sqrt{3}$$

　　　　　　　　　　　　　　　　　　　　　　　　　　　答　$6.25 + j6.25\sqrt{3}\,[\Omega]$

4.24 $\dot{Z}_0 = \dot{Z}_1 + \dot{Z}_2 + \dot{Z}_3 = 3+j16+9+j5+6-j9$

$$= 3+9+6+j(16+5-9) = 18+j12$$

$\dot{Z}_0$ の大きさ $= \sqrt{18^2 + 12^2} \fallingdotseq 21.6$

$\theta = \tan^{-1}\dfrac{12}{18} = 33.7°$ 　　　　　　　　　　　答　$21.6\Omega,\ 33.7°$

4.25 $\dot{V} = \dot{I}\dot{Z} = (2-j3)(4+j3) = 8 - j^2 9 + j(-12+6)$

$$= 17 - j6$$ 　　　　　　　　　　　　　　　　答　$17-j6\,[V]$

4.26 $X_L = \omega L = 2\pi f L \fallingdotseq 6.28 \times 50 \times 100 \times 10^{-3} \fallingdotseq 31.4$

$$\dot{I} = \frac{\dot{V}}{jX_L} = \frac{70+j70}{j31.4} \fallingdotseq 2.23 - j2.23$$ 　　　　　答　$2.23 - j2.23\,[A]$

4.27 $X_C = \dfrac{1}{\omega C} \fallingdotseq \dfrac{1}{6.28 \times 50 \times 20 \times 10^{-6}} \fallingdotseq 159$

$$\dot{I} = \frac{\dot{V}}{-jX_C} = \frac{100\angle 60°}{159\angle -90°} = \frac{100}{159}\angle(60°+90°)$$

$$\fallingdotseq 0.63\angle 150°$$
答 $0.63\angle 150°$ 〔A〕

4.28 抵抗 R のアドミタンスを $\dot{Y}_R$，リアクタンスのアドミタンスを $\dot{Y}_L$ とすると，合成アドミタンス $\dot{Y}_o$ は，

$$\dot{Y}_o = \dot{Y}_R + \dot{Y}_L = \frac{1}{R} + \frac{1}{jX_L} = \frac{1}{50} + \frac{1}{j40} = 0.02 - j0.025$$

答 $0.02 - j0.025$ 〔S〕

4.29 $X_L = \omega L = 2\pi fL \fallingdotseq 6.28 \times 50 \times 20 \times 10^{-3} = 6.28\Omega$

$\dot{Z} = R + jX_L = 10 + j6.28$ 〔Ω〕

$$\dot{I} = \frac{\dot{V}}{\dot{Z}} = \frac{100}{10 + j6.28} = \frac{100(10 - j6.28)}{(10 + j6.28)(10 - j6.28)} \fallingdotseq \frac{1000 - j628}{139.4}$$

$\fallingdotseq 7.2 - j4.5$

$I = \sqrt{7.2^2 + 4.5^2} \fallingdotseq 8.5, \quad \theta = \tan^{-1}\frac{6.28}{10} \fallingdotseq 32°$

力率 $\cos\theta = \cos 32° \fallingdotseq 0.85$

答 8.5A，85％

4.30 $\dot{Z} = \frac{\dot{V}}{\dot{I}} = \frac{200}{12 - j4} = \frac{200(12 + j4)}{(12 - j4)(12 + j4)}$

$$= \frac{2400 + j800}{160} = 15 + j5$$

$\dot{Z}$ のリアクタンス分は，$+j$ であるから誘導リアクタンスである．

答 $R = 15\Omega$，$X_L = 5\Omega$（誘導性）

4.31 $\dot{V} = 100\left(\cos\frac{\pi}{6} + j\sin\frac{\pi}{6}\right) = 100\left(\frac{\sqrt{3}}{2} + j\frac{1}{2}\right) = 50\sqrt{3} + j50$

$$\dot{I} = \frac{50\sqrt{3} + j50}{6 - j8} = \frac{(50\sqrt{3} + j50)(6 + j8)}{(6 - j8)(6 + j8)} = \frac{300\sqrt{3} + j^2 400 + j300 + j40\sqrt{3}}{100}$$

$\fallingdotseq \frac{119.6 + j993}{100} \fallingdotseq 1.2 + j9.9$

$I = \sqrt{1.2^2 + 9.9^2} \fallingdotseq 10$

答 10A

4.32 $\dot{V}_R = R\dot{I} = 8 \times 6 = 48$

$\dot{V}_L = jX_L\dot{I} = j10 \times 6 = j60$

$\dot{V}_C = -jX_C\dot{I} = -j4 \times 6 = -j24$

$\dot{V} = \dot{V}_R + \dot{V}_L + \dot{V}_C = 48 + j60 - j24 = 48 + j36$

答 $\dot{V}_R = 48$〔V〕, $\dot{V}_L = j60$〔V〕, $\dot{V}_C = -j24$〔V〕, $\dot{V} = 48 + j36$〔V〕

4.33 図より電圧は，$\dot{V}_R = \dot{I}R = 10 \times 6 = 60\text{V}$，$V_C = 100\text{V}$，$V = 100\text{V}$である．
$\dot{V} = \dot{V}_R + \dot{V}_L + \dot{V}_C$ のベクトル図を描く．電流 $\dot{I}$ を基準とし，ベクトル図より，三角形の高さ V_x は，

$$V_x = \sqrt{100^2 - 60^2} = 80\text{V}$$

ゆえに $V_L = 100 - 80 = 20\text{V}$
求める $X_L〔\Omega〕$ の大きさは，

$$X_L = \frac{V_L}{I} = \frac{20}{10} = 2 \qquad \text{答} \quad 2\Omega$$

$\dot{V}_L = j20〔\text{V}〕$
$\dot{V}_R = 60\text{V}$
100V
V_x
$\dot{I}$
$\dot{V} = 60 - j80〔\text{V}〕$
$\dot{V}_L = j20〔\text{V}〕$ （平行移動）
$\dot{V}_C = -j100〔\text{V}〕$

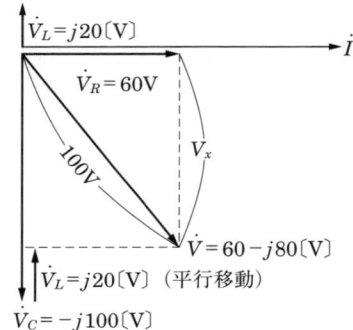

4.34 $\dot{I}_1 = \dot{Y}_1 \dot{V} = 0.1 \times 50 = 5$

$\dot{I}_2 = \dot{Y}_2 \dot{V} = -j0.2 \times 50 = -j10$

$\dot{I}_3 = \dot{Y}_3 \dot{V} = j0.1 \times 50 = j5$

$\dot{I} = \dot{I}_1 + \dot{I}_2 + \dot{I}_3 = 5 - j10 + j5 = 5 - j5$

$$\text{答} \quad \dot{I}_1 = 5\text{A}, \quad \dot{I}_2 = -j10〔\text{A}〕, \quad \dot{I}_3 = j5〔\text{A}〕, \quad \dot{I} = 5 - j5〔\text{A}〕$$

4.35 $I = \sqrt{I_R^2 + (I_L - I_C)^2} = \sqrt{8^2 + (12-6)^2} = 10\text{A}$

$$\theta = \tan^{-1}\frac{I_L - I_C}{I_R} = \tan^{-1}\frac{12-6}{8} \fallingdotseq 36.9°$$

$$\text{答} \quad 10\text{A}, \; 36.9°$$

4.36 虚部 $=0$ のときの ω を ω_0 として計算する．

$$\omega_0\{L - C(R^2 + \omega_0^2 L^2)\} = 0$$

$$C(R^2 + \omega_0^2 L^2) = L$$

$$R^2 + \omega_0^2 L^2 = \frac{L}{C}$$

$$\omega_0^2 = \frac{L}{CL^2} - \left(\frac{R}{L}\right)^2$$

$$f_0 = \frac{1}{2\pi}\sqrt{\frac{1}{LC} - \left(\frac{R}{L}\right)^2}〔\text{Hz}〕$$

なお，f_0 を LC 並列回路の共振周波数という．

練習問題・章末問題の解答

4.37
$$\dot{V}' = \dot{I}_1(R + jX_L) = 5(3 + j4) = 15 + j20$$
$$\dot{I}_2 = \frac{\dot{V}'}{\dot{Z}_2} = \frac{15 + j20}{-j5} = -4 + j3$$
$$\therefore \dot{I} = \dot{I}_1 + \dot{I}_2 = 5 - 4 + j3 = 1 + j3$$
$$\dot{V} = \dot{I}R + \dot{V}' = 10(1 + j3) + 15 + j20 = 10 + j30 + 15 + j20 = 25 + j50$$

答　$1 + j3$〔A〕，　$25 + j50$〔V〕

4.38 電力 $P = VI\cos\theta$〔W〕より，
$$\cos\theta = \frac{P}{VI} = \frac{433}{100 \times 5} = 0.866$$
$$\theta = \cos^{-1} 0.866 = \pi/6$$

答　$\pi/6$〔rad〕

4.39 抵抗5Ωで500W消費されるので，
$$P = I_1^2 R \text{ より，} \quad I_1 = \sqrt{\frac{P}{R}} = \sqrt{\frac{500}{5}} = 10\text{A}$$

抵抗5Ωとコイル12Ωの両端電圧 $\dot{V}$ は，
$$\dot{V} = \dot{I}_1(R + jX_L) = 10(5 + j12) = 50 + j120 \text{〔V〕}$$
$$V = \sqrt{50^2 + 120^2} = 130\text{V}$$
$$\dot{I}_2 = \frac{\dot{V}}{-jX_C} = \frac{130}{-j26} = j5$$
$$\therefore I_2 = 5\text{A}$$

答　5〔A〕

4.40 電流の共役複素数 $\bar{\dot{I}} = 4 - j3$〔A〕を用いると，
$$\dot{S} = \dot{V}\bar{\dot{I}} = (3 + j4)(4 - j3) = 12 + 12 + j16 - j9 = 24 + j7 \text{〔V·A〕}$$
となり，$P = 24\text{W}$，$Q = 7\text{var}$ （遅れ無効電力）

答　24W

4.41 抵抗 R_1 に生じる電圧 V〔V〕は，$V = I_1 R_1 = 10 \times 10 = 100\text{V}$

抵抗 R_2 を流れる電流 I_2〔A〕は，
$$I_2 = \frac{V}{\sqrt{R_2^2 + X_L^2}} = \frac{100}{\sqrt{16^2 + 12^2}} = \frac{100}{20} = 5\text{A}$$

R_2 で消費する電力 P〔W〕は，
$$P = I_2^2 R_2 = 5^2 \times 16 = 400\text{W}$$

答　400W

4.42　$\dot{I}_1 = \dfrac{\dot{V}}{4}$, $\quad \dot{I}_2 = \dfrac{\dot{V}}{j3} = -j\dfrac{\dot{V}}{3}$
$$\dot{I} = \dot{I}_1 + \dot{I}_2 = \left(\frac{1}{4} - j\frac{1}{3}\right)\dot{V}$$

$$\dot{I} \text{の大きさ } I = \sqrt{\left(\frac{1}{4}\right)^2 + \left(\frac{1}{3}\right)^2} V = \sqrt{\frac{1}{16} + \frac{1}{9}} V = \frac{1}{12}\sqrt{9+16}\, V$$

$$= \frac{5}{12} V \,[\text{A}]$$

$$\cos\theta = \frac{I_1}{I} = \frac{\dfrac{V}{4}}{\dfrac{5V}{12}} = \frac{12}{20} = 0.6$$

答 0.6 又は 60％

4.43 (1) $\log_3 3^3 = 3$ (2) $\log_{10} 10^{-2} = -2$

(3) $\log_3 \dfrac{1}{81} = \log_3 3^{-4} = -4$ (4) $\log_{10} 100^{\frac{1}{3}} = \log_{10} 10^{\frac{2}{3}} = \dfrac{2}{3}$

4.44 (1) $\log_6 4 + 2\log_6 3 = \log_6 (4 \times 3^2) = \log_6 36 = \log_6 6^2 = 2$

(2) $\log_2 (12^3 \div 27) = \log_2 64 = \log_2 2^6 = 6$

4.45 (1) $\log_{10} 2^3 = 3\log_{10} 2 = 3 \times 0.3010 = 0.903$

(2) $\log_{10} 3^2 = 2\log_{10} 3 = 2 \times 0.4771 = 0.9542$

(3) $\log_{10}\left(\dfrac{9}{2}\right) = \log_{10}\left(\dfrac{3^2}{2}\right) = 2\log_{10} 3 - \log_{10} 2$

$\qquad = 2 \times 0.4771 - 0.3010 = 0.6532$

(4) $\log_{10}\left(\dfrac{18}{10}\right) = \log_{10}\left(\dfrac{3^2 \times 2}{10}\right) = 2\log_{10} 3 + \log_{10} 2 - \log_{10} 10$

$\qquad = 2 \times 0.4771 + 0.3010 - 1 = 0.2552$

(5) $\log_{10}\left(\dfrac{1}{2}\right) = \log_{10} 1 - \log_{10} 2 = 0 - 0.3010 = -0.3010$

(6) $\log_{10}(2 \times 3 \times 10) + \log_{10}\dfrac{1}{10^3} = 0.3010 + 0.4771 + 1 - 3 = -1.2219$

4.46 (ア) -5 (イ) -2 (ウ) 2 (エ) 10^3 (オ) -1

4.47 $\log_{10} \dfrac{A}{\sqrt{1+\omega^2 T^2}} = \log_{10} A - \dfrac{1}{2}\log(1+\omega^2 T^2)$

4.48 電力増幅度 A_P の式より，

$$A_p = \frac{v_o i_o}{v_i i_i} = \frac{5 \times 4 \times 10^{-3}}{0.2 \times 40 \times 10^{-6}} = 2500 \text{ 倍}$$

電力利得 G_P 〔dB〕の式より，

$$G_P = 10\log_{10} A_P = 10\log_{10} 2500 = 10\log_{10} 25 \times 100$$

$$= 10\log_{10} 5^2 + 10\log_{10} 10^2 = 20\log_{10} 5 + 20\log_{10} 10$$

$$= 20 \times 0.699 + 20 \fallingdotseq 14 + 20 = 34$$

答 34dB

練習問題・章末問題の解答

章末問題

1. (1) $(1+j)^3 = 1^3 + j3 + j^2 3 + j^3 = 1 - 3 + j(3-1) = -2 + j2$

(2) $(-1-j2)(1+j2+j^2) = (-1-j2)(1-1+j2) = -j^2 4 - j2 = 4 - j2$

(3) $\dfrac{1+j}{-j} = \dfrac{(1+j)j}{-j \times j} = \dfrac{-1+j}{1} = -1+j$

2. $\dot{Z} = \dot{Z}_1 + \dot{Z}_2 = 4 + j2 + 8 - j6 = 12 - j4$

$\dot{I} = \dfrac{\dot{V}}{\dot{Z}} = \dfrac{200(12+j4)}{(12-j4)(12+j4)} = \dfrac{2400+j800}{144+16} = 15 + j5$

$I = \sqrt{15^2 + 5^2} \fallingdotseq 15.8$ 　　　　　　　　　　　　　答　15.8A

3. $\dot{V} = \dot{I}(R + jX_L - jX_e) = 6\{8 + j(10-4)\} = 48 + j36$

$V = \sqrt{48^2 + 36^2} = 60$ 　　　　　　　　　　　　　　　答　60V

4. $\dot{I}_R = \dfrac{\dot{E}}{R} = \dfrac{160+j120}{40} = 4 + j3$

$\dot{I}_L = \dfrac{\dot{E}}{jX_L} = \dfrac{160+j120}{j10} = 12 - j16$

$\dot{I}_C = \dfrac{\dot{E}}{jX_C} = \dfrac{160+j120}{-j5} = -24 + j32$

$\dot{I}_o = \dot{I}_R + \dot{I}_L + \dot{I}_C = 4 + j3 + 12 - j16 - 24 + j32 = -8 + j19$

答　$\dot{I}_R = 4 + j3 \text{[A]}$, 　$\dot{I}_L = 12 - j16 \text{[A]}$, 　$\dot{I}_C = -24 + j32 \text{[A]}$, 　$\dot{I}_o = -8 + j19 \text{[A]}$

5. 電流の共役複素数 $\bar{I} = 8 + j6$ を用いて電力の計算をする．

皮相電力 $\dot{V}\bar{I} = 100(8+j6) = \underbrace{800}_{P} + \underbrace{j600}_{Q}$

答　$P = 800\text{W}$, 　$Q = 600\text{var}$

6. $i_c = \beta i_b = 200 \times 100 \times 10^{-6} = 2 \times 10^{-2} \text{[A]}$

$G = 20\log_{10}\dfrac{i_c}{i_b} = 20\log_{10}\dfrac{2 \times 10^{-2}}{100 \times 10^{-6}} = 20\log 2 \times 10^2 = 20 \times 0.3 + 20 \times 2 = 46$

答　46dB

第5章

練習問題

5.1 (1) $\lim_{x \to 2}(x^2 - 5x + 6) = 2^2 - 5 \times 2 + 6 = 0$

(2) $\lim_{x \to 1}(x-3)(x+1) = (1-3)(1+1) = -4$

(3) $\lim_{x \to 1}\dfrac{(x-1)(x^2+x+1)}{(x-1)} = \lim_{x \to 1}(x^2+x+1) = 3$

(4) $\lim_{x \to 3}\dfrac{(x-3)}{x(x-3)} = \lim_{x \to 3}\dfrac{1}{x} = \dfrac{1}{3}$

(5) $\lim_{x \to \infty}\dfrac{1}{x^2-2} = \dfrac{1}{\infty^2} = 0$

分母が∞のとき，分数の値は限りなく0に近づく．

(6) 分母が0になるので分数の値は無限大となる．

$\lim_{x \to -2}\dfrac{1}{x+2} = \pm\infty$

$x \to -2$ のとき $x > -2$ の側から近づくか，あるいは $x < -2$ の側から近づくかによって±が決まる．

(7) $\lim_{x \to -1}\dfrac{(x+1)}{(x+2)(x+1)} = \lim_{x \to -1}\dfrac{1}{x+2} = 1$

(8) $\lim_{x \to 1}\dfrac{x+1-2}{(x-1)(x+1)} = \lim_{x \to 1}\dfrac{x-1}{(x-1)(x+1)} = \dfrac{1}{2}$

答　(1) 0,　(2) –4,　(3) 3,　(4) 1/3
　　(5) 0,　(6) ±∞,　(7) 1,　(8) 1/2

5.2 (1) $f(x) = 2x+5$ とおく

$\dfrac{f(2)-f(-1)}{2-(-1)} = \dfrac{4+5-(-2+5)}{3} = \dfrac{6}{3} = 2$

(2) $f(x) = 2x^2 - x + 4$ とおく

$\dfrac{f(2)-f(-1)}{2-(-1)} = \dfrac{8-2+4-(2+1+4)}{3} = 1$

答　(1) 2,　(2) 1

5.3 (1) $f'(2) = \lim_{\Delta x \to 0}\dfrac{(2+\Delta x)^2 + 4(2+\Delta x) - (2^2+8)}{\Delta x}$

$= \lim_{\Delta x \to 0}\dfrac{8\Delta x + (\Delta x)^2}{\Delta x} = \lim_{\Delta x \to 0}(8+\Delta x) = 8$

(2) $f'(-1) = \lim_{\Delta x \to 0}\dfrac{\{(-1+\Delta x)^3 + 2(-1+\Delta x) - 1\} - \{(-1)^3 + 2(-1) - 1\}}{\Delta x}$

$= \lim_{\Delta x \to 0}\dfrac{-1 + 3\Delta x - 3(\Delta x)^2 + (\Delta x)^3 - 2 + 2\Delta x - 1 + 1 + 2 + 1}{\Delta x}$

練習問題・章末問題の解答

$$= \lim_{\Delta x \to 0}\{5 - 3\Delta x + (\Delta x)^2\} = 5$$

答　(1) 8，(2) 5

5.4 (1)　$y' = \lim_{\Delta x \to 0} \dfrac{\Delta y}{\Delta x} = \lim_{\Delta x \to 0} \dfrac{(x+\Delta x) - x}{\Delta x} = \lim_{\Delta x \to 0} 1 = 1$

(2)　$y' = \lim_{\Delta x \to 0} \dfrac{\Delta y}{\Delta x} = \lim_{\Delta x \to 0} \dfrac{(x+\Delta x)^2 - x^2}{\Delta x} = \lim_{\Delta x \to 0} \dfrac{x^2 + 2x\Delta x + (\Delta x)^2 - x^2}{\Delta x} = 2x$

(3)　$y' = \lim_{\Delta x \to 0} \dfrac{\Delta y}{\Delta x} = \lim_{\Delta x \to 0} \dfrac{(x+\Delta x)^3 - x^3}{\Delta x} = \lim_{\Delta x \to 0} \dfrac{x^3 + 3x^2\Delta x + 3x(\Delta x)^2 + \Delta x^3 - x^3}{\Delta x} = 3x^2$

(1)～(3) より，$y = x \to y' = 1$，$y = x^2 \to y' = 2x$，$y = x^3 \to y' = 3x^2$
ゆえに $y = x^n \to y' = nx^{n-1}$ となる．

答　(1) 1　(2) $2x$　(3) $3x^2$

5.5 (1)　$y' = -4x^{1-1} - 3 \times 2x^{2-1} = -4 - 6x$

(2)　$y' = 3x^{1-1} - 2 \times 7x^{2-1} = 3 - 14x$

(3)　$y = x^2 - 3x + 5x - 15 = x^2 + 2x - 15$
　　　$y' = 2x + 2$

(4)　$y = 6x - x^3$
　　　$y' = 6 - 3x^2$

(5)　$y = \dfrac{9x^3 - 6x^2 + x}{3x} = 3x^2 - 2x + \dfrac{1}{3}$
　　　$y' = 6x - 2$

(6)　$y = \dfrac{4x^2 - 6x + 2}{2x - 1} = 2x - 2$
　　　$y' = 2$

答　(1) $-4-6x$　(2) $3-14x$　(3) $2x+2$　(4) $6-3x^2$　(5) $6x-2$　(6) 2

5.6 (1)　$y' = 4x - \dfrac{1}{2}$　　　　　　　(2)　$y' = 5 - 12x - 24x^2$

(3)　$y' = 3x^2 - \dfrac{2}{3}x$　　　　　　(4)　$y' = 2ax - b$

5.7 (1)　$y' = 2x(3x+2) + 3(x^2 - 1) = 9x^2 + 4x - 3$

(2)　$y' = 6x(1-x) + 3x^2 \times (-1) = 6x - 9x^2$

(3)　$y' = a(cx+b) + c(ax-b) = acx + ab + acx - bc = 2acx + ab - bc$

(4)　$y' = -4x(4 - 2x^2) - 4x(4 - 2x^2) = -8x(4 - 2x^2) = 16x^3 - 32x$

5.8 (1) $y=(2-3x)^{\frac{2}{3}}=u^{\frac{2}{3}} \rightarrow y'=\frac{2}{3}u^{-\frac{1}{3}}\times(-3)=-\frac{2}{\sqrt[3]{2-3x}}$

(2) $y=3x^{\frac{4}{3}} \rightarrow y'=3\times\frac{4}{3}x^{\frac{4}{3}-1}=4\sqrt[3]{x}$

(3) $y=\left(x^3+1\right)^2=u^2 \rightarrow y'=6\left(x^3+1\right)x^2=6x^5+6x^2$

(4) $y=\left(6x-2x^2\right)^{-\frac{1}{2}}=u^{-\frac{1}{2}} \rightarrow y'=-\frac{1}{2}\left(6x-2x^2\right)^{-\frac{3}{2}}\times(6-4x)$

$$=\frac{4x-6}{2\sqrt{\left(6x-2x^2\right)^3}}=\frac{2x-3}{\sqrt{\left(6x-2x^2\right)^3}}$$

(5) $y'=\frac{\left(x^2+x+2\right)-(x+2)(2x+1)}{\left(x^2+x+2\right)^2}=-\frac{x^2+4x}{\left(x^2+x+2\right)^2}$

(6) $y=(x+2)(2x-1)^{\frac{1}{2}}=(x+2)u^{\frac{1}{2}}$

$y'=(x+2)'u^{\frac{1}{2}}+(x+2)(u^{\frac{1}{2}})'\times u'=(2x-1)^{\frac{1}{2}}+(x+2)\frac{1}{2}(2x-1)^{-\frac{1}{2}}\times 2$

$$=\sqrt{2x-1}+\frac{(x+2)}{\sqrt{2x-1}}=\frac{2x-1+x+2}{\sqrt{2x-1}}=\frac{3x+1}{\sqrt{2x-1}}$$

5.9 (1) ヒントより求める接線は点$(-2, 2)$を通り，傾き-2の直線であるから，

$y-2=-2(x+2)$ 答 $y=-2x-2$

(2) $f(x)=-5x-x^2$ とおけば，$f(-2)=6$

$f'(x)=-5-2x$，したがって，$f'(-2)=-1$

ヒントより求める接線は点$(-2, 6)$を通り，傾き-1の直線であるから，

$y-6=-1(x+2)$ 答 $y=-x+4$

5.10 (1) $f(t)=15t-4.8t^2$ より $f'(t)=15-9.8t$ であるから，

$v=f'(1)=15-9.8=5.2$ 答 上向きに5.2m/s

(2) $h=15t-4.8t^2=0$ のときのtを求める．$h=15t-4.8t^2=0$ すなわち $t(15-4.8t)=0$
$t>0$ であるから，

$t=15/4.8 \fallingdotseq 3.1$〔s〕

したがって，$f'(3.1)=15-9.8\times 3.1=-15.4$m/s   答 下向きに$15.4$m/s

5.11 $\lim_{\theta\to 0}\left(\frac{k}{1}\cdot\frac{\sin k\theta}{k\theta}\right)=k$

5.12 $\lim_{\theta\to 0}\frac{\sin 3\theta}{\sin 2\theta}=\lim_{\theta\to 0}\left(\frac{3}{2}\cdot\frac{2\theta}{\sin 2\theta}\cdot\frac{\sin 3\theta}{3\theta}\right)=\frac{3}{2}\cdot 1\cdot 1=\frac{3}{2}$

練習問題・章末問題の解答

5.13 ヒントより，$u = \omega t + \theta$

$$y' = \frac{dy}{du} \cdot \frac{du}{dt} = A\cos u \cdot \omega = \omega A \cos(\omega t + \theta)$$

5.14 ヒントより，$u = \sin x$

$$y' = \frac{dy}{du} \cdot \frac{du}{dx} = nu^{n-1} \cdot u' = n\sin^{n-1} x \cdot \cos x$$

5.15 (1) $y' = (\sin x)' \cos x + \sin x (\cos x)' = \cos^2 x - \sin^2 x$

(2) $y' = 2x \sin x + x^2 \cos x = x(2\sin x + x\cos x)$

(3) $y' = \dfrac{6}{\cos^2\left(6x - \dfrac{\pi}{2}\right)} = 6\sec^2\left(6x - \dfrac{\pi}{2}\right)$

(4) $y' = (\cos^2 u)' \cdot (\cos u)' \cdot u' = 2\cos u(-\sin u) \cdot 6x = 2\cos(3x^2+1)\{-\sin(3x^2+1)\}6x$

$\quad = -12x\sin(3x^2+1)\cos(3x^2+1) = -6x\sin 2(3x^2+1)$

（∵ 倍角の公式 $\sin 2\alpha = 2\sin\alpha \cos\alpha$ を用いる）

5.16 (1) $y' = \cos(\omega t + \theta) \cdot \omega = \omega\cos(\omega t + \theta)$

(2) $y' = -\sin(2\omega t - \theta) \cdot 2\omega = -2\omega\sin(2\omega t - \theta)$

(3) $y' = \cos\omega t - \omega t\sin\omega t$

5.17 $u = 2x-1$ とおくと，$u' = 2$，$y = \varepsilon^u$

$$y' = \frac{dy}{du} \cdot \frac{du}{dx} = \varepsilon^{2x-1} \cdot 2 = 2\varepsilon^{2x-1}$$

5.18 (1) $y' = (\log u)' \cdot u' = \dfrac{2x}{1+x^2}$

(2) $y' = (\log u)' \cdot u' = \dfrac{1}{\dfrac{1}{x}}(-x^{-2}) = -\dfrac{1}{x}$

5.19 (1) $y' = -\dfrac{2}{a-2x}$ 　　(2) $y' = \dfrac{\cos x}{\sin x} = \cot x$

5.20 x で微分すると，$y' = 3x^2 + 6x - 9$

題意より $x = -4$ と $x = 0$ を y' に代入する．

$\quad y' = f'(-4) = 15 > 0$ より，増加

$\quad y' = f'(0) = -9 < 0$ より，減少

　　　　　　　　　答　y のグラフは $x = -4$ で増加し，$x = 0$ で減少する．

5.21 $y' = 3x^2 - 12x + 9 = 3(x-1)(x-3)$

$y' = 0$ のとき $x = 1, 3$ である.

$f(1) = 1 - 6 + 9 - 3 = 1$, $f(3) = 27 - 54 + 27 - 3 = -3$

$x < 1$ で	$y' > 0$ であり	y は増加
$1 < x < 3$	$y' > 0$ であり	y は減少
$3 > x$ で	$y' > 0$ であり	y は増加

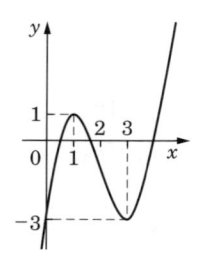

答 $x = 1$, $y = 1$（極大値）, $x = 3$, $y = -3$（極小値）

5.22 t について微分すると速度 v が求まる.

$$v = \frac{dh}{dt} = v_0 - gt$$

上式に数値を代入すると, $v = 30 - 9.8 \times 2 = 10.4$ **答** 10.4 m/s

5.23 体積 V を x で微分する.

$$\frac{dV}{dx} = \{x(20-2x)^2\}' = (20-2x)^2 + 2x(20-2x) \times (-2)$$

$$= (20-2x)(20-2x-4) = (20-2x)(20-6x)$$

$\dfrac{dV}{dx} = 0$ とおくと, $x = 10$, $x = \dfrac{10}{3}$

題意より, $0 < x < 10$ であるから, $x = 10/3 ≒ 3.33$ **答** 3.33 cm

5.24 二次回路の誘導起電力 e_2〔V〕は, 次式で表せる.

$$e_2 = -M\frac{di_1}{dt}$$

一次回路の電流 $i_1 = I_m \sin \omega t$ を代入して, t で微分すると,

$$e_2 = -\omega M I_m \cos \omega t = \omega M I_m \sin(\omega t - \pi/2) = E_{m2}\sin(\omega t - \pi/2)$$

答 $e_2 = E_{m2}\sin(\omega t - \pi/2)$〔V〕, e_2 は, i_1 より $\pi/2$ だけ遅れ位相である.

5.25 ヒントの式より I を最小にするには, 分母を最大にすればよい. ゆえに,

$$y = xR - x^2$$

として, $dy/dx = 0$ の条件を求めれば,

$$\frac{dy}{dx} = R - 2x = 0$$

∴ $x = \dfrac{R}{2}$ **答** 接触子 C を抵抗 R の中心におく.

5.26 (1) $\displaystyle\int 30x^4 dx = \frac{30}{5}x^5 + C = 6x^5 + C$

(2) $\displaystyle\int (15x^4 + 16x^3)dx = \frac{15}{5}x^5 + \frac{16}{4}x^4 + C = 3x^5 + 4x^4 + C$

(3) $\int \dfrac{1}{x^{2.5}}dx = \int x^{-2.5}dx = \dfrac{1}{-2.5+1}x^{-2.5+1}+C = -\dfrac{1}{1.5}x^{-1.5}+C$

(4) $\int (x-1)(x+1)dx = \int (x^2-1)dx = \dfrac{x^3}{3}-x+C$

(5) $\int 6x^5 dx = \dfrac{6}{5+1}x^{5+1}+C = x^6+C$

(6) $\int \sqrt[3]{x^2}\,dx = \int x^{\frac{2}{3}}dx = \dfrac{1}{\frac{2}{3}+1}x^{\frac{2}{3}+1}+C = \dfrac{3}{5}\sqrt[3]{x^5}+C$

5.27 (1) $\int (1-2x)^4 dx = \dfrac{(1-2x)^5}{5}\cdot\left(\dfrac{1}{-2}\right)+C = -\dfrac{(1-2x)^5}{10}+C$

(2) $\int \dfrac{1}{3x+2}dx = \int (3x+2)^{-1}dx = \dfrac{1}{3}\log|3x+2|+C$

(3) $\int \varepsilon^{-x}dx = -\varepsilon^{-x}+C$

(4) $\int \sqrt{2x-1}\,dx = \int (2x-1)^{\frac{1}{2}}dx = \dfrac{1}{2}\cdot\dfrac{2}{3}(2x-1)^{\frac{3}{2}}+C = \dfrac{1}{3}\sqrt{(2x-1)^3}+C$

(5) $\int \dfrac{3x^2-2x}{x}dx = \int (3x-2)dx = \dfrac{3}{2}x^2-2x+C$

(6) $\int \dfrac{1}{3x-2}dx = \dfrac{1}{3}\log|3x-2|+C$

5.28 (1) $\int \sin 5x\,dx = -\dfrac{1}{5}\cos 5x+C$

(2) $\int \cos(2x+1)dx = \dfrac{1}{2}\sin(2x+1)+C$

(3) $\int \sin^2 x\,dx = \int \dfrac{1-\cos 2x}{2}dx = \int\left(\dfrac{1}{2}-\dfrac{1}{2}\cos 2x\right)dx = \dfrac{x}{2}-\dfrac{1}{4}\sin 2x+C$

(4) $\int \sec^2 x\,dx = \tan x+C$

(5) $\int \cos^2 x\,dx = \int \dfrac{1+\cos 2x}{2}dx = \dfrac{1}{2}\int dx+\dfrac{1}{2}\int \cos 2x\,dx = \dfrac{x}{2}+\dfrac{1}{4}\sin 2x+C$

(6) $\int 4\cos^2 2x = 4\int \dfrac{1+\cos 4x}{2}dx = 2\int dx+2\int \cos 4x\,dx = 2x+\dfrac{1}{2}\sin 4x+C$

5.29 $\int\left(4\varepsilon^t-\dfrac{3}{t}\right)dt = 4\varepsilon^t-3\log t+C$

5.30 $\int \dfrac{x^3+x^2+x+1}{x^2}dx = \int\left(x+1+\dfrac{1}{x}+\dfrac{1}{x^2}\right)dx = \dfrac{x^2}{2}+x+\log x-\dfrac{1}{x}+C$

5.31 (1) $\int_0^9 \sqrt{x}\,dx = \int_0^9 x^{\frac{1}{2}}dx = \left[\dfrac{2}{3}x^{\frac{3}{2}}\right]_0^9 = \dfrac{2}{3}9^{\frac{3}{2}} = 18$

(2) $\int_{\frac{\pi}{6}}^{\frac{\pi}{2}} \cos\theta d\theta = [\sin\theta]_{\frac{\pi}{6}}^{\frac{\pi}{2}} = \sin\frac{\pi}{2} - \sin\frac{\pi}{6} = 1 - \frac{1}{2} = \frac{1}{2}$

(3) $\int_1^4 \frac{1}{\sqrt{x}} dx = \int_1^4 x^{\frac{1}{2}} dx = \left[2x^{\frac{1}{2}}\right]_1^4 = [2\sqrt{x}]_1^4 = 2\sqrt{4} - 2\sqrt{1} = 2$

(4) $\int_2^4 \frac{1}{x} dx = [\log|x|]_2^4 = \log 4 - \log 2 = \log\frac{4}{2} = \log 2$

(5) $\int_0^1 \varepsilon^t dt = [\varepsilon^t]_0^1 = \varepsilon - 1$

(6) $\int_{\frac{\pi}{3}}^{\pi} \sin\theta d\theta = [-\cos\theta]_{\frac{\pi}{3}}^{\pi} = -\cos\pi + \cos\frac{\pi}{3} = 1 + \frac{1}{2} = \frac{3}{2}$

(7) $\int_{-1}^2 (x^2 - 4x + 1) dx = \left[\frac{x^3}{3} - 2x^2 + x\right]_{-1}^2 = \left(\frac{8}{3} - 8 + 2\right) - \left(-\frac{1}{3} - 2 - 1\right) = 0$

(8) $\int_1^\varepsilon \frac{x-1}{x} dx = \int_1^\varepsilon \left(1 - \frac{1}{x}\right) dx = [x - \log|x|]_1^\varepsilon$

$\quad = (\varepsilon - \log\varepsilon) - (1 - \log 1) = \varepsilon - 1 - 1 = \varepsilon - 2$

5.32 （実効値） $E = \sqrt{\frac{1}{T}\int_0^T \left(\frac{E_0}{T}t\right)^2 dt} = \sqrt{\frac{1}{T}\int_0^T \frac{E_0^2}{T^2} t^2 dt}$

$\quad = \sqrt{\frac{E_0^2}{T^3}\left[\frac{1}{3}t^3\right]_0^T} = \sqrt{\frac{E_0^2}{3T^3}(T^3 - 0)} = \frac{E_0}{\sqrt{3}}$

答　$\dfrac{E_0}{\sqrt{3}}$

5.33 $E_d = \frac{1}{2\pi}\int_\alpha^\pi \sqrt{2}E\sin\theta d\theta = \frac{\sqrt{2}E}{2\pi}[-\cos\theta]_\alpha^\pi = \frac{\sqrt{2}E}{\pi} \cdot \frac{1+\cos\alpha}{2} \fallingdotseq 0.45E\frac{1+\cos\alpha}{2}$

答　$0.45E\dfrac{1+\cos\alpha}{2}$ 〔V〕

5.34 $E_d = \frac{1}{\pi}\int_\alpha^\pi \sqrt{2}E\sin\theta d\theta = \frac{\sqrt{2}E}{\pi}[-\cos\theta]_\alpha^\pi$

$\quad = \frac{\sqrt{2}E}{\pi}(-\cos\pi + \cos\alpha)$

$\quad = \frac{2\sqrt{2}E}{\pi} \cdot \frac{1+\cos\alpha}{2} \fallingdotseq 0.9E\frac{1+\cos\alpha}{2}$

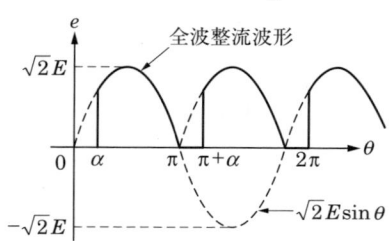

全波整流波形

章末問題

1. (1) $y' = 2x(x^2 - a^2) + (x^2 + a^2)2x = 2x^3 - 2xa^2 + 2x^3 + 2xa^2 = 4x^3$

　　展開後　$y = x^4 - a^4$　→　$y' = 4x^3$

練習問題・章末問題の解答

(2) $y = (3-2x)(3-2x)$
$y' = -2(3-2x) + (3-2x)(-2) = -12 + 8x$
展開後 $y = (3-2x)^2 = 9 - 12x + 4x^3$ → $y' = -12 + 8x$

● 2. (1) $y' = (x^2+1)'(3x-1) + (x^2+1)(3x-1)' = 2x(3x-1) + 3(x^2+1) = 9x^2 - 2x + 3$

(2) $y' = \dfrac{2(x^2+4) - 2x \cdot 2x}{(x^2+4)^2} = \dfrac{2x^2 + 8 - 4x^2}{(x^2+4)^2} = -\dfrac{2x^2 - 8}{(x^2+4)^2}$

(3) $y = \dfrac{5}{2}x^{-2}$ → $y' = -2 \times \dfrac{5}{2}x^{-3} = -\dfrac{5}{x^3}$

(4) $y = \dfrac{1}{2}(x^2+4)^{-2}$ → $y' = -2 \times \dfrac{1}{2}(x^2+4)^{-3} \times 2x = -\dfrac{2x}{(x^2+4)^3}$

(5) $y = (x^3-1)^{\frac{1}{3}} = u^{\frac{1}{3}}$ → $y' = \dfrac{1}{3}(x^3-1)^{-\frac{2}{3}} \times 3x^2 = \dfrac{x^2}{\sqrt[3]{(x^3-1)^2}}$

(6) $y = 2x^{\frac{1}{2}}(1-x^2) = 2x^{\frac{1}{2}}u$
$y' = 2 \times \dfrac{1}{2}x^{-\frac{1}{2}}(1-x^2) + 2x^{\frac{1}{2}} \times (-2x) = \dfrac{1-x^2}{\sqrt{x}} - 4x\sqrt{x} = \dfrac{1-x^2-4x^2}{\sqrt{x}} = \dfrac{1-5x^2}{\sqrt{x}}$

● 3. (1) $y' = 3\cos 3x \cdot \cos 3x + \sin 3x \cdot 3(-\sin 3x) = 3(\cos^2 3x - \sin^2 3x)$

(2) $y' = 3(x\sin x)^2(\sin x + x\cos x) = 3x^2 \sin^2 x(\sin x + x\cos x)$

(3) $y' = 2\tan 3x \cdot \dfrac{3}{\cos^2 3x} = 6\tan 3x \cdot \sec^2 3x$

● 4. (1) $y' = \log x + x \cdot \dfrac{1}{x} = \log x + 1$

(2) $y' = 2\log x \times \dfrac{1}{x} = \dfrac{2}{x}\log x$

(3) $y' = 10^x \log 10$

● 5. (1) $\int 10x^3 dx = \dfrac{10}{4}x^4 + C = 2.5x^4 + C$

(2) $\int (25x^4 + 16x^3)dx = \dfrac{25}{5}x^5 + \dfrac{16}{4}x^4 + C = 5x^5 + 4x^4 + C$

(3) $\int \dfrac{1}{x^{1.7}}dx = \int x^{-1.7}dx = \dfrac{x^{-1.7+1}}{-1.7+1} + C = -\dfrac{1}{0.7x^{0.7}} + C$

(4) $\int (x^3 - x)dx = \dfrac{1}{4}x^4 - \dfrac{1}{2}x^2 + C$

(5) $\int 3x^2 dx + \int 2\varepsilon^x dx = \dfrac{3}{3}x^3 + 2\varepsilon^x + C = x^3 + 2\varepsilon^x + C$

(6) $\int \dfrac{dx}{x} - \int \sin x\, dx = \log|x| + \cos x + C$

(7) $3x - 4 = u$ とおき，両辺を微分する．

$3dx = du$, $dx = \dfrac{du}{3}$

$\int \dfrac{dx}{\sqrt{3x-4}} = \dfrac{1}{3}\int \dfrac{du}{\sqrt{u}} = \dfrac{1}{3}\int u^{-\frac{1}{2}}du = \dfrac{2}{3}u^{\frac{1}{2}} + C = \dfrac{2}{3}\sqrt{3x-4} + C$

(8) $2 - 3x = u$ とおき，両辺を微分する．

$-3dx = du$, $dx = -\dfrac{du}{3}$

$\int \dfrac{1}{2-3x}dx = -\dfrac{1}{3}\int \dfrac{du}{u} = -\dfrac{1}{3}\log|2-3x| + C$

● 6. 2曲線の支点の座標の方程式

$$\left. \begin{array}{l} y = x^2 - 2 \\ y = x \end{array} \right\}$$

を解くと，交点は点$(-1, -1)$，点$(2, 2)$である．区間$[-1, 2]$で$x \geqq x^2 - 2$であるから，求める図形の面積は，

$$S = \int_{-1}^{2}\{x-(x^2-2)\}dx = \int_{-1}^{2}(2+x-x^2)dx = \left[2x + \dfrac{x^2}{2} - \dfrac{x^3}{3}\right]_{-1}^{2} = \dfrac{9}{2}$$

答　4.5

索 引

■ 英数字

2乗根 ……………………………… 19
3乗根 ……………………………… 19
60分法 …………………………… 66
cos ………………………………… 58
$\cos^{-1}$ ……………………………… 95
log ……………………………… 147
n 元 m 次方程式 …………………… 28
n 元二次方程式 …………………… 40
n 乗根 …………………………… 19
sin ………………………………… 58
$\sin^{-1}$ ……………………………… 95
tan ………………………………… 58
$\tan^{-1}$ ……………………………… 95

■ あ行

アークコサイン ………………… 95
アークサイン …………………… 95
アークタンジェント …………… 95
アドミタンス ………………… 124
　　複素—— ………………… 124
按分比例 ………………………… 44

移項 ……………………………… 28
位相差 …………………………… 87
一元二次方程式 ………………… 40
一次関数 ………………………… 48
一般角 …………………………… 67
因数 ……………………………… 40
因数分解 ………………………… 40

オイラーの公式 ………………… 105

■ か行

解 ………………………………… 40

加減法 …………………………… 32
傾き ……………………………… 48
加法定理 ………………………… 74

逆関数 …………………………… 94
逆三角関数 ……………………… 95
逆正弦関数 ……………………… 95
共役複素数 …………………… 101
行列式 …………………………… 36
極限 …………………………… 138
極限値 ………………………… 138
極座標表示 …………………… 105
虚軸 …………………………… 104
虚数 …………………………… 100
虚数記号 ……………………… 100
虚数単位 ……………………… 100
虚部 …………………………… 101
近似値 ………………………… 23

係数 ……………………………… 10
結合法則 ………………………… 10

交換法則 ………………………… 10
公倍数 …………………………… 3
　　最小—— ……………………… 3
降べきの順 ……………………… 10
公約数 …………………………… 3
　　最大—— ……………………… 3
コサイン ………………………… 58
弧度法 …………………………… 66
根 …………………………… 28,40
コンダクタンス ……………… 124
根の公式 ………………………… 40

■ さ行

最小公倍数 ……………………… 3

最小定理	22
最大公約数	3
最大値	83
最大定理	22
サイン	58
サセプタンス	124
三角関数	58
逆――	95
三角関数表示	104
三平方の定理	59
自己インダクタンス	151
指数	18
次数	10
指数関数表示	105
指数法則	18
自然数	2
自然対数	133,147
四則計算	10
実効値	90
実軸	104
実部	101
周期	82
周波数	83
主値	95
循環小数	2
瞬時値	83
瞬時電力	128
常用対数	132
真数	132
スカラ	63
正弦	58
正弦定理	70
整式	10
静止ベクトル	113
整数	2
正の――	2
負の――	2
正接	58

静電容量	151
正の整数	2
正比例	48
不定――	154
積分限界	158
積分定数	154
接頭語	19
切片	48
漸近線	49,86

■ **た行**

対数	132
自然――	133,147
常用――	132
代入法	32
帯分数	6
多項式	10
単項式	10
タンジェント	58
直角双曲線	48
直交座標表示	63
通分	6
底	132
展開式	36
導関数	139
等式	28
同類項	10
ドット	101

■ **な行**

ナーピアの定数	147
二元一次方程式	32
二項定理	23
二次関数	52
二次方程式	40
n元――	40

207

一元—— ………………………… 40
　　二倍角 …………………………… 75

■ は行
倍数 ……………………………………… 2
波形率 …………………………………… 91
波高率 …………………………………… 91
半角の公式 ……………………………… 78
反比例 ……………………………… 45,48
繁分数 …………………………………… 6

比 ……………………………………… 44
ピークピーク値 ………………………… 83
皮相電力 ……………………………… 128
ピタゴラスの定理 ……………………… 59
微分 …………………………………… 142
微分係数 ……………………………… 139
比例式 ………………………………… 44
比例定数 …………………………… 44,48
比例配分 ……………………………… 44

複合同順 ……………………………… 75
複素アドミタンス …………………… 124
複素インピーダンス ………………… 116
複素数 ………………………………… 101
　　共役—— ……………………… 101
複素平面 ……………………………… 104
不定積分 ……………………………… 154
不等号 ………………………………… 53
不等式 ………………………………… 53
負の整数 ……………………………… 2
分数 …………………………………… 2
分数式 ………………………………… 6
分配法則 ……………………………… 10

平均値 ………………………………… 90
平均変化率 …………………………… 138
平方根 …………………………… 14,19

ベクトル ……………………………… 63
偏角 …………………………………… 63
変化率 ………………………………… 139
変曲点 ………………………………… 150

方程式 ………………………………… 28
　　n元m次—— …………………… 28
　　n元二次—— …………………… 40
　　一元二次—— …………………… 40
　　二元一次—— …………………… 32
　　二次—— ……………………… 40
　　連立—— …………………… 28,32
補角 …………………………………… 62

■ ま行
無効電流 ……………………………… 128
無理数 ………………………………… 14

■ や行
約数 …………………………………… 2,6
約分 …………………………………… 6

有限小数 ……………………………… 2
有効電流 ……………………………… 128
有効電力 ……………………………… 128
有理化 ………………………………… 15
有理数 ………………………………… 2

余弦 …………………………………… 58
余弦定理 ……………………………… 71

■ ら行
力率 …………………………………… 128
立方根 ………………………………… 19

累乗 …………………………………… 18

連立方程式 …………………………… 28,32

【監修者・著者紹介】

浅川　毅（あさかわ・たけし）
- 学　歴　東京都立大学大学院 工学研究科博士課程修了
　　　　　博士（工学）
- 職　歴　東海大学 情報理工学部 コンピュータ応用工学科 教授
　　　　　第一種情報処理技術者
- 著　書　『電気・電子回路設計法入門講座』電波新聞社
　　　　　『PICアセンブラ入門』東京電機大学出版局
　　　　　『コンピュータ工学の基礎』東京電機大学出版局　ほか

熊谷文宏（くまがい・ふみひろ）
- 学　歴　神奈川大学 工学部 電気工学科卒業
- 職　歴　東京都立工業高等専門学校 嘱託員
- 著　書　『絵ときでわかる 電気電子計測』オーム社
　　　　　『絵とき 電気学入門早わかり』共著，オーム社　ほか

電気計算法シリーズ
電気のための基礎数学

2003年11月20日　第1版1刷発行　　　ISBN 978-4-501-11130-4 C3054
2024年12月20日　第1版12刷発行

監修者　浅川　毅
著　者　熊谷文宏
© Asakawa Takeshi, Kumagai Fumihiro 2003

発行所　学校法人 東京電機大学　〒120-8551　東京都足立区千住旭町5番
　　　　東京電機大学出版局　　Tel. 03-5284-5386（営業）03-5284-5385（編集）
　　　　　　　　　　　　　　　Fax. 03-5284-5387　振替口座 00160-5-71715
　　　　　　　　　　　　　　　https://www.tdupress.jp/

JCOPY ＜(一社)出版者著作権管理機構 委託出版物＞
本書の全部または一部を無断で複写複製（コピーおよび電子化を含む）することは，著作権法上での例外を除いて禁じられています。本書からの複製を希望される場合は，そのつど事前に(一社)出版者著作権管理機構の許諾を得てください。また，本書を代行業者等の第三者に依頼してスキャンやデジタル化をすることはたとえ個人や家庭内での利用であっても，いっさい認められておりません。
［連絡先］Tel. 03-5244-5088, Fax. 03-5244-5089, E-mail: info@jcopy.or.jp

印刷：三立工芸(株)　　製本：渡辺製本(株)　　装丁：高橋壮一
落丁・乱丁本はお取り替えいたします。　　　　　　　Printed in Japan

電気工学図書

新版 電気基礎 上
直流回路・電気磁気・基本交流回路

東京電機大学 編／川島純一・斎藤広吉 著　　A5判 280頁
電気電子工学を学ぶために必要な電気磁気と電気回路を上下巻に分けて解説。上巻では直流回路・電流と磁気・静電気・交流回路の基礎を掲載した。

新版 電気基礎 下
交流回路・基本電気計測

東京電機大学 編／津村栄一・宮﨑登・菊地諒 著　A5判 248頁
電気電子工学を学ぶために必要な電気磁気と電気回路を上下巻に分けて解説。下巻では交流回路の計算・三相交流・電気計測・各主の波形を掲載した。

入門 電磁気学

東京電機大学 編　　A5判 352頁

電磁気学を初めて学ぶ人の入門書。「読んで理解できる」に重点に置いた。電気回路の基礎から始め、磁気・電磁力・電磁誘導・静電気を詳しく解説。

入門 回路理論

東京電機大学 編　　A5判 336頁

回路理論を初めて学ぶ人の入門書。「読んで理解できる」に重点に置いた。直流回路から始め、交流回路の各種計算・非正弦波交流・過渡現象を詳しく解説。

新入生のための電気工学

東京電機大学 編　　A5判 176頁

電気電子技術を学ぶ初学者、関連資格受験者が電気の基礎を一通り学習できるようにまとめた。1項目を見開き2ページで扱い、読んで理解できるよう解説。

よくわかる 電気数学

照井博志 著　　A5判 152頁

整式の基礎、方程式・行列を用いた回路の計算、三角関数と交流回路、複素数と記号法、微分・積分と電磁気学など、電気分野で使用する数学を幅広く解説。

学生のための電気回路

井出英人・橋本修・米山淳・近藤克哉 著　　B5判 162頁
例題を解きながら電気回路を学んでいく演習型テキスト。学生が理解しにくい点、間違えやすい点をわかりやすく解説。

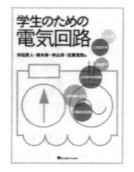

電気・電子の基礎数学

堀桂太郎・佐村敏治・椿本博久 著　　A5判 240頁
電気・電子に関する専門知識を学んでいくためには、数学の力が不可欠となる。高専や大学などで電気・電子を学ぶ学生向けに必要な数学を解説。

＊ 定価，図書目録のお問い合わせ・ご要望は出版局までお願いいたします。
https://www.tdupress.jp/

EA-011